Photoshop 图像处理与创意设计案例教程

第2版

彭平 胡垂立 主编
李散散 魏晓玲 姚勇娜 杨恒泓 副主编

人民邮电出版社
北京

图书在版编目（CIP）数据

Photoshop图像处理与创意设计案例教程 / 彭平，胡垂立主编. -- 2版. -- 北京 : 人民邮电出版社，2021.8（2023.8重印）
（“创新设计思维”数字媒体与艺术设计类新形态丛书）
ISBN 978-7-115-56555-6

Ⅰ．①P… Ⅱ．①彭… ②胡… Ⅲ．①图像处理软件－教材 Ⅳ．①TP391.413

中国版本图书馆CIP数据核字(2021)第093716号

内 容 提 要

本书以平面设计为主线，全面介绍了 Photoshop CC 2020 的基本使用方法和平面设计技巧。全书共 7 章，以循序渐进的方式，结合实战案例进行讲解，从软件的基础操作到主要功能运用，以字体设计、网页设计、包装设计、广告设计等各类平面设计专题为载体进行解析。

本书结构清晰，内容通俗易懂，实战针对性强，案例与知识点结合紧密，具有较强的实用性和参考价值，让读者能够在学习专业应用案例的过程中掌握图像处理技巧，开阔设计思路，提高艺术创意设计能力。

本书适合作为高等院校的数字媒体、动漫、游戏、艺术设计、工业设计、计算机等专业课程的教材，也可供相关人员自学参考。

◆ 主　　编　彭　平　胡垂立
副 主 编　李散散　魏晓玲　姚勇娜　杨恒泓
责任编辑　张　斌
责任印制　王　郁　马振武
◆ 人民邮电出版社出版发行　　北京市丰台区成寿寺路 11 号
邮编　100164　　电子邮件　315@ptpress.com.cn
网址　https://www.ptpress.com.cn
涿州市般润文化传播有限公司印刷
◆ 开本：787×1092　1/16
印张：13.5　　2021 年 8 月第 2 版
字数：291 千字　　2023 年 8 月河北第 4 次印刷

定价：69.80 元

读者服务热线：(010)81055256　印装质量热线：(010)81055316
反盗版热线：(010)81055315
广告经营许可证：京东市监广登字 20170147 号

前言

Photoshop 软件是一款功能强大的图像处理软件，它被广泛应用在广告设计、商业摄影、网页设计、界面设计、影视后期等领域。目前，很多高校都将 Photoshop 图像处理作为一门重要的专业课程开设。

党的二十大报告中提到：“培养造就大批德才兼备的高素质人才，是国家和民族长远发展大计。功以才成，业由才广。”为了让学生快速牢固地掌握 Photoshop，并能够熟练地使用 Photoshop 进行图像处理和创作，进而为国家和社会提供高素质人才，编者结合自身 10 多年的高校教学经验、6 年多的在线教育经验及丰富的平面设计项目经验，以简明、易读、突出实用性和突出应用型本科教育的特色为原则，编写了本书。本书根据设计师使用 Photoshop 软件创作的手法，将平面设计作品分为图像处理、图像合成、图像创作 3 类。本书以此作为主线，总结了这 3 类手法各自经常应用的领域并配以实际案例。

全书分为 7 章，分别详细介绍了图像处理基础知识、软件的基础操作、数码照片后期处理、字体设计、网页设计、包装设计和广告设计。本书为校企合作完成的“工学结合”类教材，部分案例源于企业真实项目。本书在内容安排上，既确保学生能掌握理论基础，满足本科教育的基本要求；同时突出特色，采用“行动导向，任务驱动”的方法，以任务引领知识的学习，通过增加学习的趣味性和可操作性，实现“寓教于乐”。本书坚持“理论够用、突出实用、即学即用”的原则，以“工学结合”为目标，注重软件的实际应用，实现“学中做，做中学”。本书内容翔实、条理清晰、语言流畅、图文并茂，案例操作步骤细致、实用性强，易于学生吸收和掌握。

本书重在系统讲解“软件技术、专业知识、工作流程与创意设计”一体化的知识体系，是一本旨在解决现实教育与实际项目脱节问题，力图培养学生创新思维的教材。

本书的编写人员主要来自广州工商学院工学院和广州企影广告有限公司。本书由彭平和胡垂立任主编，李散散、魏晓玲、姚勇娜、杨恒泓任副主编，孙淳、程帆、付煜等参与了本书部分内容的编写和案例调试工作。

尽管我们尽了最大努力，但书中难免存在疏漏和不足之处，欢迎读者朋友们提出宝贵意见。

编　者

2023 年 7 月

目录

Contents

第 1 章　图像处理基础知识

第 2 章　软件的基础操作

第 3 章 数码照片后期处理

第 4 章 字体设计

第 5 章 网页设计

第6章 包装设计

第7章 广告设计

Chapter

01

第1章 图像处理基础知识

本章概述

Photoshop是一款功能强大的图像处理软件，了解图像处理的基础知识是学习使用Photoshop的基础。本章主要介绍图像处理的基础知识，从而为后面的学习奠定基础。本章涉及的知识点包括位图与矢量图、图像分辨率、图像色彩模式、常用的图像格式及艺术图像制作等，其中图像分辨率和图像色彩模式为本章的重难点，希望读者在了解图像分辨率和图像色彩模式概念的基础之上，掌握更改图像分辨率和转换图像色彩模式的方法。

本章学习要点

- 了解位图与矢量图的差别。
- 熟悉图像分辨率与图像色彩模式的概念。
- 掌握更改图像分辨率与转换图像色彩模式的方法。
- 了解常用的图像格式。

1.1　位图与矢量图

1.1.1　位图与矢量图概述

位图（Bitmap）通常也称为点阵图，由一个个像素组成，所有像素的矩阵排列组成了整幅图像。位图能够表现颜色丰富的图像，逼真地再现现实场景，且能够方便地在不同的软件之间调用。位图放大后会出现失真现象，如图 1.1 所示。Photoshop 软件处理的图像多为位图。

矢量图（Vector）通常也称为向量图，由矢量定义的基本图形组成。在矢量图中，图形通常被称为对象，每个对象均包括颜色、形状、大小、位置等信息。在矢量图中编辑单个对象时，不会影响其他对象。矢量图可以任意放大或缩小而不会出现失真现象，如图 1.2 所示。

图 1.1　位图

图 1.2　矢量图

1.1.2　位图与矢量图的区别

通过表 1.1，我们可以清楚地了解位图与矢量图的区别。

表 1.1　位图与矢量图的区别

类别	位图	矢量图
组成	像素	图形（对象）
放大后是否失真	失真	不失真
所需存储空间	相对较大	相对较小
文件大小影响因素	像素数量，即色彩丰富程度	图形的复杂程度
特点	色彩丰富，可逼真再现现实场景	色彩不丰富，常用于制作文字、图标等
编辑软件	Photoshop 等	Illustrator、AutoCAD 等

1.2　图像分辨率

图像分辨率是指单位长度所包含的像素个数，单位是“像素 / 英寸”（pixels per inch，ppi）（1 英寸 = 2.54 厘米）。图像分辨率能够反映图像的细节表现情况，直接影响图像质量。图像分辨率越高，图像越清晰，图像所占用的存储空间就越大。在实际生活中，要根据用途选择合适的图像分辨率。不同分辨率的图像效果如图 1.3 和图 1.4 所示。

图 1.3　分辨率为 300ppi 的图像

图 1.4　分辨率为 30ppi 的图像

在 Photoshop 中执行“图像”→“图像大小”命令或者利用 Ctrl+Alt+I 组合键，即可打开“图像大小”对话框，如图 1.5 所示，在该对话框中可看到“图像大小”“尺寸”“分辨率”等相关信息。利用该对话框可以更改图像分辨率。

图 1.5 “图像大小”对话框

1.3　图像色彩模式

1.3.1　色彩属性

色彩属性主要有明度、色相、饱和度、对比度等，下面进行具体介绍。

（1）明度：也称亮度，指色彩的明暗程度，明度最低的是纯黑，明度最高的是纯白。

（2）色相：指色彩的相貌，例如红色、黄色、绿色、蓝色、紫色等都是色相。色相是区分色彩的主要依据，是色彩的重要特征。

（3）饱和度：也称纯度，指色彩的纯度或鲜艳程度。对于同一色调的彩色光，其饱和度越高，颜色就越深，纯度也就越高；饱和度越低，颜色就越浅，纯度也就越低。

（4）对比度：指不同颜色之间的差异程度，对比度越高，颜色之间的反差就越大；反之，颜色之间的反差就越小。例如当提高图像的对比度之后，图像便会变得对比强烈。

修改色彩属性将获得不同的图像效果，具体如图 1.6 ~图 1.10 所示。

图 1.6　原图像

图 1.7　改变明度

图 1.8　改变色相

图 1.9　改变饱和度

图 1.10　改变对比度

1.3.2　图像色彩模式的分类

色彩模式也称颜色模式，是用来描述和表示颜色的各种算法或模型。常用的色彩模式有 RGB 色彩模式、CMYK 色彩模式、Lab 色彩模式、灰度色彩模式、位图色彩模式、双色调色彩模式、索引色彩模式、多通道色彩模式等。

1. RGB 色彩模式

RGB 色彩模式中，R 代表红色，G 代表绿色，B 代表蓝色，这 3 种颜色被称为三基色，通过对三基色不同程度的叠加混合可以得到 RGB 色彩模式中的所有颜色。三基色的叠加混合可提高色彩的明度，因此该模式又被称为“加色模式”。该色彩模式普遍应用于显示器，最大的特点是能够很好地模拟自然界中的色彩，是目前使用最广泛的色彩模式之一。RGB 色彩模式中三基色的叠加效果如图 1.11 所示，其中 C 为青色，M 为洋红色，Y 为黄色，W 为白色。

该模式有 3 个通道，分别存放三基色，如图 1.12 所示。每种基色均有 256 种强度，取 0 ~ 255 的整数。三基色的取值越大，颜色越明亮，例如取值为（255,255,255）时为白色，取值为（0,0,0）时为黑色，分别如图 1.13 和图 1.14 所示。

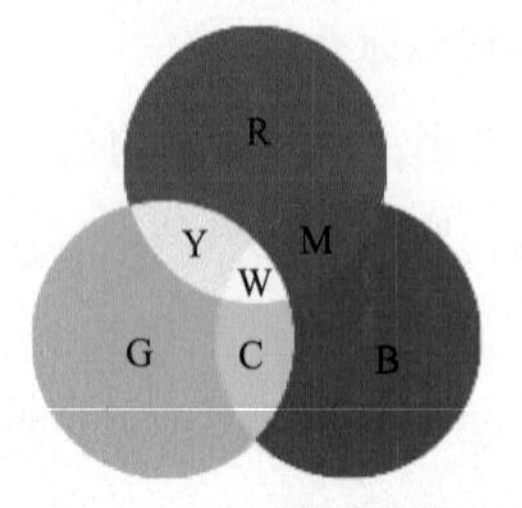

图 1.11　RGB 色彩模式

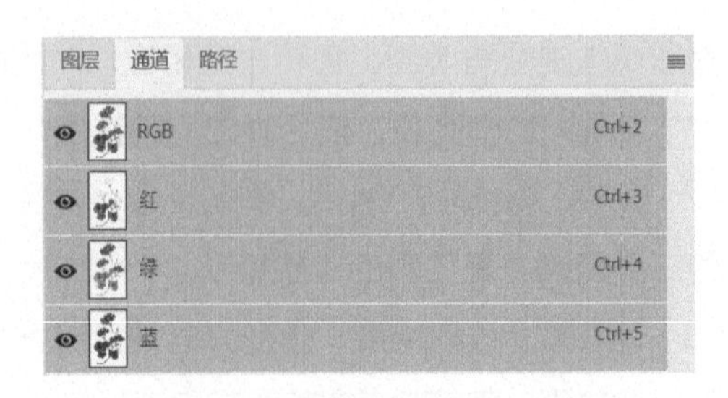

图 1.12　RGB 色彩模式通道

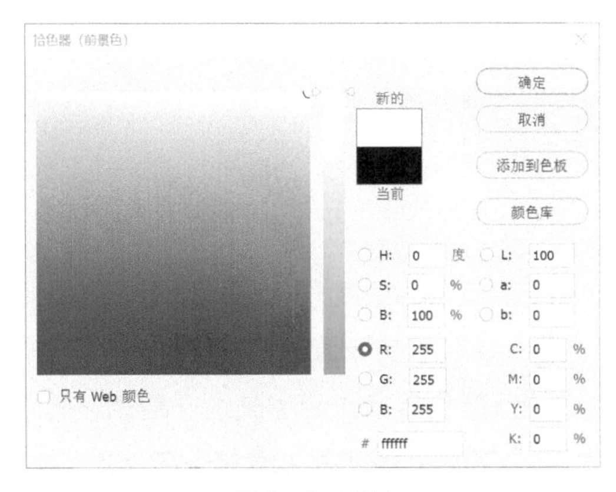

图 1.13　白色

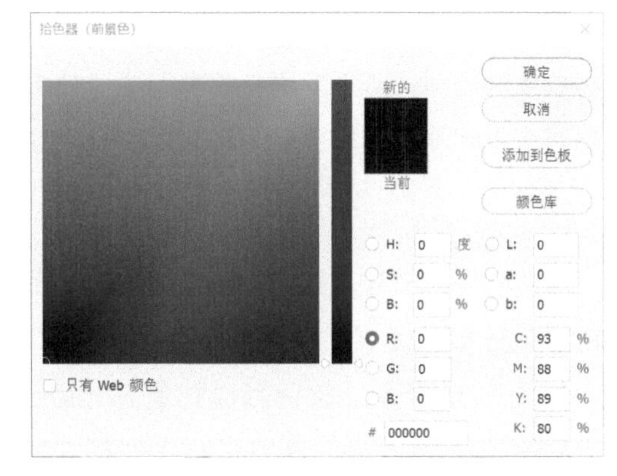

图 1.14　黑色

2. CMYK 色彩模式

CMYK 色彩模式中，C 代表青色，M 代表洋红色，Y 代表黄色，K 代表黑色。理论上，C、M、Y 三者混合可以吸收所有颜色的光，从而显示为黑色，因此该模式又被称为“减色模式”，通常所说的四色印刷依据的就是 CMYK 色彩模式的原理。该色彩模式主要应用于印刷领域，印刷时 CMYK 代表了 4 种颜色的油墨。CMYK 色彩模式如图 1.15 所示，其中 R 为红色，G 为绿色，B 为蓝色。

该模式有 4 个通道，如图 1.16 所示，分别存放青色、洋红、黄色、黑色，每种颜色的取值范围为 0% ~ 100%，如图 1.17 所示。

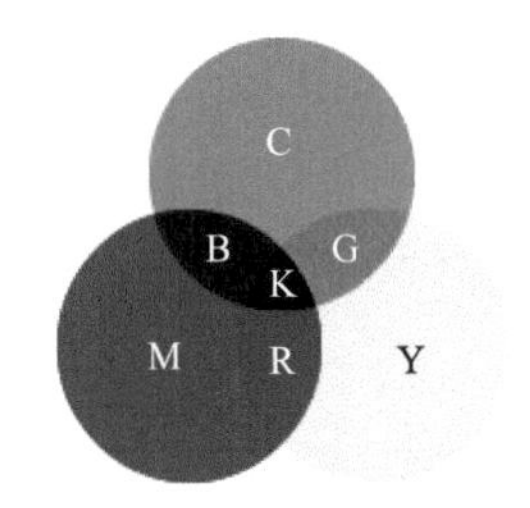

图 1.15　CMYK 色彩模式

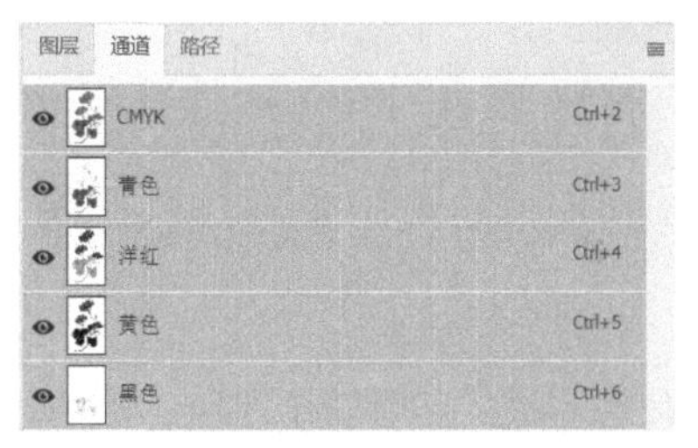

图 1.16　CMYK 色彩模式通道

图 1.17　利用 CMYK 色彩模式编辑颜色

知识点提示：CMYK 色彩模式是一种印刷模式，在编辑图像时使用这种模式会使图像文件占据较大的空间，且很多滤镜效果都不能使用。因此，一般在编辑图像时使用 RGB 色彩模式，当编辑完成需要印刷输出时才将其转换为 CMYK 色彩模式。

3. Lab 色彩模式

Lab 色彩模式中，L 代表明度分量，a 代表从绿色到红色的色度分量，b 表示从蓝色到黄色的色度分量，其中 L 分量的取值是 0 ～ 100 的整数，a 和 b 的取值都是 −128 ～ 127 的整数，如图 1.18 所示。该色彩模式是 Photoshop 中进行颜色转换时会用到的一种色彩模式，具有较宽的色域。例如，当 RGB 色彩模式转换为 CMYK 色彩模式时，通常先在计算机内部将其转换为 Lab 色彩模式，然后转换为 CMYK 色彩模式。Lab 色彩模式的最大优点是该色彩模式中的颜色与设备无关，不管使用哪种设备，颜色都能保持一致。该模式有 3 个通道，分别存放明度分量和两个色度分量，如图 1.19 所示。

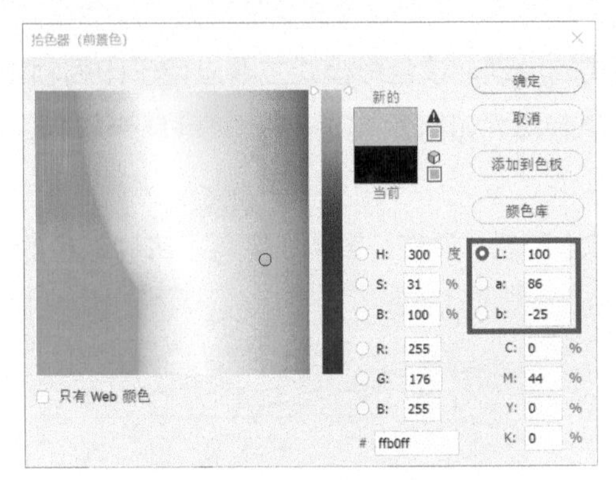

图 1.18　利用 Lab 色彩模式编辑颜色

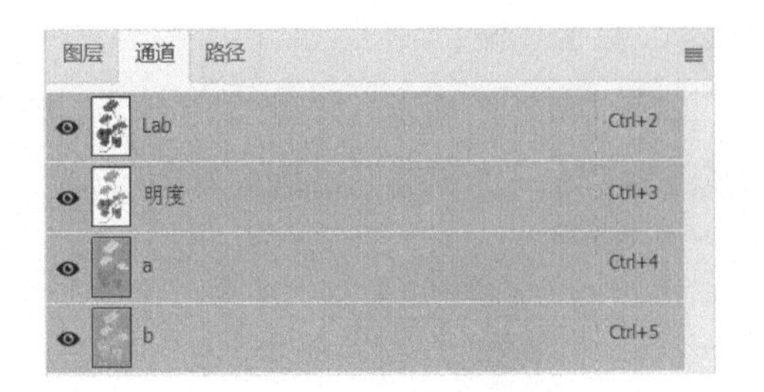

图 1.19　Lab 色彩模式通道

4. 灰度色彩模式

灰度色彩模式能够表示白色、黑色及介于二者之间的灰色，该模式只有一个灰色通道，当把一幅彩色图像的色彩模式转换为灰度色彩模式时，图像的色彩信息会丢失，图像就会变成黑白图像。该色彩模式多作为将彩色图像的色彩模式转换为位图色彩模式的中介。

5. 位图色彩模式

位图色彩模式中的颜色只有黑色和白色两种，适用于制作艺术字样式或者单色图形。由于位图色彩模式只包含黑色和白色两种颜色，将彩色图像的色彩模式转换为位图色彩模式时，要先将其转换为灰度色彩模式，去掉彩色信息，再转换为位图色彩模式。将彩色图像的色彩模式转换为位图色彩模式有 5 种方法，如图 1.20 所示，不同方法的效果分别如图 1.21 ～图 1.25 所示。

6. 双色调色彩模式

双色调色彩模式通常用于打印输出，通过 1 ～ 4 种自定义油墨的设定，创建单色调、双色调、三色调及四色调的图像。只有灰度色彩模式的图像才可以转换为双色调色彩模式的图像。

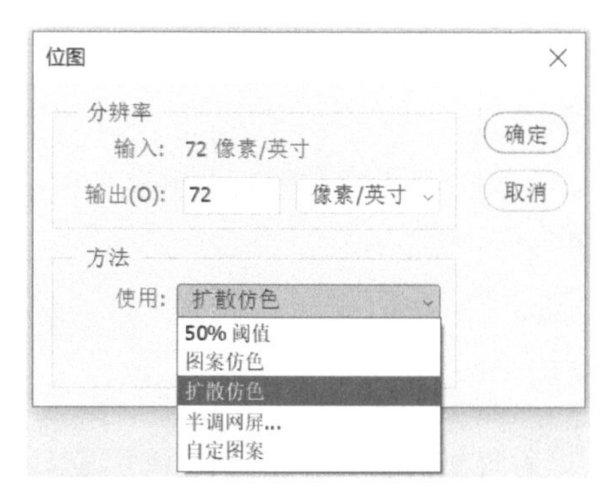

图 1.20 “位图”对话框

图 1.21 50% 阈值

图 1.22 图案仿色

图 1.23 扩散仿色

图 1.24 半调网屏

图 1.25 自定图案

7. 索引色彩模式

索引色彩模式可以用 256 种或者更少的颜色替代彩色图像中的上百万种颜色。当图像的色彩模式转换为索引色彩模式时，Photoshop 会构建一个颜色表用以存放索引色彩模式中的颜色，当原图中的某种颜色不在这个颜色表中时，Photoshop 会选取一种最接近的颜色。

8. 多通道色彩模式

多通道色彩模式常用于特定的打印或输出任务，适用于有特殊要求的图像。该色彩模式最大的特点是，如果图像中只用了一两种或者较少种类的颜色，使用多通道色彩模式可以大大降低印刷成本，并能够保证图像颜色的正确输出。

1.3.3　图像色彩模式的转换

在 Photoshop 中执行“图像”→“模式”命令后，利用子菜单可以转换图像色彩模式，如图 1.26 所示。

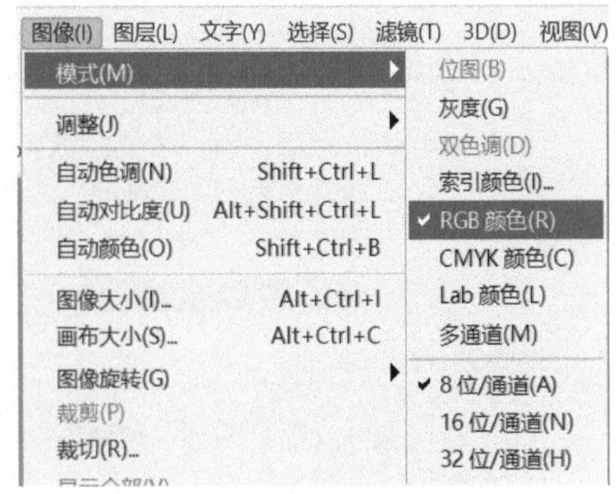

图 1.26　更改图像色彩模式

由于不同色彩模式所包含的颜色范围不同，在进行色彩模式转换时难免会发生色彩数据丢失的情况，因此在进行色彩模式转换时需要考虑多个因素，包括图像用途、颜色范围、文件大小等。与此同时，并不是所有的色彩模式之间均可以进行转换，有些色彩模式之间不能够直接进行转换，需要以其他色彩模式为转换中介。不同色彩模式的图像效果分别如图 1.27 ~图 1.34 所示。

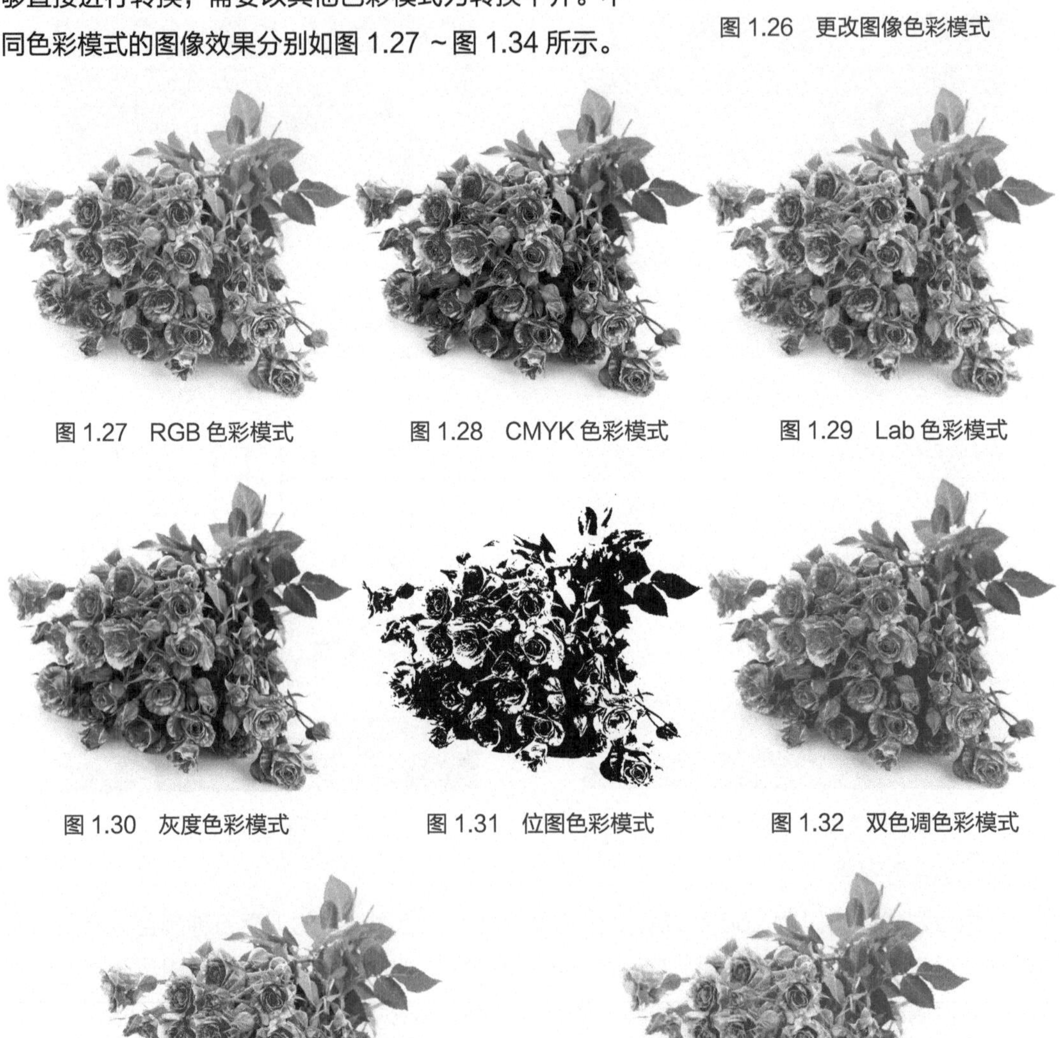

图 1.27　RGB 色彩模式　　图 1.28　CMYK 色彩模式　　图 1.29　Lab 色彩模式

图 1.30　灰度色彩模式　　图 1.31　位图色彩模式　　图 1.32　双色调色彩模式

图 1.33　索引色彩模式　　图 1.34　多通道色彩模式

1.4 常用的图像格式

1. PSD 格式

PSD 格式是 Photoshop 的专用格式，能够将图像中的图层、通道、蒙版等信息记录下来，保存图像数据的每个细节，可以随时进行修改和编辑。存储为该格式的图像没有被压缩，图像信息完全没有损失，该格式的缺点是图像会占用较大的存储空间。

2. BMP 格式

BMP 是英文“Bitmap”（位图）的缩写，是 Windows 平台上的标准图像文件格式。该格式的图像质量较好，支持 RGB、索引、灰度及位图色彩模式。

3. JPEG 格式

JPEG 是“Joint Photographic Experts Group”（联合图像专家组）的缩写，是目前网页中普遍使用的一种图像格式。该图像格式是一种有损压缩格式，但同时能够保证图像的输出质量，因而受到广大用户的青睐。

4. PNG 格式

PNG 是“Portable Network Graphics”（便携网络图形）的缩写，是为了适应网络传输而设计的一种图像文件格式。该图像格式采用无损压缩，可以保证图像不失真，支持透明图像的制作。

5. TIFF 格式

TIFF 是“Tag Image File Format”（标签图像文件格式）的缩写，是一种灵活的图像格式，受到多数绘图、图像编辑和页面排版等软件的支持，而且绝大多数扫描仪都可以生成 TIFF 格式的图像文件。

6. GIF 格式

GIF 是“Graphics Interchange Format”（图像交换格式）的缩写。该格式的图像文件允许用一个文件存储多个图像，从而实现动画功能，因此被广泛用于动画制作和网页制作等。

1.5 艺术图像制作

打开“第 1 章 / 案例素材 /01.jpg”，如图 1.35 所示，利用图像色彩模式转换的相关知识，制作图 1.36 所示的效果图。

图 1.35　案例素材 01

图 1.36　效果图

操作步骤如下。

（1）按 Ctrl+O 组合键，打开素材文件。执行“图像”→“模式”→“灰度”命令，在弹出的“信息”对话框中选择“扔掉”，获得灰度色彩模式图像，如图 1.37 所示。

（2）执行“图像”→“模式”→“位图”命令，在弹出的“位图”对话框中，选择“方法”为使用“半调网屏”，单击“确定”按钮，如图 1.38 所示。

图 1.37　灰度色彩模式图像

图 1.38　“位图”对话框

（3）在“半调网屏”对话框中设置“频率”为“500 线 / 英寸”，“角度”为“45 度”，“形状”为“方形”，如图 1.39 所示。单击“确定”按钮，此时获得的位图图像如图 1.40 所示。

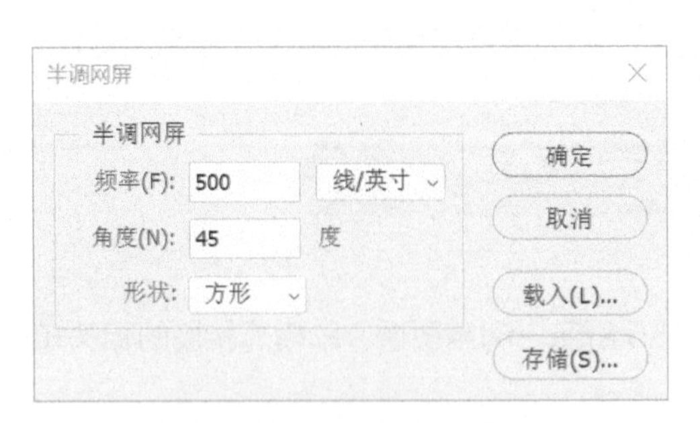

图 1.39　“半调网屏”对话框

图 1.40　位图图像

（4）按 Ctrl+A 组合键全选当前内容，按 Ctrl+C 组合键复制图像，选择“历史记录”面板中的“打开”选项，回到打开素材的步骤。

（5）按 Ctrl+V 组合键粘贴图像，此时，将自动生成“图层 1”以放置复制的图像。

（6）设置“图层 1”的混合模式为“叠加”，如图 1.41 所示，即可获得图 1.36 所示的效果。

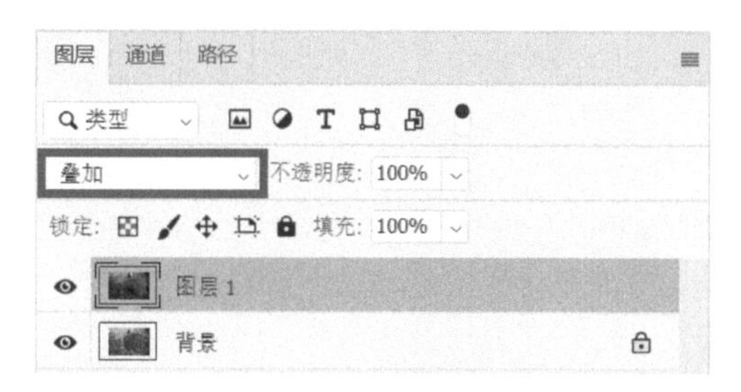

图 1.41 “图层”面板

1.6 本章小结

本章对图像处理的基础知识进行了阐述，介绍了位图与矢量图的区别，以及图像分辨率的相关知识，并在了解色彩属性的概念的基础之上，介绍了 RGB、CMYK、Lab、灰度、位图、双色调、索引、多通道等色彩模式，最后介绍了 PSD、BMP、JPEG、PNG、TIFF、GIF 等几种常用的图像格式。

图像分辨率及图像的色彩模式为本章的重难点。在实际操作过程中，要根据需要设置合适的图像分辨率。在 Photoshop 中，修改图像分辨率的方法是执行“图像”→“图像大小”命令或者利用 Ctrl+Alt+I 组合键在弹出的“图像大小”对话框中进行修改。

色彩模式的选择对图像而言是非常重要的，例如利用 Photoshop 编辑时，图像多为 RGB 色彩模式，在印刷输出时则常需要将其转换为 CMYK 色彩模式。除此之外，利用图像色彩模式的相关知识可以实现具有艺术效果的图像的制作，正如前面案例所展示的那样。

希望通过本章的学习，读者能够掌握图像处理的基础知识。

习题

1. 修改图像分辨率及图像格式

打开“第 1 章 / 习题素材 /01.jpg”，将素材图像的“分辨率”设置为“200 像素 / 英寸”，修改完成之后，将其保存为 PNG 格式。

2. 利用位图色彩模式制作艺术图像

打开“第 1 章 / 习题素材 /02.jpg”，如图 1.42 所示，参照 1.5 节中的方法，利用图像色彩模式的相关知识，完成图 1.43 所示的效果图的制作。（提示：图像色彩模式设置为位图色彩模式，“方法”为“自定图案”，“图案”为“ ”，图层的混合模式为“柔光”）

图 1.42　习题素材 02

图 1.43　效果图

3. 利用双色调色彩模式制作艺术图像

打开“第 1 章 / 习题素材 /03.jpg”，如图 1.44 所示，利用图像色彩模式转换的相关知识，将图像的色彩模式转换为双色调色彩模式（红色、蓝色），制作图 1.45 所示的效果图。

图 1.44　习题素材 03

图 1.45　效果图

Chapter

02

第 2 章

软件的基础操作

▶ 本章概述

Photoshop 简称“PS”，是 Adobe 公司推出的一款图像处理软件，主要功能包括图像编辑、图像合成、图像颜色校正、特效制作等。Photoshop 被广泛应用于平面设计、网页设计、数码照片后期处理、动画、CG 设计等领域，具有非常广泛的用户群，本书使用的是 Photoshop CC 2020 版本。本章内容包括 Photoshop CC 2020 新增功能介绍、Photoshop CC 2020 工作界面、图像的基本操作、图层、选区工具与通道、形状工具与路径、蒙版等。其中图层的应用、选区工具、形状工具为学习重点，通道、路径与蒙版为学习难点。

▶ 本章学习要点

✧ 熟悉 Photoshop CC 2020 的工作界面。
✧ 掌握图像的基本操作方法。
✧ 掌握图层的应用方法。
✧ 掌握选区工具与通道的应用方法。
✧ 掌握形状工具与路径的应用方法。
✧ 掌握蒙版的应用方法。

2.1 Photoshop CC 2020 新增功能及改进功能

Photoshop CC 2020 的功能相比之前的版本更加完善和强大，下面举例说明部分新增功能及改进功能。

2.1.1 新增功能

1. 云文档

云文档（见图 2.1）指的是 Adobe 的云端原生文件，Photoshop CC 2020 会在用户工作时将文件自动保存到 Adobe 的云端，即所做的编辑会自动更新和存储，以便用户可以随时随地登录 Photoshop CC 2020 访问相关文件。与此同时，云文档可以让用户跨设备、跨应用程序（任何 Adobe 兼容的应用程序）无缝访问工作成果。但是使用此功能的用户需要有 Creative Cloud 账户，因为云文档是存储在 Creative Cloud 账户中的。

图 2.1 云文档

2. 对象选择工具

Photoshop CC 2020 新增的“对象选择工具”与“快速选择工具”和“魔棒工具”位于同一组，如图 2.2 所示。“对象选择工具”可以简化在图像中选择单个对象或对象的某些部分的过程，通过在对象周围绘制矩形选区或套索选区，该工具就会自动选择已定义区域内的对象，从而加速完成更为复杂的选择。

图 2.2 “对象选择工具”

3. 将智能对象转换为图层

智能对象可以在不降低图像质量的情况下实现缩放、定位、旋转、变形等操作，但是在之前的版本中，用户无法直接对智能对象进行内容编辑（例如绘画、减淡、仿制等改变像素数据的操作），而需要在该图层上单击鼠标右键，执行“栅格化图层”命令，将智能对象转换为普通图层后才能对图层进行内容编辑。然而在 Photoshop CC 2020 中，智能对象更加好用，该版本增加了将智能对象转换为图层的功能，可以轻松将智能对象直接转换回组件图层，如果智能对象中有多个图层，则这些图层会被放到新的图层组中，所有操作可以在主文件中完成，无须在不同文档窗口之间进行切换。具体方法为选中智能对象后单击鼠标右键，在弹出的快捷菜单中选择“转换为图层”命令，或者执行“图层”→“智能对象”→“转换为图层”命令，也可以单击“属性”面板中的“转换为图层”按钮。

4. 可旋转图案功能

可旋转图案功能可以以任意角度旋转图案，并可以轻松更改“图案叠加”“图案描边”“图案填充”图层中任意图案的方向，这种图案旋转是非破坏性的，可以重置和更改。

2.1.2 改进功能

1. 预设面板

Photoshop CC 2020 改进了“色板”和“样式”面板，增加了“渐变”“图案”及“形状”面板，如图 2.3 ~图 2.7 所示。用户可以通过对“预设”面板的整理和编组管理预设，可以将“渐变”“图案”“色板”“形状”和“样式”面板从“预设”面板拖到画布上。除此之外，用户也可以在画布上实时预览效果，以尝试使用不同风格的外观。

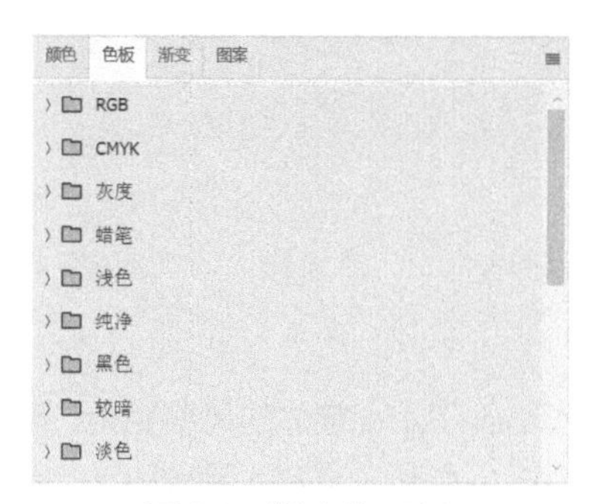

图 2.3 “色板”面板

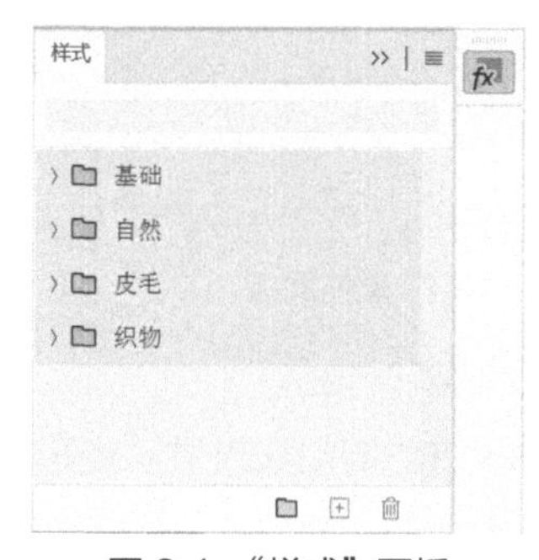

图 2.4 “样式”面板

图 2.5 “渐变”面板

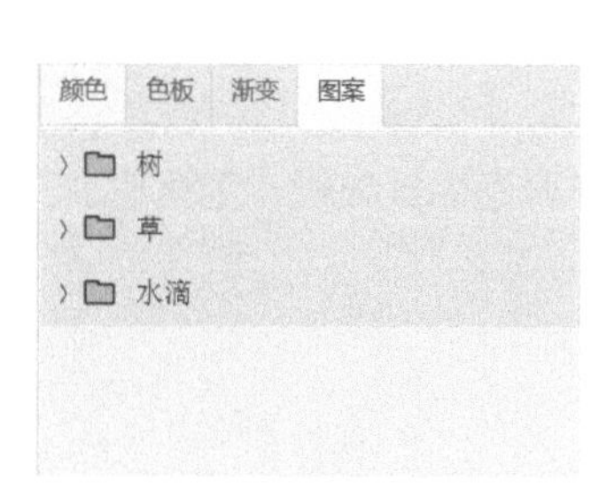

图 2.6 “图案”面板

图 2.7 “形状”面板

2. 变换操作

在此版本中，无须借助 Shift 键便可以实现按比例变换对象。按 Ctrl+T 组合键后，选项栏中的“保持长宽比”按钮默认处于选中状态，可以单击该按钮改为不按比例缩放，此时 Shift 键是切换按比例缩放和不按比例缩放两种状态的开关。同时，Photoshop CC 2020 会记住上次的变换操作设置，下次启动软件时将会保持上次的变换操作设置，如果上次的变换操作设置为按比例缩放，那么下次打开软件时的默认设置就是按比例缩放，反之则为不按比例缩放。

3. 属性面板

在属性面板中，用户可以获得有关对象的更多属性信息，“快速操作”部分为全新功能，可以提高一些常见操作的执行速度，例如“文档”属性面板中的“裁切”、“像素图层”属性面板中的“删除背景”、“文字图层”属性面板中的将文字图层“转换为形状”等，如图 2.8 ~ 图 2.10 所示。

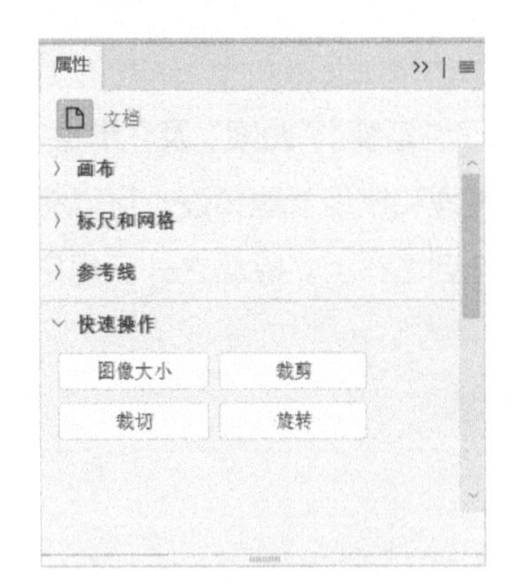

图 2.8 “文档”属性面板

图 2.9 “像素图层”属性面板

图 2.10 “文字图层”属性面板

4. 其他改进功能

其他的改进功能包括改进“变形变换”功能、提供 OpenType 字体的风格组合、改进“内容识别填充”功能、可以在 32 位文档中使用“亮度 / 对比度”和“曲线”调整命令调整图层、改进镜头模糊品质、优化“选择主体”命令、改进 Adobe Camera Raw 等。

2.2 Photoshop CC 2020 工作界面

Photoshop CC 2020 的工作界面由菜单栏、工具栏、选项栏、图像编辑区、状态栏、控制面板组成，如图 2.11 所示。

图 2.11 工作界面

2.2.1 菜单栏

菜单栏位于工作界面的最上方，共有 11 个命令菜单，根据功能不同，分为“文件”“编辑”“图像”“图层”“文字”“选择”“滤镜”“3D”“视图”“窗口”“帮助”，如图 2.12 所示，包含了 Photoshop CC 2020 中所有的操作命令，单击某一个菜单名称，将会出现下拉式菜单。

图 2.12 菜单栏

2.2.2 工具栏

工具栏在默认状态下位于工作界面的左侧，呈单列显示，按住鼠标左键拖曳其顶部可将工具栏放至工作界面的任何地方，单击工具栏顶端左侧的折叠或展开按钮，工具栏可在单列显示状态和双列显示状态之间进行切换，如图 2.13 所示。工具栏提供多种工具，如图 2.14 所示，单击工具栏中的工具，即可使用该工具。有些工具按钮右下角有三角符号，说明存在与其功能类似的隐藏工具，只需按住鼠标左键不放或者单击鼠标右键即可显示隐藏工具，如图 2.15 所示。

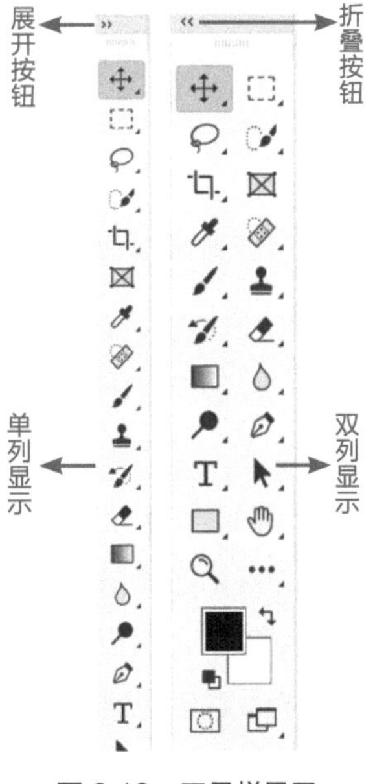

图 2.13 工具栏显示

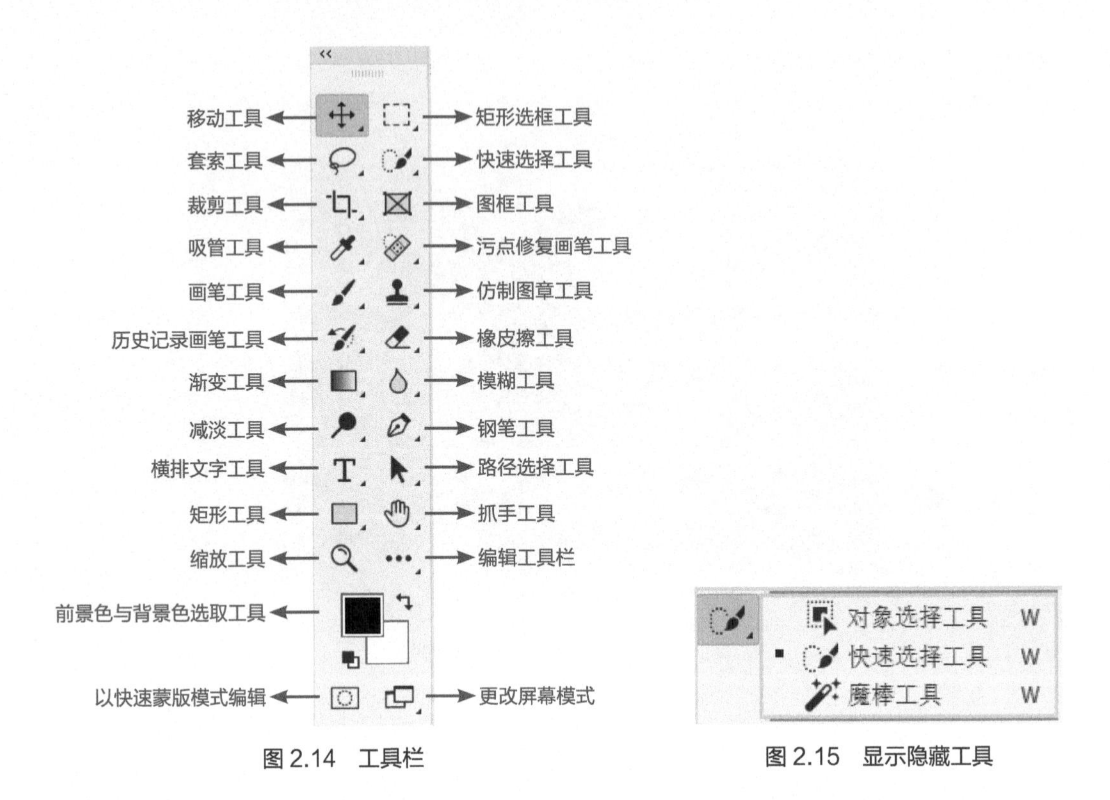

图 2.14　工具栏　　　　图 2.15　显示隐藏工具

2.2.3　选项栏

选项栏位于菜单栏的下方，用于设置工具的属性及参数，会随着选取工具的不同而发生改变，图 2.16 和图 2.17 分别是“移动工具”与“对象选择工具”的选项栏。

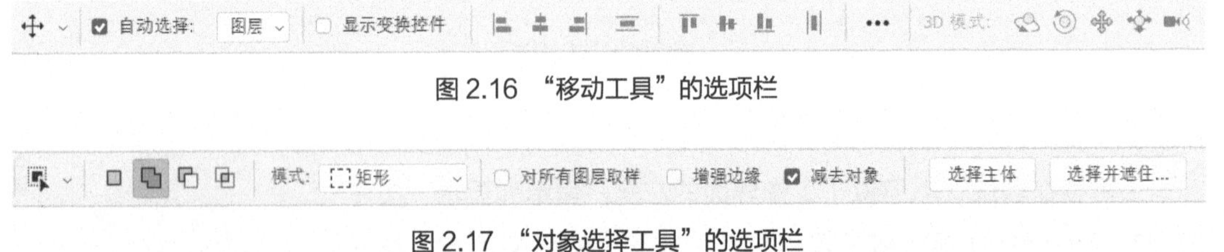

图 2.16　“移动工具”的选项栏

图 2.17　“对象选择工具”的选项栏

2.2.4　图像编辑区

图像编辑区呈现打开的图像文件，上方的标题栏显示当前打开图像的相关信息，包括名称、格式、缩放百分比、所在图层（打开的素材图片如果处于初始的锁定状态，标题栏则不显示图层信息）、色彩模式、颜色深度等基本信息，如图 2.18 左侧部分所示。当同时打开多个图像文档窗口时，各个图像窗口将会以选项卡的形式呈现，当前操作的图像窗口标题栏呈现选中状态，为活动图像窗口，其他窗口为非活动图像窗口，如图 2.18 所示。用户可以单击图像窗口进行切换，也可以利用 Ctrl+Tab 组合键按顺序切换图像窗口，或利用 Ctrl+Shift+Tab 组合键按相反顺序切换图像窗口。

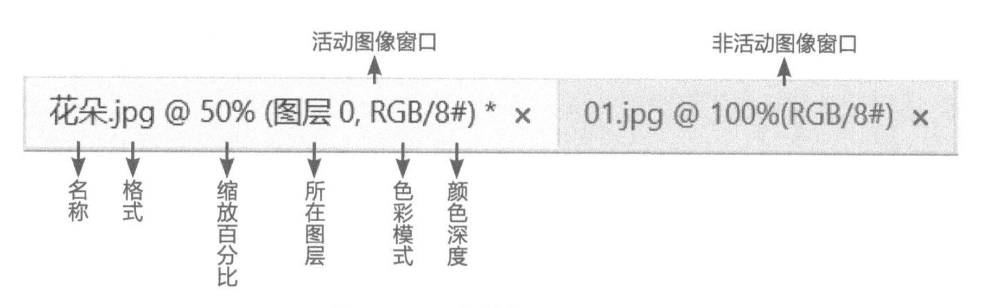

图 2.18　图像编辑区的标题栏

2.2.5　状态栏

状态栏位于图像编辑区的底部，显示当前图像文档的基本信息，包括缩放百分比、文档尺寸等基本信息。在缩放百分比框中输入缩放百分比，按 Enter 键即可更改当前图像文档的显示比例。单击状态栏最右侧的箭头〉，可在弹出的菜单中选择状态栏显示的内容，如图 2.19 所示。在状态栏上按住鼠标左键，可显示图像的宽度、高度、通道、分辨率等信息；按住 Ctrl 键的同时按住鼠标左键，可显示图像的拼贴宽度、拼贴高度、图像宽度、图像高度等信息，如图 2.20 所示。

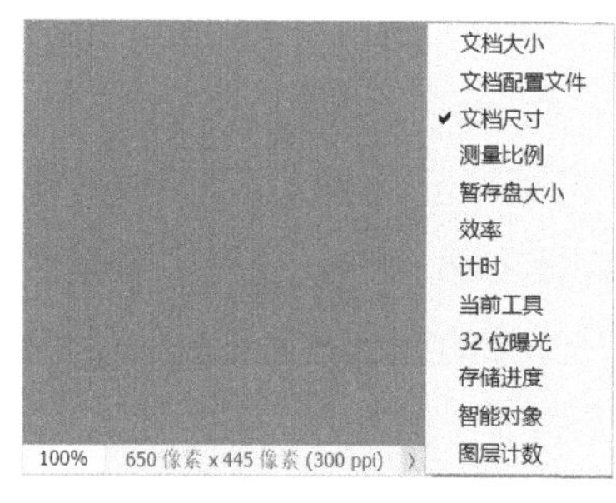

图 2.19　状态栏

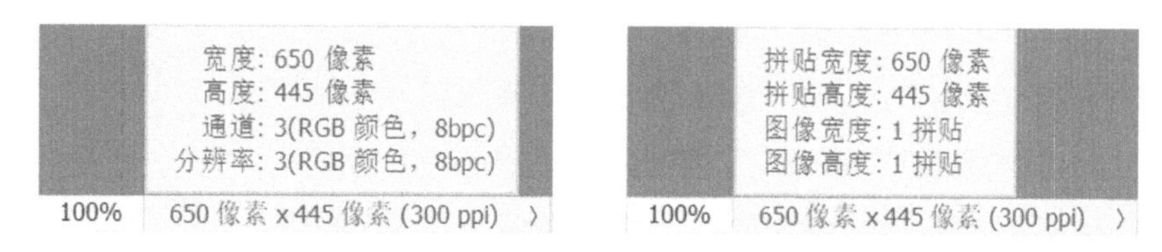

图 2.20　图像信息

2.2.6　控制面板

控制面板是 Photoshop 中的重要部分，Photoshop 提供了 30 多种功能面板供用户使用，默认状态下，启动 Photoshop CC 2020 之后，常用的控制面板将会出现在界面的右侧。利用“窗口”菜单勾选需要的面板，可将面板显示在工作界面，已经显示在工作界面中的面板将以面板组的形式呈现，利用面板组右上角的“展开面板”按钮 « 和“折叠为图标”按钮 » 可以实现面板组的展开与折叠，如图 2.21 和图 2.22 所示。利用面板菜单可以实现多种操作，简单面板的面板菜单中仅有“关闭”和“关闭选项卡组”命令，相对复杂的面板会有较多的操作，且面板不同可以使用的操作也不同，图 2.23 所示为“通道”面板菜单。

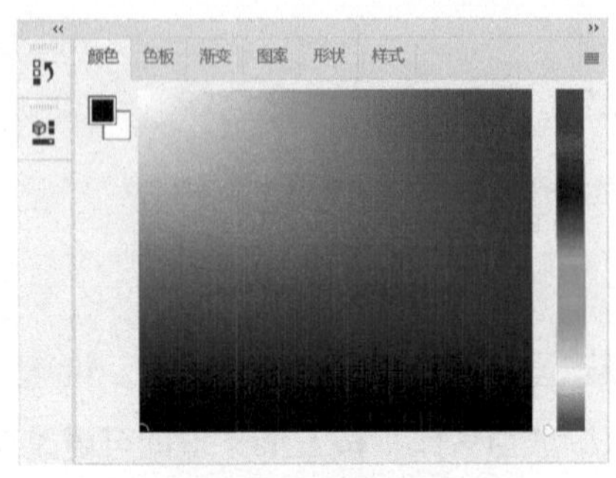

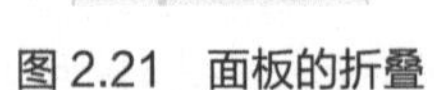

图 2.21　面板的折叠　　图 2.22　部分面板的展开　　图 2.23 “通道”面板菜单

2.3　图像的基本操作

2.3.1　图像的新建、打开、存储、关闭

打开“文件”菜单，利用下拉菜单可以轻松实现图像文件的新建、打开、存储及关闭操作，如图 2.24 所示，这里不再详述。新建文件的组合键为 Ctrl+N，打开文件的组合键为 Ctrl+O，存储文件的组合键为 Ctrl+S，关闭文件的组合键为 Ctrl+W，组合键的使用将会提高设计作品的速度。

图 2.24 “文件”菜单

2.3.2　图像的恢复操作

在编辑图像的过程中，由于失误或效果不理想等原因，用户希望回到上一步，这时需要执行图像的恢复操作，具体方法如表 2.1 所示。受“历史记录”面板中保存操作步数的限制及为避免撤销多步的麻烦，可以将完成的重要步骤创建为快照（具体方法为单击“历史记录”面板底部的“创建新快照”按钮），当错误操作发生时，可以单击某一阶段的快照，回到该状态，以弥补“历史记录”面板中保存操作步数的限制。

表 2.1　图像的恢复操作

方法	描述
利用“编辑”菜单	执行“编辑”→“还原”命令将会恢复上一步操作
利用“历史记录”面板	利用“历史记录”面板可以恢复到可保存操作步数之内的某步操作
利用组合键	Ctrl+Z 组合键，回到上一步操作

2.3.3 图像的移动与复制

利用工具栏中的“移动工具”可以实现图像的移动，需要注意的是图像所处图层需要先解锁。选择“移动工具”之后，按住 Alt 键不放，即可实现图像的复制，如图 2.25 ~图 2.27 所示。

图 2.25 原图像

图 2.26 图像移动效果

图 2.27 图像复制效果

知识点提示：

（1）选择“移动工具”，按住 Alt 键移动图像，可以实现图像的复制，且复制的图像位于单独的图层。

（2）建立选区后，选择“移动工具”，按住 Alt 键移动时，将会复制选区内图像，复制的图像不会位于单独图层。

2.3.4 图像大小与画布大小的修改

根据图像的用途不同，通常需要修改图像的分辨率，例如当我们将图像作为计算机桌面背景时，需要将图像的分辨率设置为与计算机一致。执行“图像”→“图像大小”命令，在弹出的“图像大小”对话框中修改图像的“分辨率”即可修改图像大小，如图 2.28 所示。修改图像大小通常用于设置桌面壁纸、个人头像、网络传输等。

画布指当前图像周围工作空间的大小，执行“图像”→“画布大小”命令，在弹出的“画布大小”对话框中即可修改画布大小，如图 2.29 所示。如果设置的新画布小于当前画布大小，将会弹出对话框提醒用户需要剪切，如图 2.30 ~图 2.32 所示。

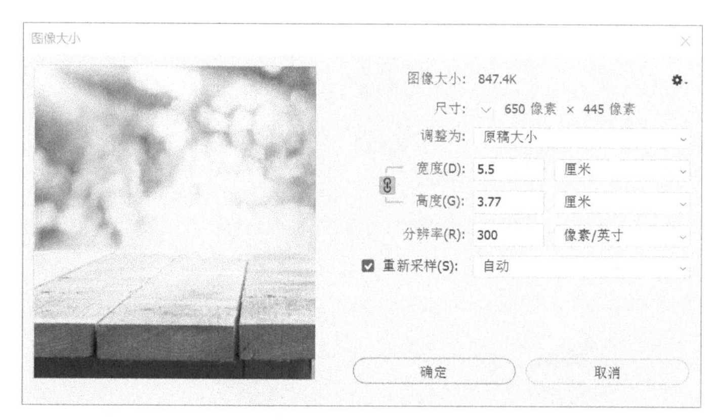

图 2.28 “图像大小”对话框

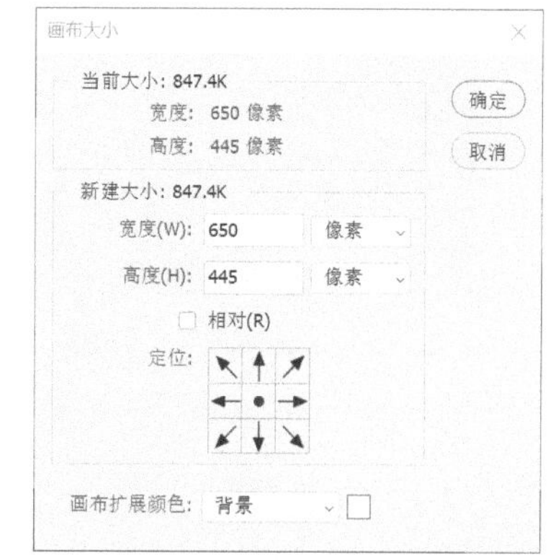

图 2.29 “画布大小”对话框

图 2.30　原图像

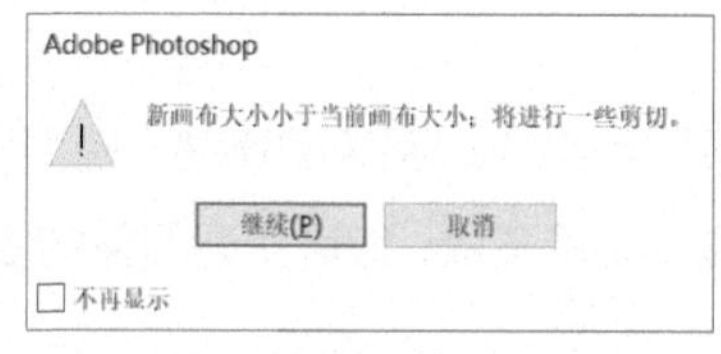

图 2.31　提醒“剪切”对话框

图 2.32　更改画布后的效果

2.3.5　图像的旋转、变换与变形

1. 图像的旋转

执行“图像”→“图像旋转”命令，在弹出的子菜单中共有“180 度”“顺时针 90 度”“逆时针 90 度”“任意角度”“水平翻转画布”“垂直翻转画布”等 6 种图像旋转效果。利用工具栏中的“旋转视图工具”，在其选项栏中设置旋转角度也可以实现图像的旋转，如图 2.33 所示。

图 2.33　“旋转视图工具”选项栏

2. 图像的变换

图像变换的命令有“编辑”→“变换”（见图 2.34）和“编辑”→“自由变换”两种。在实际操作中，通常利用 Ctrl+T 组合键实现简单的变换。如果需要复杂变换，按 Ctrl+T 组合键之后，在图像上单击鼠标右键，在弹出的快捷菜单中进行具体选择即可，如图 2.35 所示。图像的不同变换效果如图 2.36 ~ 图 2.38 所示。图像的变形可扫描二维码查看内容。

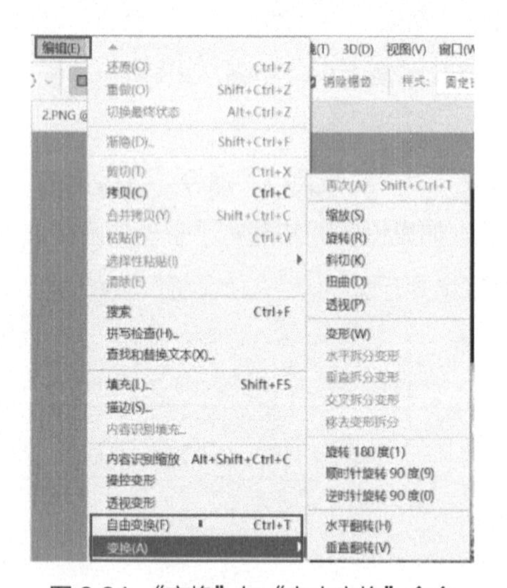

图 2.34　“变换”与“自由变换”命令

图 2.35　快捷菜单

图 2.36　原图

图 2.37　旋转 180 度

图 2.38　自由变换

3. 图像变换练习

打开“第 2 章 / 案例素材 /01.jpg”和“第 2 章 / 案例素材 /02.png”，如图 2.39 和图 2.40 所示，利用图像变换的相关知识制作图 2.41 所示的效果图。

图 2.39　案例素材 01　　图 2.40　案例素材 02　　图 2.41　效果图

操作步骤如下。

（1）按 Ctrl+O 组合键打开素材文件，利用“移动工具”，将案例素材 02 中的图像拖曳至案例素材 01 的合适位置，形成“图层 1”，如图 2.42 和图 2.43 所示。

图 2.42　导入素材

图 2.43 “图层”面板

（2）按 Ctrl+T 组合键，在选项栏中将水平和垂直缩放百分比都设置为“90%”，并将图像向右上方移动些许位置，完成后按 Enter 键。选项栏设置如图 2.44 所示。

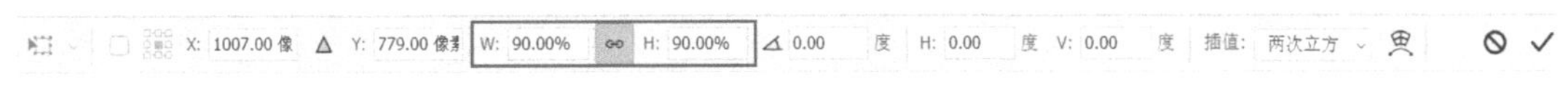

图 2.44　设置水平和垂直缩放百分比

（3）按 Alt+Shift+Ctrl+T 组合键 5 次，每次均会生成新的图像，且位于不同的图层，如图 2.45 和图 2.46 所示。

图 2.45　图像效果

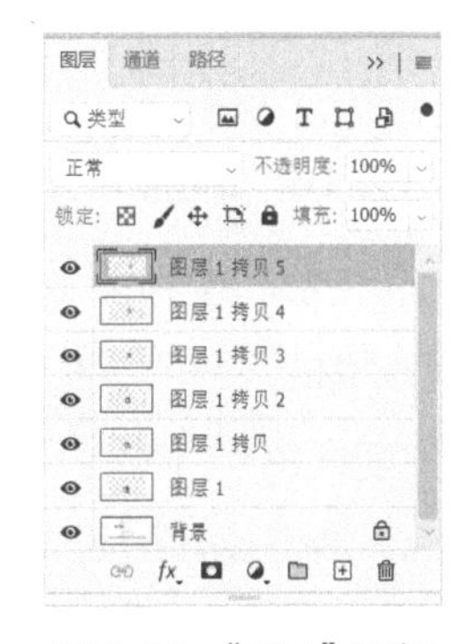

图 2.46 “图层”面板

（4）在“图层”面板中，选中“背景”图层之外的所有图层，执行“图层”→“排列”→“反向”命令。然后单击鼠标右键，在弹出的快捷菜单中选择“合并图层”，选中的图层会自动合并为“图层 1”，如图 2.47 和图 2.48 所示。

图 2.47　图像效果

图 2.48　“图层”面板

（5）按 Ctrl+S 组合键存储文件。

知识点提示：Ctrl+T 组合键——自由变换，Shift+Ctrl+T 组合键——再次变换，Alt+Shift+Ctrl+T 组合键——再次变换并复制为单独图层。

2.3.6　图像的填充

这里涉及的填充操作既可以填充图像图层，还可以填充选区等。

1. “油漆桶工具”填充

“油漆桶工具”是用前景色填充图像，可以通过“拾色器（前景色）”面板、“颜色”面板、“色板”面板设置颜色，如图 2.49 ~图 2.51 所示。默认状态下，前景色为黑色，背景色为白色。工具栏中的“默认前景色与背景色”按钮和“切换前景色和背景色”按钮在颜色编辑时经常用到。按 Alt+Delete 组合键可用前景色填充对象，按 Ctrl+Delete 组合键可用背景色填充对象。

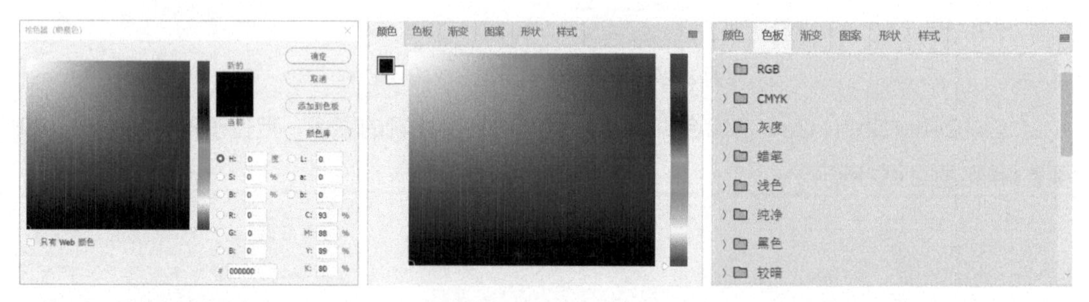

图 2.49　“拾色器（前景色）”面板　　图 2.50　“颜色”面板　　图 2.51　“色板”面板

2. “填充”命令

执行“编辑”→“填充”命令，会弹出“填充”对话框，如图 2.52 所示，用户可以设置“内容”为“前景色”“背景色”“内容识别”“图案”“历史记录”等。“内容识别”功能常用于选区的填充，能够感知选区周围的内容并进行填充，以去除图像中的瑕疵，在 Photoshop CC 2019 中，有一个专用的“内容识别填充”工作区，执行“编辑”→“内容识别填充”命令即可打开该工作区，如图 2.53 所示，在 Photoshop CC 2020 中该功能得到了强化，利用该功能可以达到无缝填充的效果，同时可以实时预览填充效果，并可以将填充部分输出到新的图层。

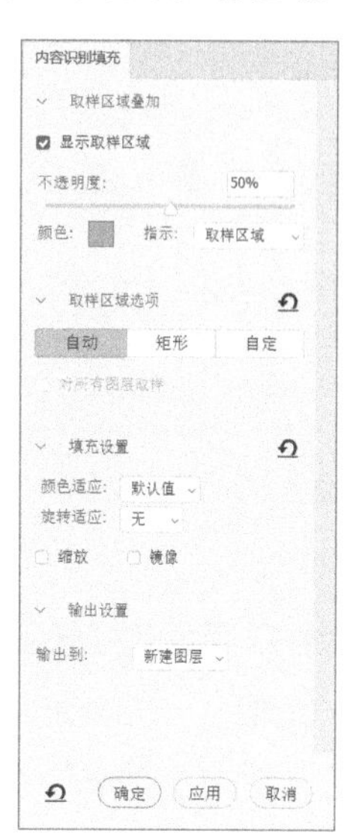

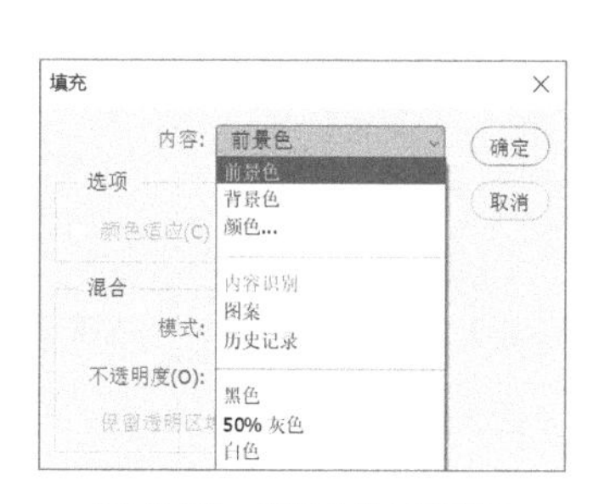

图 2.52 “填充”对话框

图 2.53 “内容识别填充”工作区

3. 渐变填充

渐变颜色可以填充图像、选区、蒙版、通道等，在图像设计中应用广泛。单击工具栏中的“渐变工具”按钮，即可在选项栏中单击按钮打开渐变拾色器选择渐变色，利用“渐变”面板也可以选择渐变色，如果需要编辑渐变色则需要打开“渐变编辑器”对话框，一般单击图 2.54 所示的位置即可。“渐变编辑器”中上方的滑块代表颜色的不透明度，下方的滑块代表颜色类型。选项栏上的按钮依次代表“线性渐变”“径向渐变”“角度渐变”“对称渐变”“菱形渐变”，效果如图 2.55 ~图 2.59 所示。

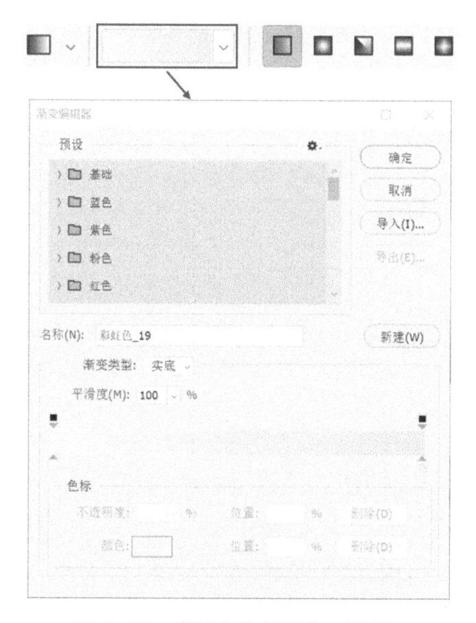

图 2.54 “渐变编辑器”对话框

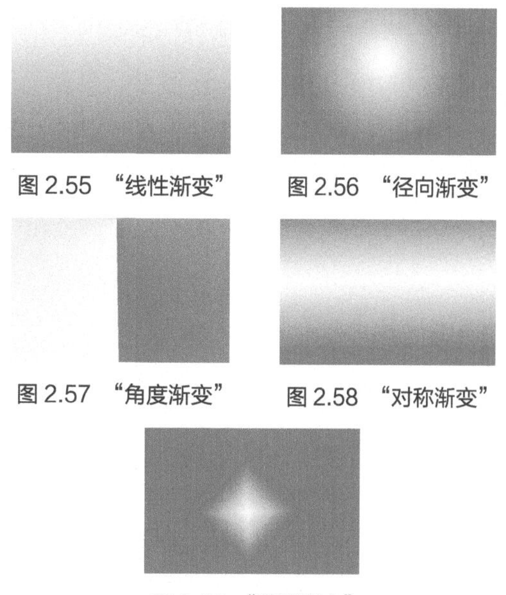

图 2.55 “线性渐变”

图 2.56 “径向渐变”

图 2.57 “角度渐变”

图 2.58 “对称渐变”

图 2.59 “菱形渐变”

4. 图案填充练习

打开“第 2 章 / 案例素材 /03.jpg”，如图 2.60 所示，利用图像的填充等制作图 2.61 所示的效果图。

图 2.60 案例素材 03

图 2.61 效果图

操作步骤如下。

（1）按 Ctrl+O 组合键打开素材文件。

（2）执行“图像”→“图像大小”命令，在弹出的“图像大小”对话框中，设置图像的“宽度”与“高度”均为“1 厘米”，如图 2.62 所示，注意不约束长宽比。

（3）执行“编辑”→“定义图案”命令，在弹出的“图案名称”对话框中，设置“名称”为“小兔子 .jpg”，如图 2.63 所示。

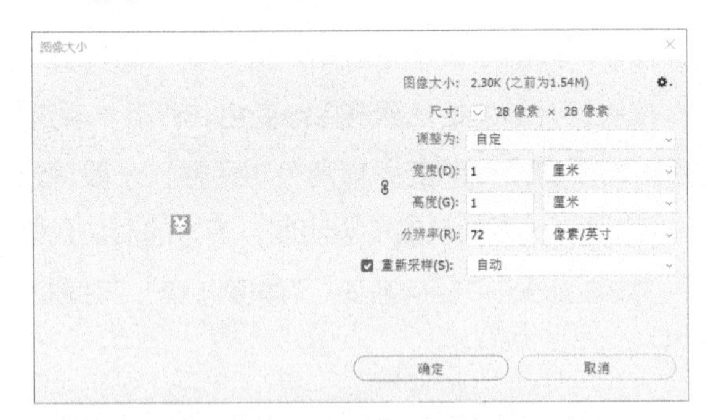

图 2.62 “图像大小”对话框

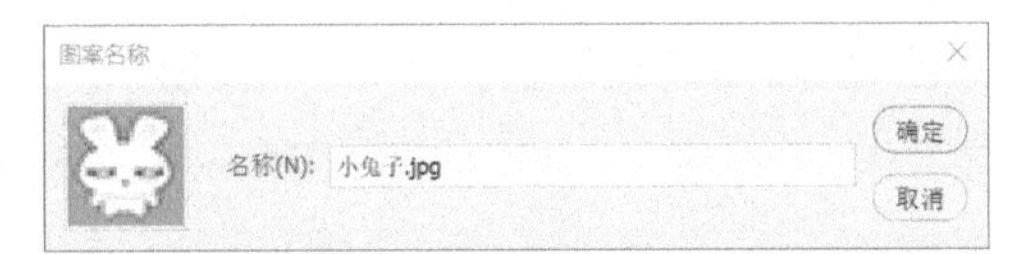

图 2.63 “图案名称”对话框

（4）选择“历史记录”面板中的“打开”选项，如图 2.64 所示，回到打开图像的步骤，执行“编辑”→“填充”命令，在弹出的“填充”对话框中，设置“内容”为“图案”，“不透明度”为“50%”，如图 2.65 所示。

图 2.64 “历史记录”面板

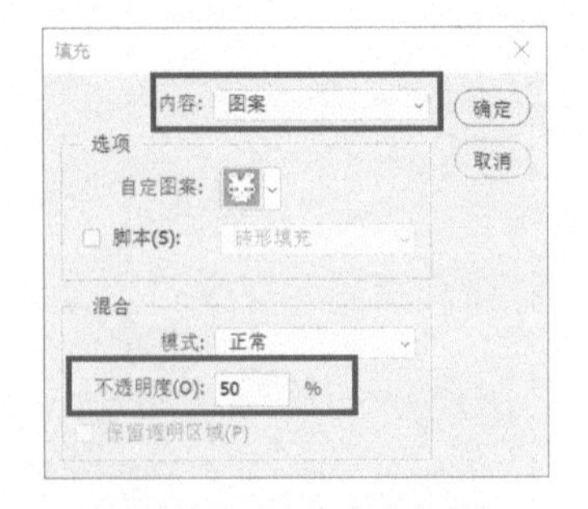

图 2.65 “填充”对话框

（5）单击“确定”按钮完成设置，按 Ctrl+S 组合键存储文件。

5. 渐变填充练习

打开“第 2 章 / 案例素材 /04.jpg”“第 2 章 / 案例素材 /05.jpg”“第 2 章 / 案例素材 /06.jpg”，如图 2.66 ~图 2.68 所示，利用图像的渐变填充等制作图 2.69 所示的效果图。

图 2.66　案例素材 04

图 2.67　案例素材 05

图 2.68　案例素材 06

图 2.69　效果图

操作步骤如下。

（1）按Ctrl+N组合键打开“新建文档”对话框，选择“照片”选项卡中的“横向，3×2”尺寸，将文档命名为“新鲜水果广告”，具体设置如图 2.70 所示，单击“创建”按钮新建文档。

图 2.70　“新建文档”对话框

（2）选择工具栏中的“渐变工具”，如图 2.71 所示，在选项栏中选择橙色类别“橙色_01”渐变色，并选择“径向渐变”，从画布中间向边界拖曳鼠标指针填充渐变色。

图 2.71　设置渐变填充

（3）拖放案例素材 04 至文档中，调整图像至合适的位置和大小。打开“图层”面板，设置所在图层的混合模式为“变暗”，如图 2.72 所示。

（4）拖放案例素材 05 至文档中，调整图像至合适的位置和大小，单击鼠标右键，在弹出的快捷菜单中选择“水平翻转”，设置所在图层的混合模式为“深色”，如图 2.73 所示，获得效果如图 2.74 所示。

图 2.72　设置“变暗”

图 2.73　设置“深色”

图 2.74　效果

（5）拖放案例素材 06 至文档中，调整图像至合适的位置和大小，并设置所在图层的混合模式为“正片叠底”，如图 2.75 所示，获得效果如图 2.76 所示。

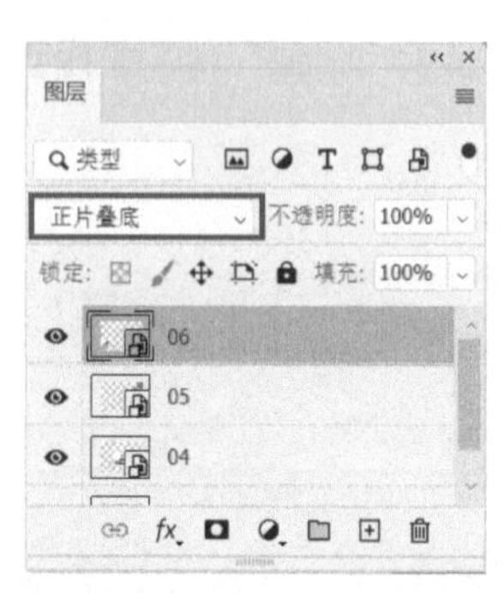

图 2.75　设置“正片叠底”

图 2.76　效果

（6）选择工具栏中的“横排文字工具”，设置字体为“方正姚体”，字号为“24 点”，如图 2.77 所示。输入文字“新鲜水果”，单击选项栏中的“√”按钮完成输入。

图 2.77　文字格式设置

（7）选中文字所在图层，单击鼠标右键执行“栅格化文字”命令。

（8）选择工具栏中的“对象选择工具”，在画面中拖曳鼠标指针建立文字选区。如果没有建立完全吻合的文字选区，可以选择工具栏中的“魔棒工具”，选中选项栏中的“添加到选区”，如图 2.78 所示，利用“魔棒工具”单击没有选中的文字部分完善选区，效果如图 2.79 所示。

（9）选择工具栏中的“渐变工具”，打开“渐变编辑器”对话框，如图 2.80 所示，将两端滑块的颜色分别设置为（RGB：255,0,0）和（RGB：255,70,240）。

图 2.78　选项栏

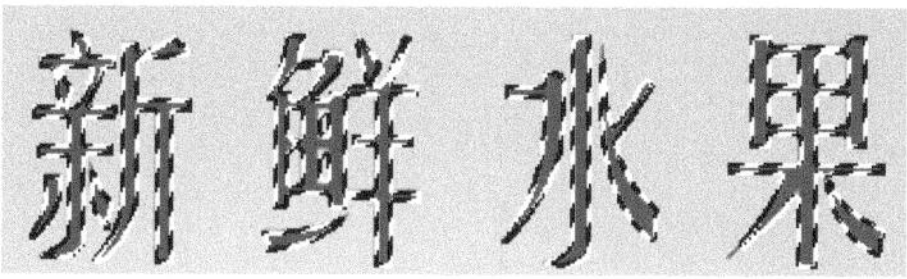

图 2.79　文字选区

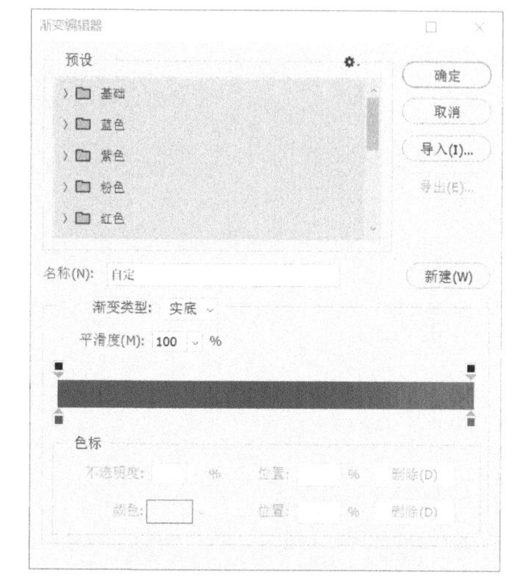

图 2.80　“渐变编辑器”对话框

（10）单击选项栏中的“线性渐变”按钮，拖曳鼠标指针填充渐变颜色，按 Ctrl+D 组合键取消选区。

（11）再次选择工具栏中“横排文字工具”，设置字体为“方正舒体”，字号为“12 点”，输入文字“健康生活每一天”，将其拖放至合适的位置。

（12）按 Ctrl+S 组合键存储文档。

图像的屏幕显示模式、图像的排列方式、图像的缩放、图像的裁剪与裁切、辅助工具的使用等内容可以扫描二维码查看。

2.4　图层

2.4.1　图层知识点

1. 图层类别

多个图层叠加可获得最终的图像设计效果。图层分为普通图层、背景图层、文字图层、形状图层、智能对象图层、填充图层、调整图层等，各类图层在面板中的显示如图 2.81 所示。

具体内容可扫描二维码查看。

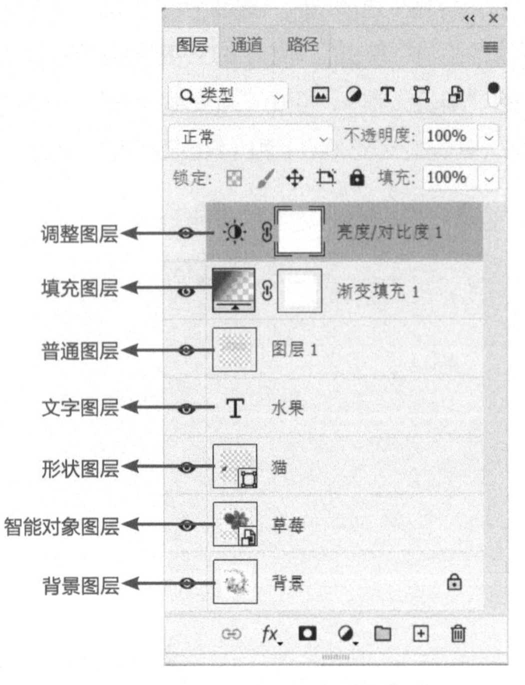

图 2.81　图层类别

2. “图层”面板

利用“图层”面板可以方便地创建、编辑、管理图层，设置图层样式和混合模式等。执行“窗口”→“图层”命令可打开“图层”面板，如图 2.82 所示。具体内容可扫描二维码查看。

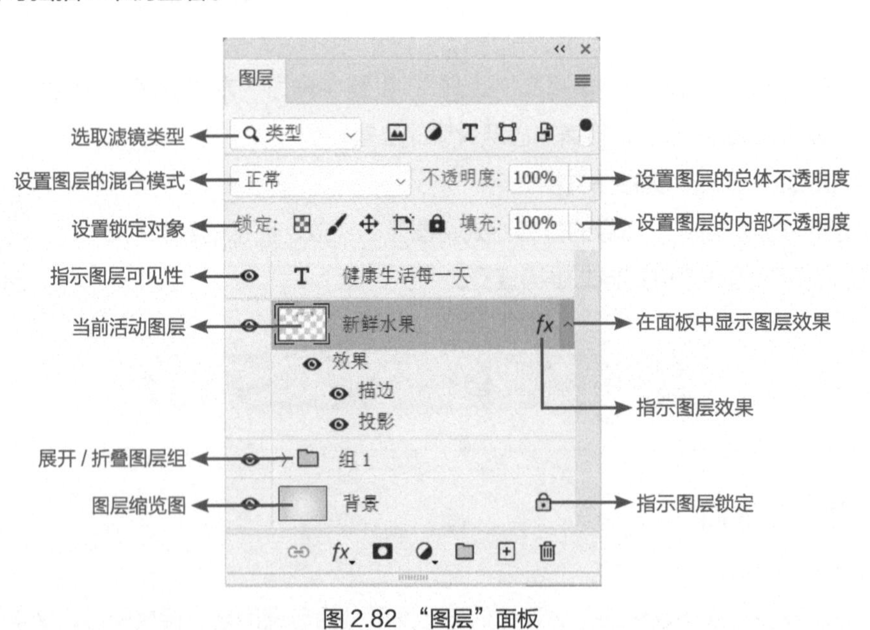

图 2.82　“图层”面板

3. 图层的操作

实现图层基本操作的方法多样，下面将列举一些常用方法，其他方法请大家在学习过程中不断积累。

（1）基本操作

图层基本操作如表 2.2 所示。

表 2.2 图层基本操作

类别	操作方法
新建图层	执行“图层”→“新建”→“图层”命令
	单击“图层”面板中的“创建新图层”按钮
复制图层	拖曳要复制的图层至“图层”面板的“创建新图层”按钮上
	选中要复制的图层，单击鼠标右键，在弹出的快捷菜单中执行“复制图层”命令
	按 Ctrl+J 组合键，即可复制当前选中的图层
移动图层	选中图层，按住鼠标左键不放，拖放图层至目标位置
删除图层	选中图层，单击鼠标右键，在弹出的快捷菜单中执行“删除图层”命令
	选中图层，将其拖曳到“图层”面板中的“删除图层”按钮上
	选中图层，单击“图层”面板中的“删除图层”按钮
重命名图层	双击图层名称，当名称呈现蓝色突显状态时即可修改名称
链接图层	选中多个图层，单击“图层”面板底部的“链接图层”按钮，即可链接多个图层，随后可对链接的多个图层同时进行移动或变换操作

知识点提示：

（1）执行“图层”→“删除”→“隐藏图层”命令，将会删除当前图像中所有的隐藏图层，多用于图像制作完成之后删除不需要的图层。

（2）利用上表中新建图层的方法可在当前图层的上方创建新图层。按住 Ctrl 键的同时单击“图层”面板中的“创建新图层”按钮，可在当前图层下方创建新图层。背景图层的下方不能创建新图层，因此如果对象为背景图层，新建图层则位于背景图层上方。

（2）高级操作

① 图层的反向

利用移动图层的操作可以轻松实现少量图层的顺序改变。除此之外，利用“图层”→“排列”命令同样可以更改图层的顺序，“排列”命令的子菜单如图 2.83 所示。其中比较特殊的排列是图层的“反向”操作，图 2.84 所示为原顺序效果，从图 2.85 可观察图层的“反向”操作效果。

② 图层的对齐与分布

图层对齐与分布操作的对象是多个图层，执行“图层”→“对齐”命令，将会弹出“对齐”命令子菜单，同样，执行“图层”→“分布”命令，将会弹出“分布”命令的子菜单，如图 2.86 和图 2.87 所示。

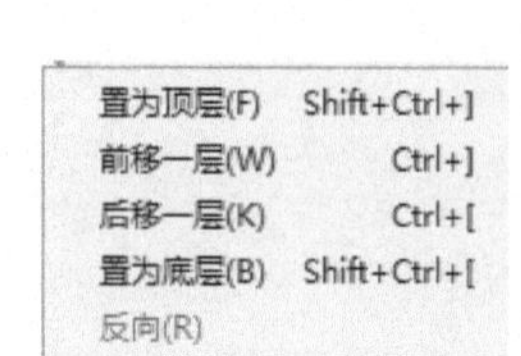

图 2.83 “排列”命令子菜单

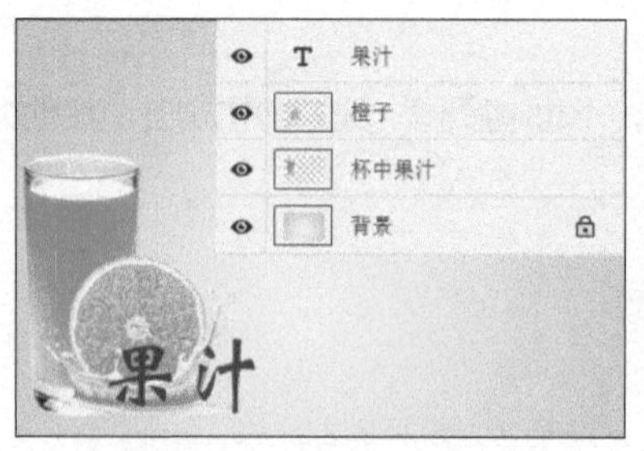

图 2.84 原图层顺序效果

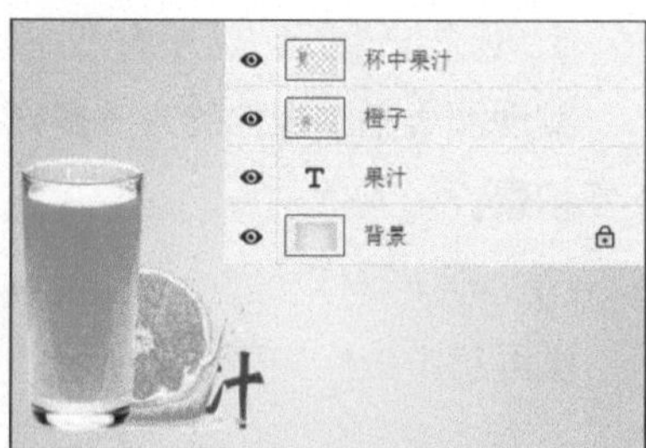

图 2.85 图层的“反向”操作效果

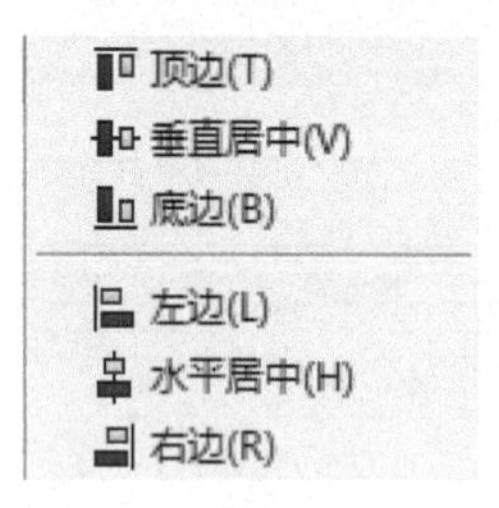

图 2.86 “对齐”命令子菜单

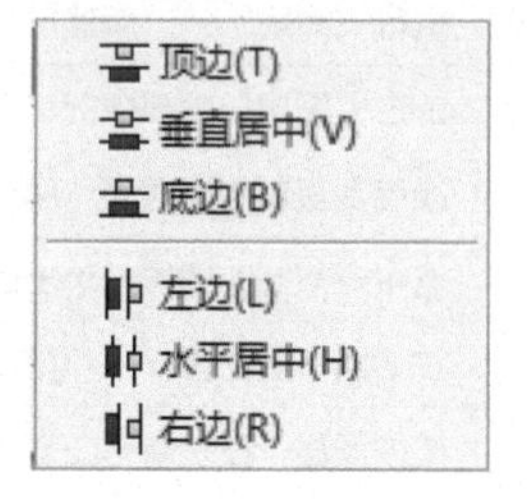

图 2.87 “分布”命令子菜单

③ 合并图层与盖印图层

图层、图层样式等均会占用计算机内存，合并图层可轻松解决此问题。合并操作有向下合并（组合键为 Ctrl+E）、合并可见图层（组合键为 Shift+Ctrl+E）、拼合图像 3 种类型，相关的命令可以在“图层”面板中找到，其中拼合图像操作能够合并可见图层，同时删除隐藏图形。盖印图层与合并图层相似，通过盖印图层同样可将多个图层的内容合并，但盖印图层会生成一个新的图层，可以保持原来图层的独立性和完整性。利用 Ctrl+Alt+E 组合键可将选定图层的内容合并到一个新的图层中，利用 Shift+Ctrl+Alt+E 组合键可将图层面板中所有可见图层合并到一个新的图层中。

④ 图层组的应用

图层组的应用使得图层的管理更加快捷。单击“图层”面板底部的“创建新组”按钮即可创建图层组。将内容相关的图层放置于一组中可方便用户对图层进行管理。

4. 图层的混合模式

图层的混合模式指将当前图层中的像素与其下层图层的像素相融合，从而获得特殊的图像效果，且不会破坏原始图像。图层的混合模式只能在两个图层之间发挥作用，且如果图层处于锁定状态，则无法设置混合模式。系统提供了 27 种图层混合模式，如图 2.88 所示，表 2.3 为各种混合模式的效果（设置花朵所在图层的混合模式）。

图 2.88 图层的混合模式类型

表 2.3 图层的混合模式效果

模式组	模式效果				
基本模式组	 正常模式	 溶解模式			
加深模式组	 变暗模式	 正片叠底模式	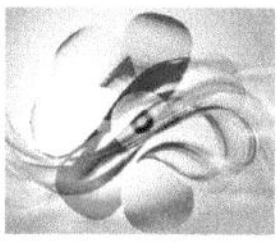 颜色加深模式	 线性加深模式	 深色模式
减淡模式组	 变亮模式	 滤色模式	 颜色减淡模式	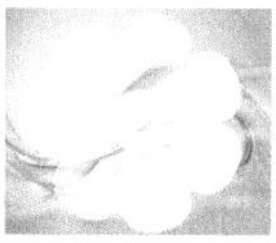 线性减淡（添加）模式	 浅色模式
对比模式组	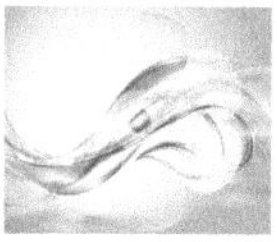 叠加模式	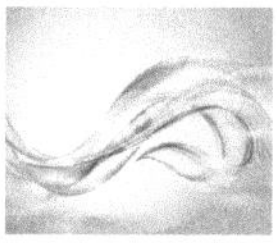 柔光模式	 强光模式	 亮光模式	
	 线性光模式	 点光模式	 实色混合模式		
比较模式组	 差值模式	 排除模式	 减去模式	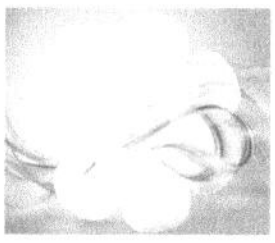 划分模式	
色彩模式组	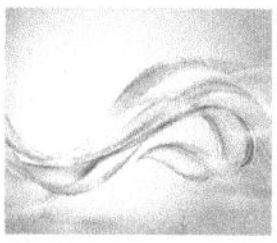 色相模式	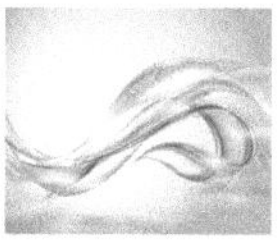 饱和度模式	 颜色模式	 明度模式	

5. 图层样式

图层样式的应用可以使图像产生不同的艺术效果。有 3 种常见的添加图层样式的方法：第一种是应用“样式”面板，第二种是应用“图层”面板，第三种是应用菜单命令。

（1）应用“样式”面板

选择需要添加图层样式的图层，在“样式”面板中找到合适的样式后单击，即可实现样式的应用。“样式”面板如图 2.89 所示。

（2）应用“图层”面板

单击“图层”面板底部的“添加图层样式”按钮 fx，弹出的下拉列表框如图 2.90 所示，系统提供 10 种图层样式，选中其中的一种样式之后，将会弹出“图层样式”对话框，如图 2.91 所示，在“图层样式”对话框左侧可选择样式的类别，在右侧则可设置该样式的相关参数。直接双击图层（非图层名称处），也会弹出“图层样式”对话框。

（3）应用菜单命令

执行“图层”→“图层样式”命令，其子菜单如图 2.92 所示，选择一种样式后同样会弹出“图层样式”对话框。

具体样式效果的内容可扫描二维码查看。

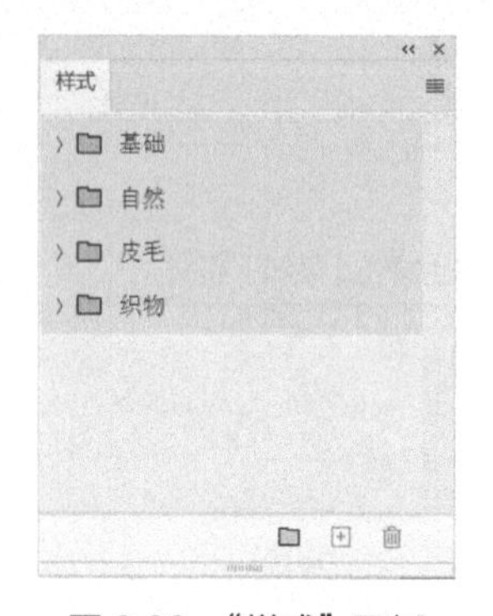

图 2.89 “样式”面板

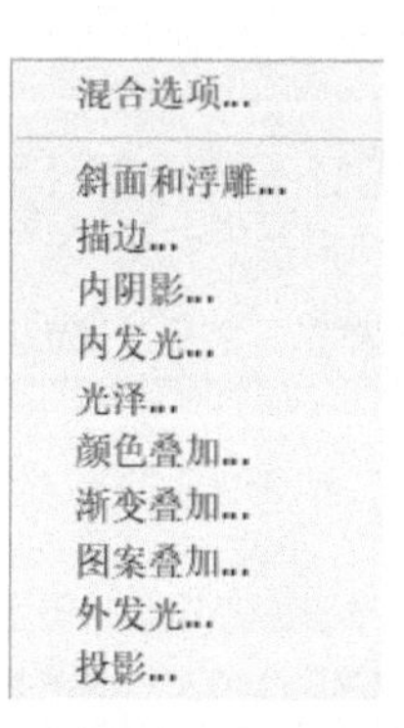

图 2.90 “添加图层样式”下拉列表框

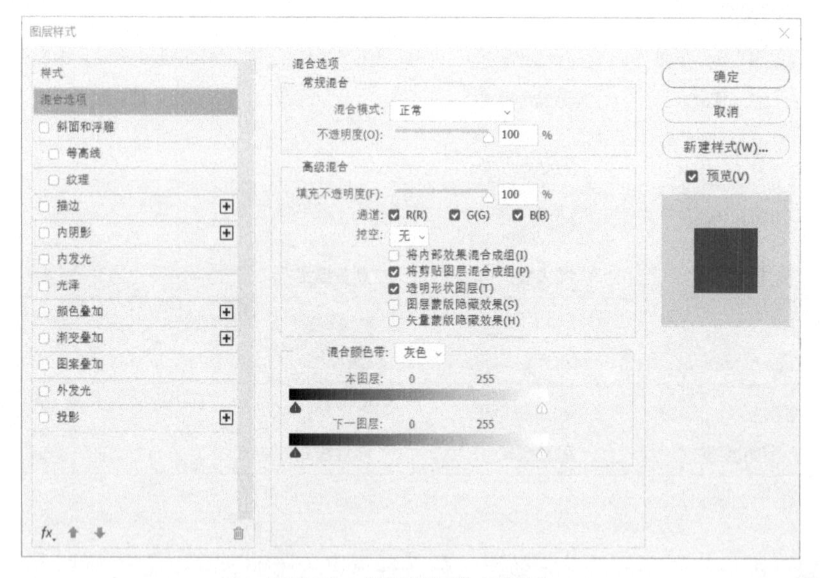

图 2.91 “图层样式”对话框

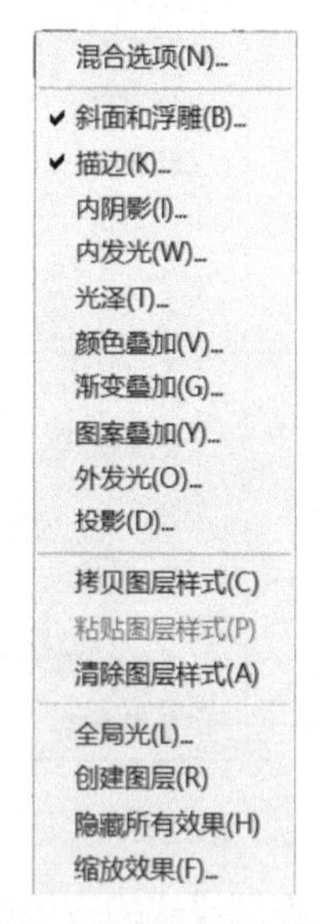

图 2.92 “图层样式”子菜单

（4）图层样式的编辑

图层样式编辑涉及的操作有图层样式的复制、图层样式的清除、图层样式的创建、图层样式效果的隐藏、图层样式效果的缩放、图层样式的栅格化等，通过表 2.4，读者可以清楚地了解图层样式的编辑操作。

表 2.4 图层样式的编辑操作

类别	操作方法
图层样式的复制	选中添加了图层样式的图层，单击鼠标右键，在弹出的快捷菜单中选择“拷贝图层样式”，然后选中目标图层，单击鼠标右键，选择“粘贴图层样式”
图层样式的清除	选中添加了图层样式的图层，单击鼠标右键，在弹出的快捷菜单中选择“清除图层样式”
图层样式的创建	选中应用了图层样式的图层，单击“图层”面板中的“添加图层样式”按钮 *fx*。
图层样式效果的隐藏	选中应用了图层样式的图层，执行“图层”→“图层样式”→“隐藏所有效果”命令，即可隐藏图层的全部样式，在“图层”面板中，每个图层样式列表前都有一个用于显示样式和隐藏样式的眼睛图标，单击“效果”前的眼睛图标则会隐藏所有样式效果，单击单个样式前的眼睛图标则只会隐藏该图层样式效果
图层样式效果的缩放	选中应用了图层样式的图层，执行“图层”→“图层样式”→“缩放效果”命令，或在“图层”面板中打开的图层样式列表中找到需要缩放的样式，单击鼠标右键，在弹出的快捷菜单中选择“缩放效果”即可
图层样式的栅格化	栅格化图层样式可以将图层样式变成普通图层的一部分，可以让它像其他部分一样可被继续编辑，具体方法为选中添加了图层样式的图层，单击鼠标右键，在弹出的快捷菜单中选择“栅格化图层样式”即可

2.4.2 图层的应用

1. 制作化妆品广告

打开“第 2 章 / 案例素材 /07.jpg”“第 2 章 / 案例素材 /08.jpg”“第 2 章 / 案例素材 /09.jpg”“第 2 章 / 案例素材 /10.png”，如图 2.93 ~图 2.96 所示，利用图层的混合模式、图层样式等知识制作图 2.97 所示的效果图。

图 2.93 案例素材 07

图 2.94 案例素材 08

图 2.95 案例素材 09

图 2.96 案例素材 10

图 2.97 效果图

操作步骤如下。

（1）按 Ctrl+O 组合键打开案例素材 07，导入案例素材 08，将其缩放至合适的大小并放置在合适的位置。

（2）栅格化案例素材 08 所在图层，选择工具栏中的“魔术橡皮擦工具”，去除图像背景。

（3）导入案例素材 09，将其缩放至合适的大小并进行适当旋转，设置所在图层的混合模式为“深色”，如图 2.98 所示。

（4）导入案例素材 10，将其缩放至合适的大小并放置在合适的位置，并设置所在图层的混合模式为“滤色”，如图 2.99 所示。

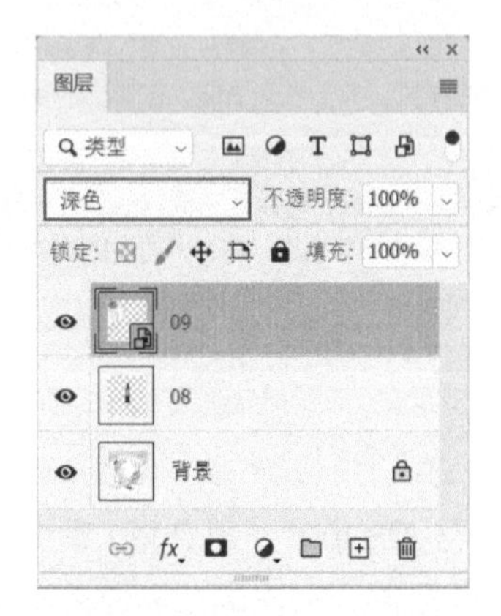

图 2.98 “深色”混合模式

图 2.99 “滤色”混合模式

（5）选择工具栏中的“横排文字工具”，在选项栏中设置字体为“华文新魏”，字体大小为“48 点”，居中对齐文本，字体颜色为红色（RGB：240,10,10），如图 2.100 所示，输入第一行文字“Be yourself”和第二行文字“More beautiful”。

图 2.100 选项栏的设置

（6）打开“字符”面板，设置行距为“72 点”，并单击“仿粗体”，如图 2.101 所示。

（7）给文字添加“描边”的图层样式，具体参数设置如图 2.102 所示，完成效果后存储文件即可。

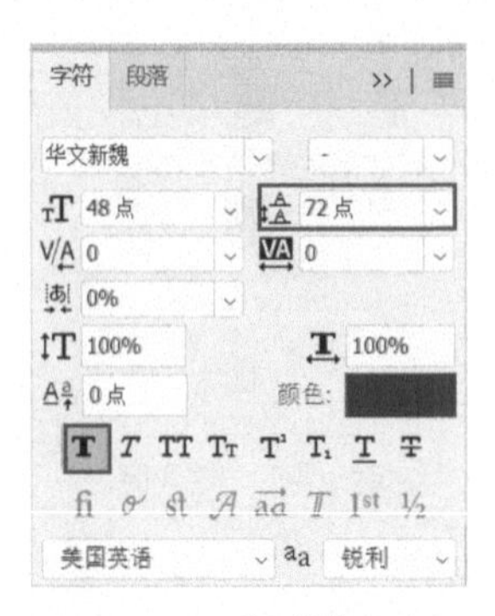

图 2.101 “字符”面板

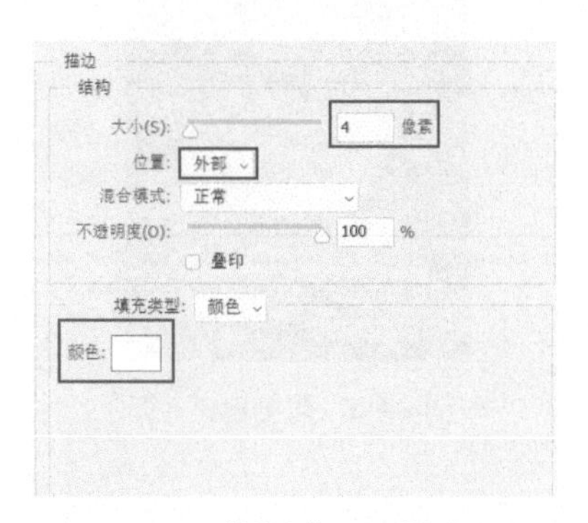

图 2.102 “描边”图层样式设置

2. 制作艺术相册效果

打开“第 2 章 / 案例素材 /11.jpg”，如图 2.103 所示，利用图层样式、图层的不透明度等知识制作图 2.104 所示的效果图。

图 2.103　案例素材 11

图 2.104　效果图

操作步骤如下。

（1）打开素材文件，按住 Alt 键双击背景图层，解锁背景图层，此时图层的名称自动变为“图层 0”。

（2）按 Ctrl+J 组合键复制“图层 0”，生成图层名称为“图层 0 拷贝”的新图层，如图 2.105 所示。

（3）选中“图层 0”，执行“滤镜”→“模糊”→“高斯模糊”命令，在弹出的“高斯模糊”对话框中，设置“半径”为“10 像素”，如图 2.106 所示，单击“确定”按钮。设置“图层 0”的“不透明度”为“70%”，如图 2.107 所示。

图 2.105　生成新图层

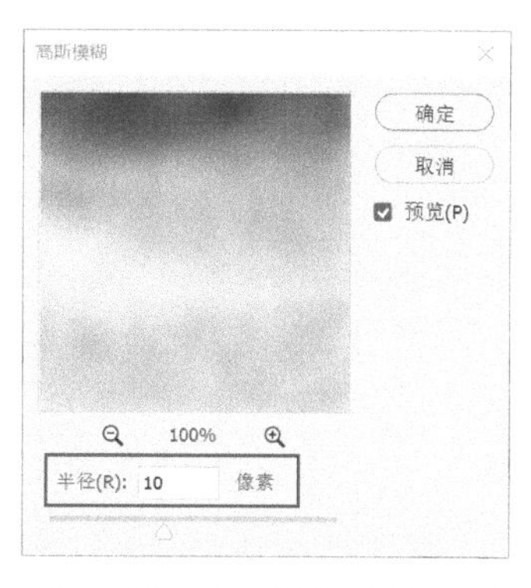

图 2.106　“高斯模糊”对话框

图 2.107　设置不透明度

（4）选中“图层 0 拷贝”，按 Ctrl+T 组合键，对其进行自由变换，效果如图 2.108 所示。

（5）选择工具栏中的“矩形工具”，绘制一个填充色为白色的矩形，生成一个名称为“矩形 1”的图层，将该图层移至“图层 0 拷贝”之下，如图 2.109 所示。

（6）利用 Ctrl+T 组合键，变换该矩形并将其拖放至合适位置，使其与“图层 0 拷贝”的旋转角度相同。

（7）单击“图层 0”前的眼睛图标，让“图层 0”处于隐藏状态，选中“图层 0 拷贝”，单击鼠标右键，在弹出的快捷菜单中选择“合并可见图层”。

图 2.108　图像变换效果

图 2.109　生成新图层

（8）选中“图层 0 拷贝”，单击“图层”面板下的“添加图层样式”按钮 fx，选择“内阴影”，在弹出的对话框中设置“不透明度”为“80%”，“角度”为“−139 度”，“距离”为“50 像素”，“大小”为“10 像素”，如图 2.110 所示。

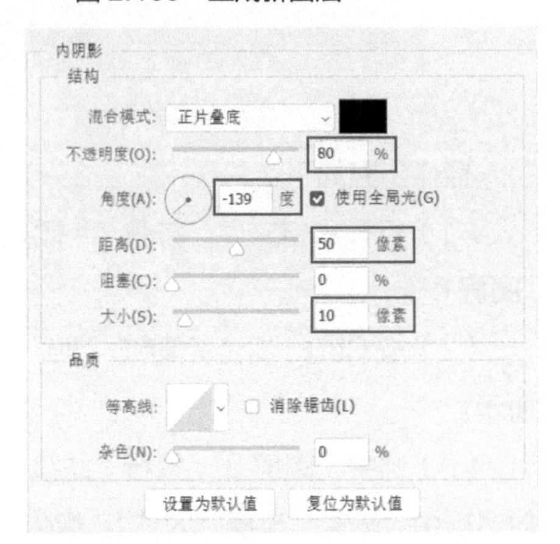

图 2.110　“内阴影”样式设置

（9）选择工具栏中的“横排文字工具”，设置字体为“黑体”，颜色为蓝色（RGB：0,163,226），字体大小为“150 点”，输入文字“阳光 大海 沙滩”。

（10）按 Ctrl+T 组合键对文字进行自由变换，并移动文字至合适位置。

（11）为文字图层添加“斜面和浮雕”与“描边”样式，具体参数设置如图 2.111 和图 2.112 所示。显示所有图层，完成制作。

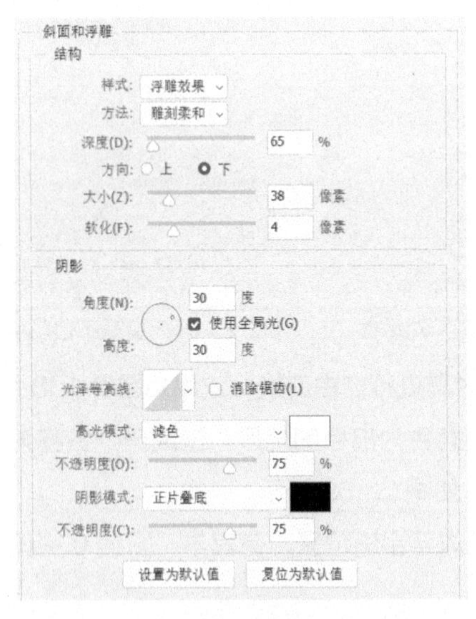

图 2.111　“斜面和浮雕”样式设置

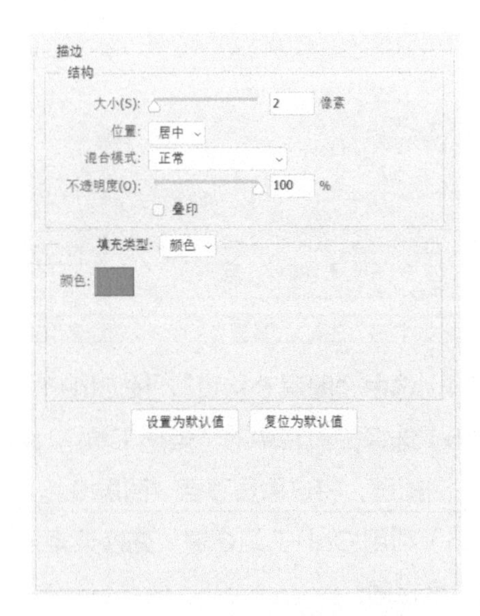

图 2.112　“描边”样式设置

3. 保护地球宣传页设置

打开“第 2 章 / 案例素材 /12.jpg”“第 2 章 / 案例素材 /13.jpg”“第 2 章 / 案例素材 /14.

jpg”，如图 2.113 ~图 2.115 所示，利用图层样式的相关知识，制作图 2.116 所示的效果图。

图 2.113　案例素材 12

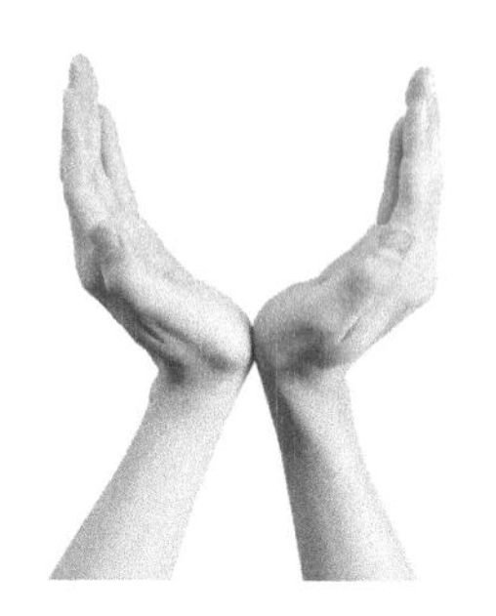

图 2.114　案例素材 13

图 2.115　案例素材 14

图 2.116　效果图

操作步骤如下。

（1）打开案例素材 12，导入案例素材 13，将其缩放至合适的大小并放置在合适的位置。利用“魔棒工具”，选中案例素材 13 的白色区域，按 Delete 键删除白色背景，按 Ctrl+D 组合键取消选区，如图 2.117 所示。

（2）导入案例素材 14，按 Ctrl+T 组合键对它进行自由变换，如图 2.118 所示。

图 2.117　删除白色背景

图 2.118　导入素材并进行自由变换

（3）选择工具栏中的“椭圆选框工具”，按住 Shift 键的同时拖动鼠标指针，建立正圆形选区，如图 2.119 所示。执行“滤镜”→“扭曲”→“球面化”命令，在弹出的“球面化”对话框中，设置“数量”为“100%”，“模式”为“正常”，如图 2.120 所示。

图 2.119　建立选区

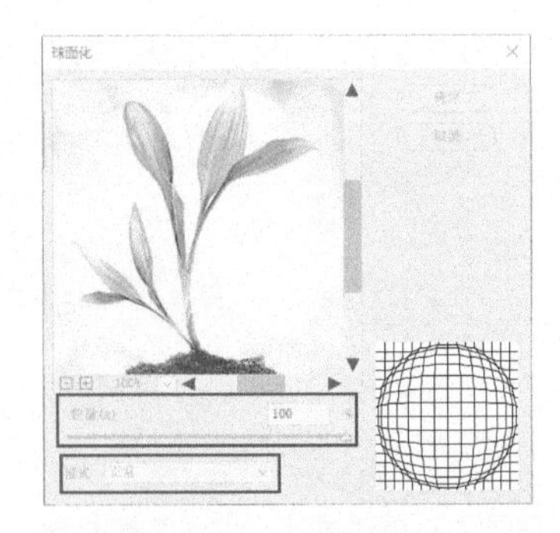

图 2.120　设置球面化

（4）按 Ctrl+Shift+I 组合键反选选区，按 Delete 键删除多余部分，按 Ctrl+D 组合键取消选区。效果如图 2.121 所示。

（5）为案例素材 14 所在图层添加“内阴影”“内发光”和“投影”样式，具体参数设置如图 2.122 ~图 2.124 所示。

图 2.121　效果

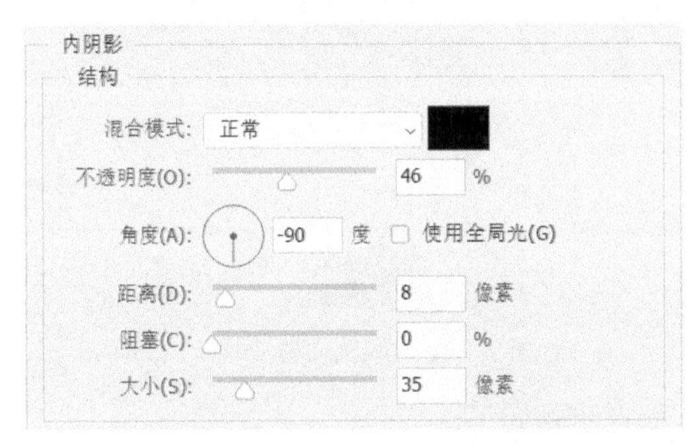

图 2.122　“内阴影”样式设置

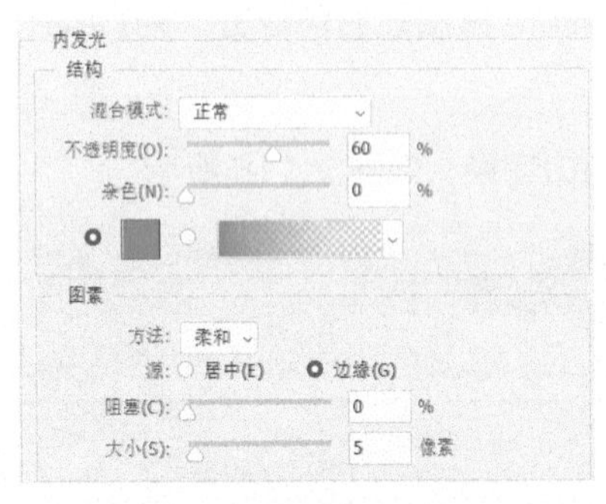

图 2.123　“内发光”样式设置

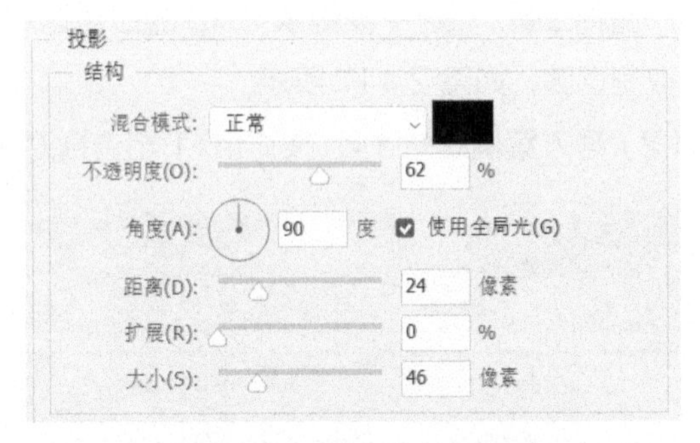

图 2.124　“投影”样式设置

（6）选择工具栏中的“自定形状工具”，在选项栏中设置形状为♫，设置“填充”为白色，如图 2.125 所示，绘制形状。设置音符形状所在图层的“不透明度”为“40%”。根据个人喜好制作音符所在图层的图层样式，即可获得最终效果。

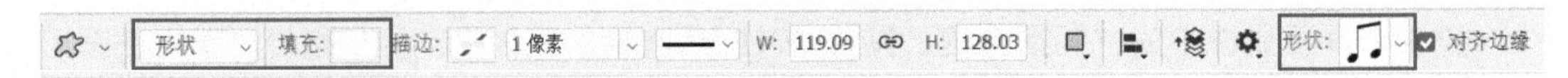

图 2.125　“自定形状工具”的选项栏

2.5 选区工具与通道

2.5.1 选区工具知识点

1. 选区工具分类

（1）选框类工具

选框类工具分为“矩形选框工具”“椭圆选框工具”“单行选框工具”“单列选框工具”，如图 2.126 所示。

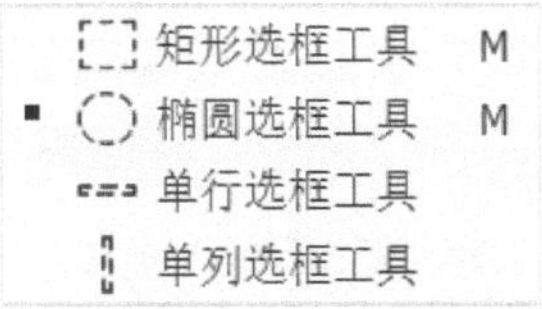

矩形选框工具 M
椭圆选框工具 M
单行选框工具
单列选框工具

图 2.126 选框类工具

使用“矩形选框工具”时，按住 Shift 键可以创建正方形选区。同理，使用“椭圆选框工具”时按住 Shift 键，可以创建正圆形选区。

选择选框类工具之后，利用选项栏中的设置可以更精准地获得所需要的选区。选框类工具的选项栏相似，这里以“矩形选框工具”为例。“矩形选框工具”的选项栏如图 2.127 所示。“矩形选框工具”选项栏的相关具体内容可扫描二维码查看。

图 2.127 “矩形选框工具”的选项栏

（2）套索类工具

套索类工具分为“套索工具”“多边形套索工具”“磁性套索工具”3 种，如图 2.128 所示，它们的使用方法和适用范围略有差异，具体见表 2.5。

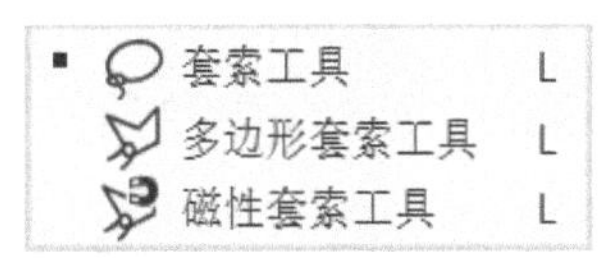

图 2.128 套索类工具

表 2.5 套索类工具的使用方法和适用范围

类型	使用方法	适用范围
套索工具	按住鼠标左键在图像上面拖曳鼠标指针，鼠标指针的移动轨迹即为选区的边界，操作简单，但是选区的形状较难控制	适用于创建对准确度要求不高的选区
多边形套索工具	沿着图像边界单击，新单击的点与前面单击的点之间形成直线，即选区边界，鼠标指针回到起点即可形成选区回路。该方法精确度较高，但如果要创建精确的选区则需要多次烦琐的单击操作	适用于创建选区边界为直线或边界复杂的选区
磁性套索工具	沿图像边界拖曳鼠标指针，该工具会根据颜色差别自动贴合图像边界，在颜色差别不大的地方可以通过单击的方法勾选边界	适用于创建要选择图像的边界与背景差别较大的选区

知识点提示：在使用套索类工具的过程中，如果定位出现偏差，可以按 Delete 键删除定位点，然后重新定位。

“套索工具”和“多边形套索工具”的选项栏与“矩形选框工具”的相似，这里不再详述。下面介绍“磁性套索工具”的选项栏，如图 2.129 所示。

图 2.129 “磁性套索工具”的选项栏

- “宽度”：该选项设置了与边界的距离以区分路径，用于探测图像边界的范围，如果图像边缘清晰，可以使用较大的宽度值，如果图像的边缘不是特别清晰，则需要使用较小的宽度值。
- “对比度”：该选项确定了“磁性套索工具”对图像边缘的灵敏度，较高的对比度将探测到与周围对比强烈的边缘，较低的对比度将会探测到较为柔和的边缘；换言之，图像边缘清晰则可将对比度设置得高一点；反之，则应将对比度设置得低一点。
- “频率”：在使用“磁性套索工具”时，选区的边缘将产生许多锚点，频率值越大，路径上锚点的密度就越大，产生的锚点就越多，捕捉到的边缘就越准确。
- “使用绘图板压力以更改钢笔宽度”按钮。使用绘图板压力以更改钢笔宽度，即模仿手写力度的改变而让线条随之改变，从而调节选区的检测范围。

（3）快速选择类工具

在 Photoshop CC 2020 中，快速选择类工具共有 3 种，分别为“对象选择工具”“快速选择工具”“魔棒工具”，如图 2.130 所示，其中“对象选择工具”为新增功能。

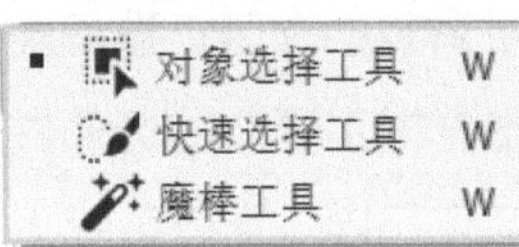

图 2.130 快速选择类工具

①“对象选择工具”

“对象选择工具”可以简化在图像中选择单个对象或单个对象的某些部分的过程，使用时通过在对象周围绘制矩形选区或利用“套索工具”绘制选区，软件就会自动选择已定义区域内的对象，从而加速完成更为复杂的选择。“对象选择工具”的选项栏如图 2.131 所示。

图 2.131 “对象选择工具”的选项栏

- “模式”：选择一种模式去定义对象周围的区域，分为“矩形”模式和“套索”模式两种，选择“矩形”模式时拖曳鼠标指针可以定义矩形区域，选择“套索”模式可以绘制任意形状区域，软件在所绘制的区域内自动选择对象。
- “对所有图层取样”复选框：在勾选状态下可从复合图像中进行颜色取样，基于所有图层（而不是仅基于当前选定的图层）创建一个选区。
- “增强边缘”复选框：在勾选状态下可降低选区边界的粗糙程度，使选区边界圆滑。
- “减去对象”复选框：在勾选状态下可在定义的区域内查找并自动减去对象。
- “选择主体”按钮：选择图像中最突出的主体从而创建选区；该功能是 Photoshop CC 2018 开始新增的功能，执行“选择”→“主体”命令，或者在“选择并遮住”工作区中，以及使用“对象选择工具”“快速选择工具”“魔棒工具”时均会出现“选择主体”按钮。

②“快速选择工具”

在“快速选择工具”的选项栏中设置画笔的大小、硬度、间距、角度等，可获得不同的选区效果，“快速选择工具”的选项栏如图 2.132 所示。创建选区的类型仅包括“新选区”、“添加到选区”和“从选区减去”3 种，如果需要修改画笔设置，只需单击选项栏中的画笔选取器即可。图 2.133 和图 2.134 为使用不同画笔大小的“快速选择工具”创建选区的效果。

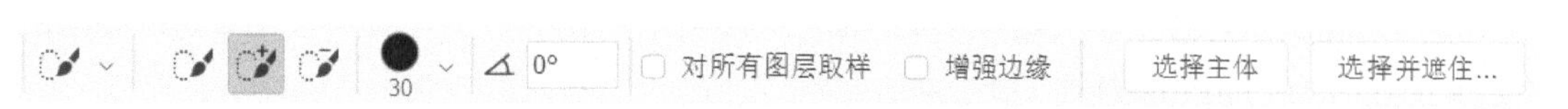

图 2.132 “快速选择工具”的选项栏

图 2.133 画笔大小为 84 像素的效果

图 2.134 画笔大小为 40 像素的效果

③“魔棒工具”

“魔棒工具”根据图像的颜色创建选区，选择与在工作界面内单击时鼠标指针所在位置颜色一致或颜色相似的区域，颜色相似的程度取决于所设置的“容差”。“魔棒工具”的选项栏如图 2.135 所示。

图 2.135 “魔棒工具”的选项栏

- “取样大小”：设置选取的最大像素数目，即取样范围。
- “容差”：设置可以选取的颜色范围，取值越大，选择范围就越大。
- “消除锯齿”复选框：消除图像边缘的粗糙效果，将其转换为平滑边缘。
- “连续”复选框：在勾选状态下将会选择与鼠标指针落点处颜色相似且相连的部分；取消勾选，则只会选取与鼠标指针落点处颜色相似的部分。

④“色彩范围”命令

利用“选择”→“色彩范围”命令同样可以创建选区，其原理与“魔棒工具”类似，同样是根据取样的颜色来创建选区，但该命令的功能更为强大，能够一次性选择一种或多种颜色，且可以选择图像中的高光、中间调或阴影区域。“色彩范围”对话框如图 2.136 所示。

图 2.136 “色彩范围”对话框

2. 选区的操作

利用 Ctrl+Shift+I 组合键实现选区的反选，利用 Ctrl+D 组合键可以取消选区，利用 Ctrl+A 组合键可以创建包含整个图像的选区。可将鼠标指针放到选区内移动选区，也可以利用上下左右方向键移动选区。除了这些基本操作以外，选区的操作还包括以下部分。

（1）选区的填充

使用“油漆桶工具”可以用纯色填充选区，或者执行“编辑”→“填充”命令可以用图案等填充选区，与填充图像相似，这里不再详述。

（2）选区的描边

执行“编辑”→“描边”命令可用纯色为选区描边。

（3）选区的修改

执行“选择”→“修改”命令，可以看到选区的修改分为“边界”“平滑”“扩展”“收缩”“羽化”5 种。

- “边界”：可以在选区的边界向内和向外进行扩展形成新的选区，修改前后效果分别如图 2.137 和图 2.138 所示。

图 2.137　原选区效果

图 2.138　边界选区宽度设置为 20 像素的效果

- “平滑”：清除选区边缘的杂散像素，消除尖角和锯齿，使选区的边缘变得平滑。
- “扩展”与“收缩”：扩展选区可以将选区向外扩展至一定宽度，收缩选区则相反，可以将选区向内收缩至一定宽度。
- “羽化”：可在选区的边缘产生过渡效果，使选区的边缘更加柔和平滑，修改前后效果分别如图 2.139 和图 2.140 所示。

图 2.139　选区未羽化

图 2.140　羽化半径为 100 像素的效果

（4）“扩大选取”和“选取相似”

“扩大选取”和“选取相似”命令均在“选择”菜单下，执行“扩大选取”或者“选取相似”命令后，软件均会查找与已有选区颜色相似的区域，从而扩大选区范围。但是二者还是存在区别的，“扩大选取”命令只针对图像的连续区域进行选取，而“选取相似”命令则会选取整个图像中与已有选区颜色相似的区域，执行“扩大选取”和“选取相似”命令的前后效果分别如

图 2.141 ~图 2.143 所示。

图 2.141　原选区效果

图 2.142 “扩大选取”效果

图 2.143 “选取相似”效果

（5）“变换选区”

执行“选择”→“变换选区”命令，可利用控制点轻松实现对选区的移动、缩放、旋转和扭曲等操作。

（6）移动、复制选区内图像

建立选区之后，我们通常需要对选区内图像进行移动、复制、粘贴等相关操作，下面将对这些操作做简单介绍。

- 移动选区内图像：建立选区后，选择工具栏中的“移动工具”，移动选区内图像的位置。
- 复制选区内图像：建立选区后，利用 Ctrl+C 组合键复制选区内图像，如果复制的图像包含多个图层则选择“编辑”→“合并拷贝”，能够将可见图层中的图像复制到剪贴板中。
- 粘贴选区内图像：建立选区后，利用 Ctrl+V 组合键粘贴选区内图像；在粘贴过程中，执行“编辑”→“选择性粘贴”→“贴入”命令可将图像粘贴到选区内，执行“外部粘贴”命令可将图像粘贴到选区外。

知识点提示：

（1）移动选区时，选项栏中选区的计算方式设置为“新选区”。如果选择好选区之后，使用工具栏中的“移动工具”，此时将会把选区的图像一起移动。

（2）选区操作的相关命令可以在菜单中选择，也可以将鼠标指针置于选区内，然后单击鼠标右键，在弹出的快捷菜单中选择相关的命令。

2.5.2　选区工具的应用

1. 艺术照片设置

打开“第 2 章 / 案例素材 /15.jpg”，如图 2.144 所示，利用选区的变换和描边等相关知识，制作图 2.145 所示的效果图。

操作步骤如下。

（1）打开素材文件，按 Ctrl+J 组合键复制背景图层。

（2）选择工具栏中的“矩形选框工具”，绘制矩形选区。

（3）执行“选择”→“变换选区”命令，对选区进行适当调整。

（4）执行“编辑”→“描边”命令，设置“颜色”为“白色”，“宽度”为“20 像素”，“位置”为“内部”。

图 2.144　案例素材 15

图 2.145　效果图

（5）按 Ctrl+Shift+I 组合键反选选区，执行“滤镜”→“模糊画廊”→“场景模糊”命令，在选区内适当标记模糊区域，按 Enter 键完成模糊设置，按 Ctrl+D 组合键取消选区，完成制作。

2. 为宠物换背景

打开“第 2 章 / 案例素材 /16.jpg”和“第 2 章 / 案例素材 /17.jpg”，如图 2.146 和图 2.147 所示，利用“选择并遮住”命令制作图 2.148 所示的效果图。

图 2.146　案例素材 16

图 2.147　案例素材 17

图 2.148　效果图

操作步骤如下。

（1）按 Ctrl+O 组合键打开案例素材 16 与案例素材 17。

（2）在案例素材 17 文档中，选择工具栏中的“对象选择工具”，建立大致选区。

（3）执行“选择”→“选择并遮住”命令或者单击选项栏中的“选择并遮住”按钮，在“属性”面板中选择“黑底”视图，如图 2.149 所示。

（4）选择“调整边缘画笔工具”，并设置合适的笔触大小，对狗的毛发边缘涂抹，效果如图 2.150 所示。

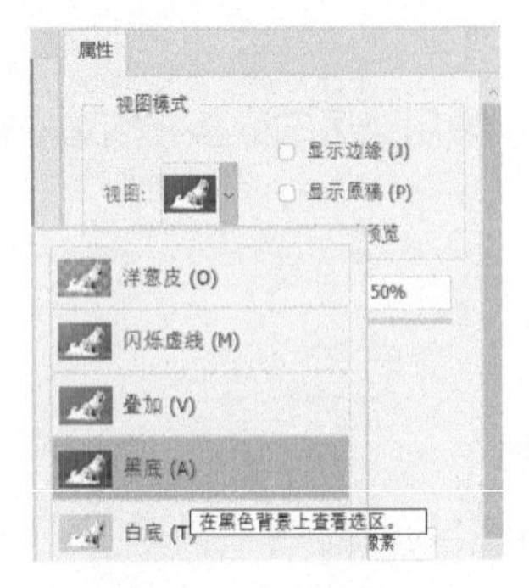

图 2.149　视图选择

图 2.150　涂抹效果

（5）在“输出设置”处勾选“净化颜色”复选框，设置“输出到”为“新建图层”，如图 2.151 所示，单击“确定”按钮。

（6）选择工具栏中的“移动工具”，将狗的图片拖放至案例素材 16 文档中，利用 Ctrl+T 组合键，调整图像大小并将其拖放至合适位置。

图 2.151 输出设置

3. 制作艺术版式

打开“第 2 章 / 案例素材 /18.jpg”“第 2 章 / 案例素材 /19.jpg”“第 2 章 / 案例素材 /20.jpg”“第 2 章 / 案例素材 /21.jpg”“第 2 章 / 案例素材 /22.jpg”，如图 2.152 ~图 2.156 所示，利用选区的相关知识制作图 2.157 所示的效果图。

图 2.152 案例素材 18

图 2.153 案例素材 19

图 2.154 案例素材 20

图 2.155 案例素材 21

图 2.156 案例素材 22

图 2.157 效果图

操作步骤如下。

（1）打开案例素材 18，将案例素材 19 ~ 21 依次拖放至文档中，利用 Ctrl+T 组合键缩放图像，并放置在合适的位置。

（2）利用“魔棒工具”依次选择案例素材图片的白色区域，按 Delete 键删除白色背景。如图 2.158 所示。

（3）利用“椭圆选框工具”为案例素材 19 图像创建正圆形选区，并执行“编辑”→“描边”命令为选区描边，自行设置“颜色”“宽度”等参数，最后按 Ctrl+D 组合键取消选区。利用相同的方法为案例素材 20 图像绘制圆环，如图 2.159 所示。

图 2.158　导入素材并删除白色背景

图 2.159　绘制图像圆环

图 2.160　绘制插图元素

（4）新建图层，在案例素材 19 上方绘制圆环。利用“椭圆选框工具”绘制正圆形选区，执行“编辑”→“填充”命令，为选区填充颜色，执行“编辑”→“描边”命令，为选区添加“居外”位置的描边，自行设置“颜色”“宽度”等参数，按 Ctrl+D 组合键取消选区，如图 2.160 所示。

（5）新建图层，在案例素材 20 右下角绘制多层圆环。利用步骤（4）的方法绘制一个圆环，然后新建图层绘制一个正圆形选区，移动选区，将其放置于已绘制的圆环的内部，再次执行“编辑”→“填充”命令即可。

（6）其他插图元素请参照步骤（4）和步骤（5）进行制作。

（7）最后导入案例素材 22，删除其白色背景即可完成制作。

2.5.3　通道知识点

1. 通道的分类

通道用于放置图像的颜色和选区信息，与图像的色彩模式密切相关。利用通道可以创建选区，调整图像的色彩信息，从而进行图像的高级合成。通道分为复合通道、颜色通道、专色通道和 Alpha 通道，如图 2.161 所示。

（1）复合通道：呈现图像的全部色彩，通常用图像的色彩模式命名。

（2）颜色通道：打开图像时自动创建，用于保存图像的颜色信息；每个通道存放一种颜色信息，通道的数量取决于图像的色彩模式，例如 RGB 色彩模式的图像有 3 个通道；颜色通道呈黑白图像，颜色的深浅记录对应颜色的含量。

（3）专色通道：用于存储专色，多用于印刷领域。

（4）Alpha 通道：常用于保存选区信息，包括选区的位置、大小等信息。该通道中白色代表选中区域，黑色代表未选中区域，灰色代表羽化区域。

2. 通道面板

利用“通道”面板可以轻松实现对通道的基本编辑，在“通道”面板中单击鼠标右键即可弹出命令菜单，与“图层”面板相似，这里不再阐述。通过“通道”面板菜单也可以实现对通道的编辑，如图 2.162 所示。

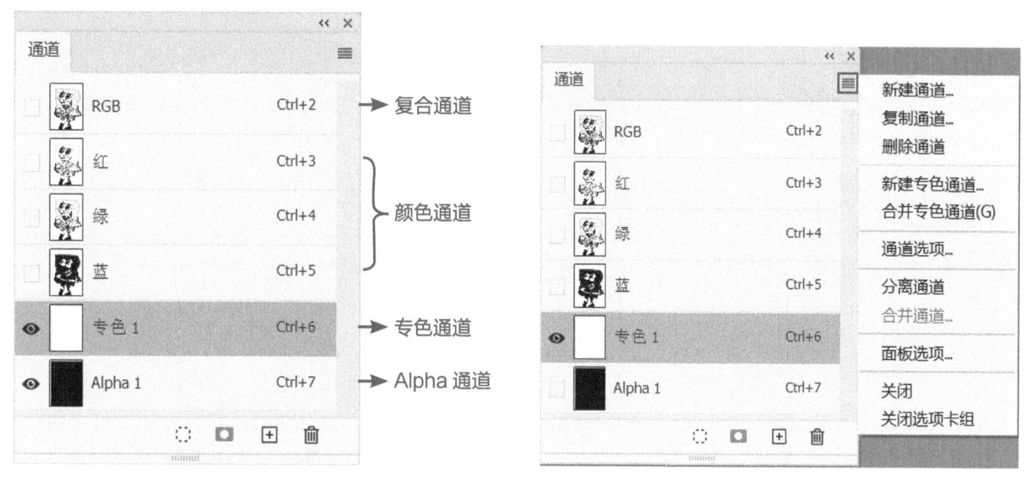

图 2.161　通道类型　　　　图 2.162 “通道”面板菜单

“通道”面板底部按钮的含义如下。

- “将通道作为选区载入”按钮：将当前通道中的图像转换为选区。
- “将选区存储为通道”按钮：将图像所在的选区以图像的方式存放于新建的 Alpha 通道中。
- “创建新通道”按钮：创建一个新的 Alpha 通道。
- “删除当前通道”按钮：删除当前选中的通道。

2.5.4　通道的应用

打开“第 2 章 / 案例素材 /23.jpg”与“第 2 章 / 案例素材 /24.jpg”，如图 2.163 和图 2.164 所示，利用通道的相关知识制作图 2.165 所示的效果图。

图 2.163　案例素材 23

图 2.164　案例素材 24

图 2.165　效果图

操作步骤如下。

（1）分别打开两个素材文件。

（2）选择案例素材 24 所在文档，解锁背景图层。打开“通道”面板，在“通道”面板中看到蓝色通道中狗与背景的对比度较大，选中蓝色通道，单击鼠标右键，在弹出的快捷菜单中选择“复制通道”命令，效果如图 2.166 所示。

（3）仅显示“蓝 拷贝”通道，按 Ctrl+M 组合键打开“曲线”对话框，通过调整使黑色部分更黑，白色部分更白，“曲线”对话框中的具体参数设置可参考图 2.167。

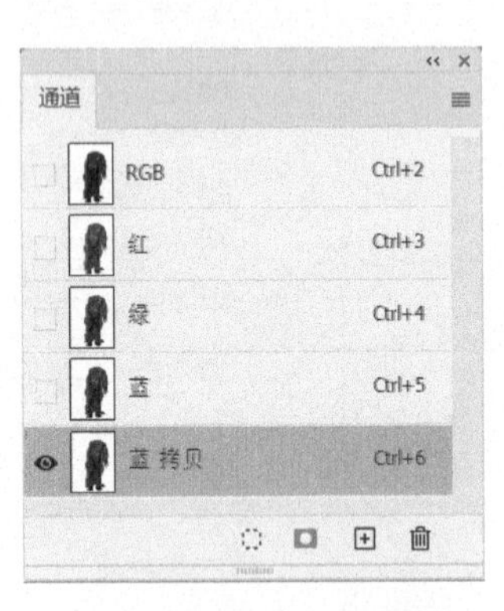

图 2.166　复制蓝色通道

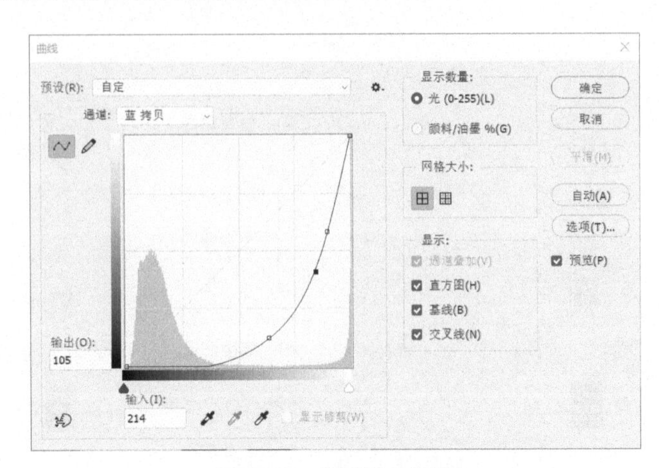

图 2.167　“曲线”对话框

（4）利用“画笔工具”将狗的眼睛、鼻子等部位涂黑，前后效果如图 2.168 和图 2.169 所示。

图 2.168　调整曲线后效果

图 2.169　将眼睛等部位涂黑后的效果

（5）按住 Ctrl 键的同时单击“蓝 拷贝”通道的缩略图，将其作为选区载入，然后单击复合通道，回到“图层”面板即可看到创建的选区。

（6）按 Ctrl+Shift+I 组合键反选选区，利用“移动工具”将选区图像拖放至案例素材 23 文档中。利用 Ctrl+T 组合键对狗的图像进行自由变换，将其调整至合适的大小并放置在合适的位置，即可完成制作。

知识点提示：

（1）通道抠图法利用的是图像在各个通道中对比度不同的原理，因此在该操作过程中应选择对比度比较大的通道进行复制，并在进一步增加对比度的基础之上完成抠图。

（2）增加图像对比度的操作包括按 Ctrl+M 组合键调整曲线，按 Ctrl+L 组合键调整色阶等。

（3）不可直接在原通道上进行操作，必须复制通道，否则将会改变图像颜色。

（4）通道抠图法适用于复杂图像，例如毛发、烟花、云朵、婚纱、烟雾、光效等。

2.6 形状工具与路径

2.6.1 形状工具知识点

形状工具包括“矩形工具”“圆角矩形工具”“椭圆工具”“多边形工具”“直线工具”“自定形状工具”，如图 2.170 所示。各类形状工具的选项栏相似，这里以“矩形工具”为例。在“矩形工具”的选项栏中将工作模式设置为“形状”，后面可设置形状的填充色、边框颜色、边框粗细等，如图 2.171 所示。单击选项栏中的“设置”按钮，在“路径选项”设置中有绘制矩形的多种方法，如图 2.172 所示。勾选选项栏中的“对齐边缘”复选框，形状边缘将会与像素网格对齐。按住 Shift 键的同时拖曳鼠标指针，所绘制的矩形为正方形。

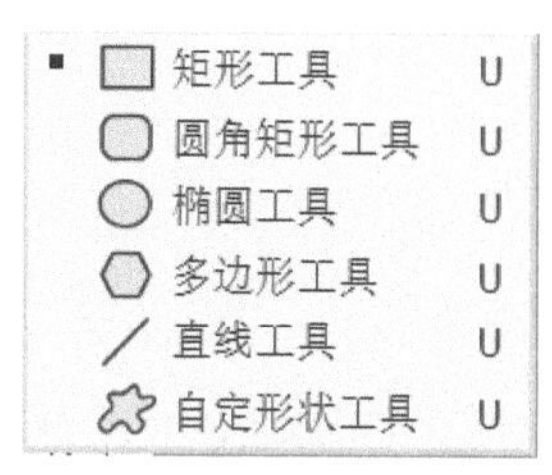

图 2.170 形状工具类型

图 2.171 “矩形工具”的选项栏

图 2.172 中各单选按钮或复选框的含义如下。

- “不受约束”单选按钮：选中后可绘制任意大小的矩形。
- “方形”单选按钮：选中后可绘制任意大小的正方形。
- “固定大小”单选按钮：选中后，可设置高度和宽度，即可绘制固定尺寸的矩形。
- “比例”单选按钮：选中后，可以设置高度和宽度的比值，即可绘制一定宽高比例的矩形。
- “从中心”复选框：在勾选状态下，以单击时鼠标指针的落点为中心绘制矩形。

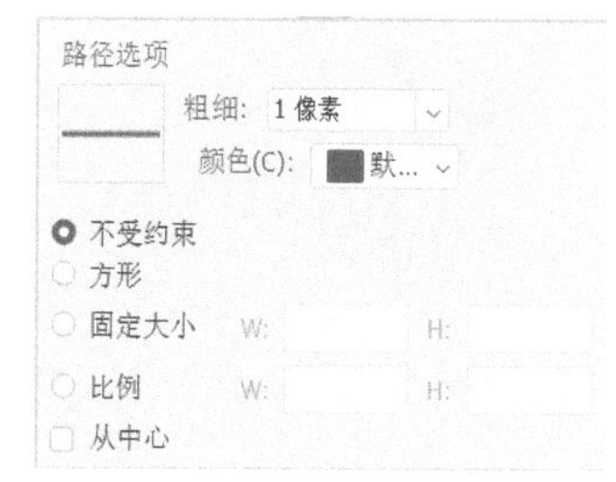

图 2.172 “路径选项”设置

利用“多边形工具”可以绘制三角形、六边形、星形等，只需设置多边形的边数，如图 2.173 所示。单击工具栏中的“自定形状工具”，在选项栏中选择一种形状即可绘制所需的形状。利用“形状”面板也可以绘制形状，具体方法是选中“形状”面板中的形状将其拖放至图像中，此时形状默认处于自由变换状态。

知识点提示：

（1）形状工具的工具模式有“形状”“路径”“像素”3 种，如图 2.174 所示，用户可以在形状工具的选项栏中进行选择。“形状”工具模式下绘制的对象带有路径，可以设置填充和描边效果。“路径”工具模式下只可以绘制路径，不具有填充的属性，默认状态下不实际可见，后面内容将会涉及路径的相关知识。“像素”工具模式下绘制的对象不包括路径，只是包含像素的图形。

（2）选择“矩形工具”后，按住 Shift 键的同时拖曳鼠标指针可以得到正方形，“椭圆工具”和“圆角矩形工具”的使用方法与此相同，通过 Shift 键的配合使用可以获得正圆形和圆角正方形。

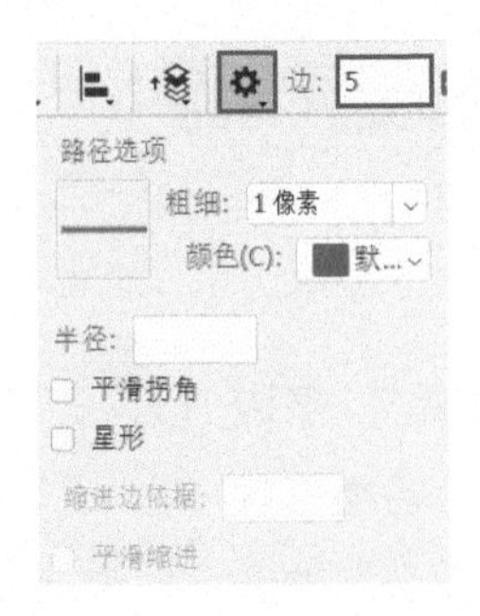

图 2.173　设置多边形的边数

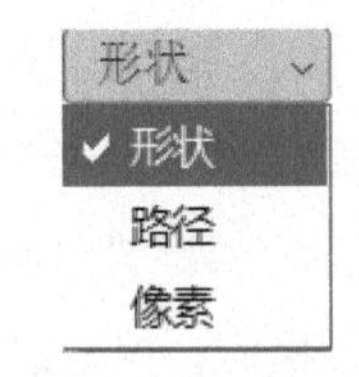

图 2.174　工具模式选择

2.6.2　形状工具的应用

1. 绘制输入法皮肤

打开“第 2 章 / 案例素材 /25.jpg”和“第 2 章 / 案例素材 /26.jpg”，如图 2.175 和图 2.176 所示，利用形状工具制作图 2.177 所示的效果图。

图 2.175　案例素材 25　　图 2.176　案例素材 26　　图 2.177　效果图

操作步骤如下。

（1）按 Ctrl+N 组合键新建文档，设置文档的色彩模式为 RGB 色彩模式，背景颜色为白色，高度为 10 厘米，宽度为 20 厘米。

（2）选择“圆角矩形工具”，绘制圆角矩形，设置填充为浅绿色，无边框，可适当调整半径使 4 个拐角处变得更圆滑。

（3）将案例素材 25 拖放至文档中，按 Ctrl+T 组合键调整图像的大小，拖放图像至合适的位置。

（4）在“图层”面板中选中案例素材 25 所在图层，单击鼠标右键，在弹出的快捷菜单中选择“栅格化图层”命令，然后利用工具栏中的“魔术橡皮擦工具”去除白色背景。

（5）利用步骤（3）和步骤（4）的方法将案例素材 26 拖曳到文档中并进行相关的设置。

（6）再次利用“圆角矩形工具”绘制白色圆角矩形及虚线框。

（7）利用“横排文字工具”输入文字，即可完成制作。

2. 制作宠物写真

打开“第 2 章 / 案例素材 /27.png”，如图 2.178 所示，利用形状工具制作图 2.179 所示的效果图。

图 2.178　案例素材 27

图 2.179　效果图

操作步骤如下。

（1）按 Ctrl+N 组合键新建文档，设置文档的宽度为 500 像素，高度为 350 像素，色彩模式为 RGB 色彩模式。

（2）选择“渐变工具”，打开“渐变编辑器”进行设置，如图 2.180 所示，将两个端点的颜色分别设置为（RGB:180,210,17）和（RGB:10,91,45）。设置好后填充背景图层。

（3）利用“椭圆工具”绘制圆形，设置填充色为（RGB:170,210,90），所在图层的“不透明度”为“60%”，将其置于图像中间位置。

（4）复制圆形所在图层，设置新复制图层的“不透明度”为“100%”。利用 Ctrl+T 组合键缩小图形，按住 Alt 键同时选中两个图层，执行“图层”→“对齐”→“水平居中”命令，然后执行“图层”→“对齐”→“垂直居中”命令，使其形成圆环效果，如图 2.181 所示。

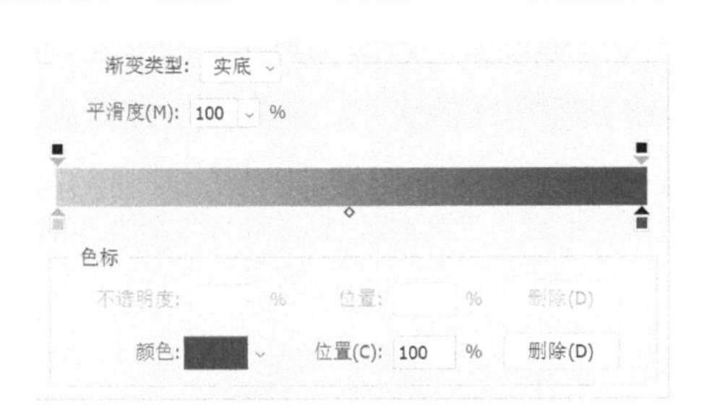

图 2.180　设置端点颜色

图 2.181　绘制圆环效果

（5）将“背景”图层隐藏，同时选中两个圆形图层，单击鼠标右键，在弹出的快捷菜单中选择“合并可见图层”命令，生成“椭圆 1 拷贝”图层，如图 2.182 所示。如果此时图像没有位于中心位置，可以选择工具栏中的“移动工具”，在移动对象的过程中借助智能参考线使其位于图像的中心，如图 2.183 所示。

图 2.182　生成新图层

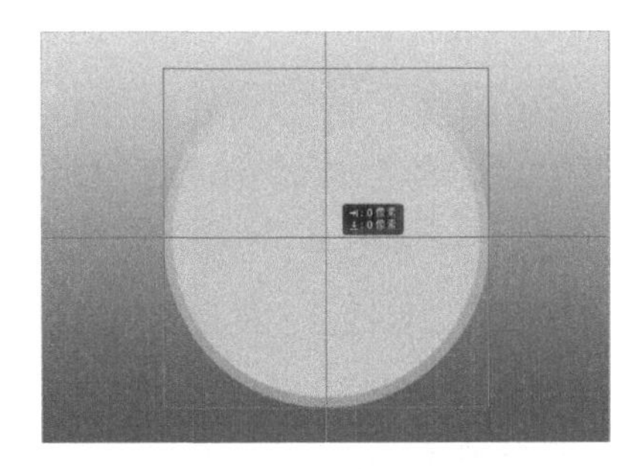

图 2.183　图像居中设置

（6）显示“背景”图层。然后根据需要多次复制“椭圆 1 拷贝”图层，利用 Ctrl+T 组合键调整其至合适的大小和位置，效果如图 2.184 所示。

（7）选中“自定形状工具”中的脚印图案，设置填充色为白色，无边框。绘制图形，并添加“投影”图层样式，具体参数设置如图 2.185 所示。

图 2.184　复制圆环效果

图 2.185　“投影”样式设置

（8）多次复制形状图层，利用 Ctrl+T 组合键调整其至合适的大小和位置，如图 2.186 所示。

（9）导入案例素材 27，栅格化图层并将其置于合适的位置。选择工具栏中的椭圆选区工具，按住 Shift 键绘制正圆形选区，按 Ctrl+T 组合键调整选区的大小，使其大小接近圆环的内圆的大小，利用 Ctrl+Shift+I 组合键反选选区，如图 2.187 所示，按 Delete 键删除选区内容即可完成制作。

图 2.186　添加脚印

图 2.187　反选选区效果

2.6.3　路径知识点

1. 路径的组成

（1）锚点。路径的节点被称为锚点，锚点为路径上面的矩形。当矩形处于白色空心状态时，代表该锚点没有被选中；当矩形处于黑色实心状态时，则代表该锚点已经被选中。调整锚点的数量及位置可以修改路径的形状。锚点又分为平滑点和角点两种类型。

（2）调节柄和控制点。选中锚点时，将会出现调节柄和控制点。调节控制点位置可调整路径的形状。路径组成如图 2.188 所示。

2. 创建路径

钢笔工具和形状工具均可以创建路径，钢笔工具包括“钢笔工具”“自由钢笔工具”“弯度钢笔工具”3 种，如图 2.189 所示，在钢笔工具选项栏中将工具模式设置为“路径”即可创建自定义路径。利用形状工具创建路径时同样需要在选项栏中设置工具模式为“路径”，如图 2.190 所示，形状工具可以创建固定形状的路径。

图 2.188　路径组成

图 2.189　钢笔工具分类

图 2.190　选项栏设置

知识点提示：

（1）使用“钢笔工具”绘制的路径为直线路径，形成的锚点为角点，可以将角点转换为平滑点，通过相关的调整获得想要的路径。当用户操作熟练且有一定美术功底时，可以使用“自由钢笔工具”直接绘制理想的路径。使用“弯度钢笔工具”可以绘制自带曲度的路径，绘制时单击可以默认绘制曲线路径，在锚点处双击则可以将曲线路径转换为直线路径。

（2）终止路径绘制时需要按住 Esc 键或者单击工具栏中任意其他工具。绘制闭合路径时，将鼠标指针定位在路径的起点处，单击即可绘制闭合路径。

（3）需要继续绘制路径时，选择“钢笔工具”后将鼠标指针定位在路径端点的锚点处即可。

3. 认识“路径”面板

“路径”面板如图 2.191 所示，各个按钮介绍如下。

- ●：“用前景色填充路径”按钮。
- ○：“用画笔描边路径”按钮。
- ◌：“将路径作为选区载入”按钮。
- ◇：“从选区生成工作路径”按钮。
- ◘：“添加图层蒙版”按钮。
- ⊞：“创建新路径”按钮。
- 🗑：“删除当前路径”按钮。

图 2.191　路径面板

4. 路径的基本操作

利用“路径”面板下方的按钮可以对路径进行基本操作，除此之外，在“路径”面板中选中路径后单击鼠标右键，弹出的快捷菜单如图 2.192 所示，将鼠标指针置于路径内部单击鼠标右键，弹出的快捷菜单如图 2.193 所示，或者打开“路径”面板菜单，如图 2.194 所示，在这些菜单中都可以看到路径的相关操作。有关路径的常见操作可通过表 2.6 查看，路径的其他操作请读者自行发现学习。

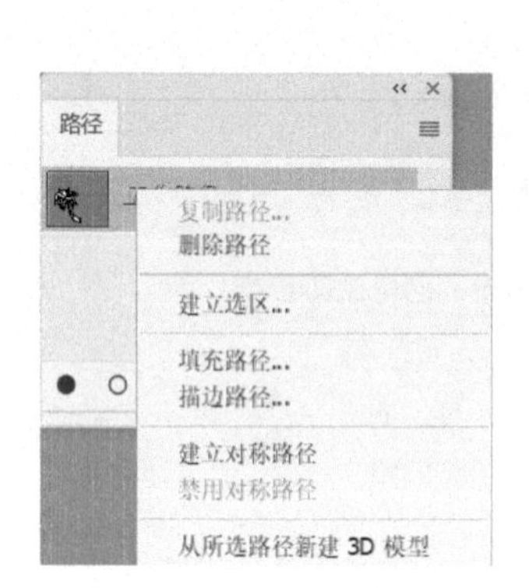

图 2.192　快捷菜单 1

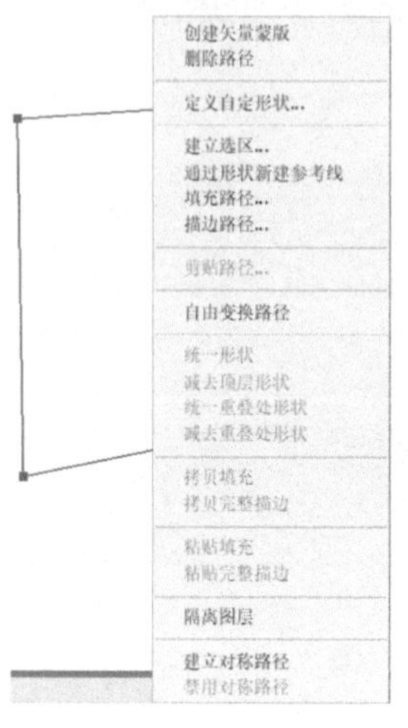

图 2.193　快捷菜单 2

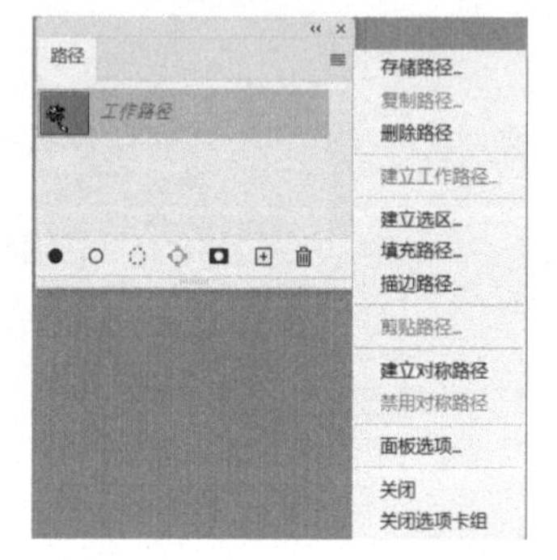

图 2.194　“路径”面板菜单

表 2.6　路径的常见操作

操作	实现方法
路径的选择和移动	利用工具栏中的“路径选择工具”可以选择路径，按住鼠标左键并拖曳即可移动路径
锚点的选择和移动	选择工具栏中的“直接选择工具”后，可以选中路径上的锚点，随后可以按住鼠标左键并拖曳即可移动锚点。对于“弯度钢笔工具”而言，在绘制路径的过程中可以直接将鼠标指针放到锚点上单击即可选中该锚点，然后按住鼠标左键拖曳即可实现锚点位置的移动
锚点的添加、删除、转换	“添加锚点工具”“删除锚点工具”和“转换点工具”分别可以实现锚点的添加、删除和转换。在绘制路径过程中，将鼠标指针置于路径上可以随时添加锚点；将鼠标指针置于已有锚点处可以删除锚点，按 Delete 键也可以直接删除选中的锚点；对于“弯度钢笔工具”而言，选中锚点后双击可以实现锚点在角点和平滑点之间的切换
路径的变换	执行“编辑”→“变换路径”或“自由变换路径”命令，或利用 Ctrl+T 组合键，或在路径内单击鼠标右键并选择快捷菜单中的“自由变换路径”命令
路径的填充	单击“路径”面板底部“用前景色填充路径”按钮●，或在路径内单击鼠标右键并选择快捷菜单中的“填充路径”命令
路径的描边	单击“路径”面板底部“用画笔描边路径”按钮○，或在路径内单击鼠标右键并选择快捷菜单中的“描边路径”命令
路径与选区的转换	利用“路径”面板底部的“从选区生成工作路径”按钮和“将路径作为选区载入”按钮，或在路径内单击鼠标右键并选择快捷菜单中的“建立选区”命令，按 Alt+Enter 组合键可以快速将路径转换为选区

编辑路径时所需要的工具如图 2.195 和图 2.196 所示。

知识点提示：

（1）在使用“钢笔工具”的状态下按住 Ctrl 键可以切换为“直接选择工具”，松开 Ctrl 键可以回到“钢笔工具”状态。

（2）在使用“钢笔工具”的状态下按住 Alt 键可以切换为“转换点工具”，松开 Alt 键可以回到“钢笔工具”状态。

（3）利用“钢笔工具”可以绘制精确的路径，常用于图像抠图，是将路径转换为选区的典型应用。利用“自由钢笔工具”也可以实现图像抠图，只需要在选项栏中勾选“磁性的”复选框，就可以使其变成“磁性钢笔工具”，就能够根据颜色差异进行路径的绘制。

（4）“钢笔工具”也可以绘制形状，只需在选项栏中将工具模式设置为“形状”。

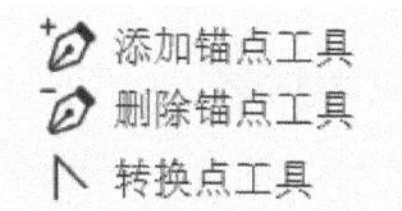

图 2.195　锚点编辑工具

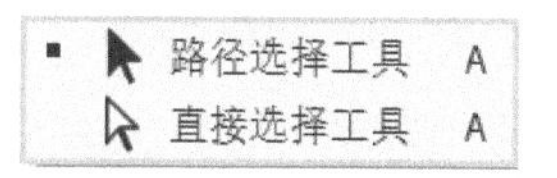

图 2.196　“路径选择工具”和“直接选择工具”

2.6.4　路径的应用

1. 利用路径填充制作突显效果

打开“第 2 章 / 案例素材 /28.jpg”，如图 2.197 所示，利用路径的相关知识制作房屋的突显效果，效果图如图 2.198 所示。

图 2.197　案例素材 28

图 2.198　效果图

操作步骤如下。

（1）打开素材文件，执行“滤镜”→“模糊”→“高斯模糊”命令，在弹出的“高斯模糊”对话框中，设置“半径”为“5 像素”，如图 2.199 所示。

（2）执行“编辑”→“定义图案”命令，弹出“图案名称”对话框，在该对话框中设置图案的名称，然后单击“确定”按钮，即可将当前图像定义为图案，如图 2.200 所示。

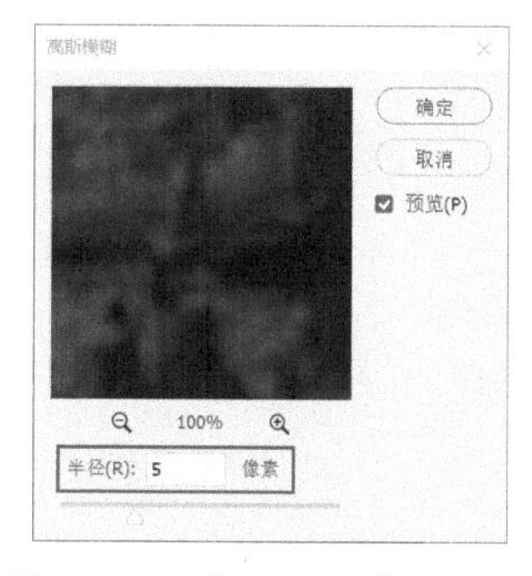

图 2.199　“高斯模糊”对话框

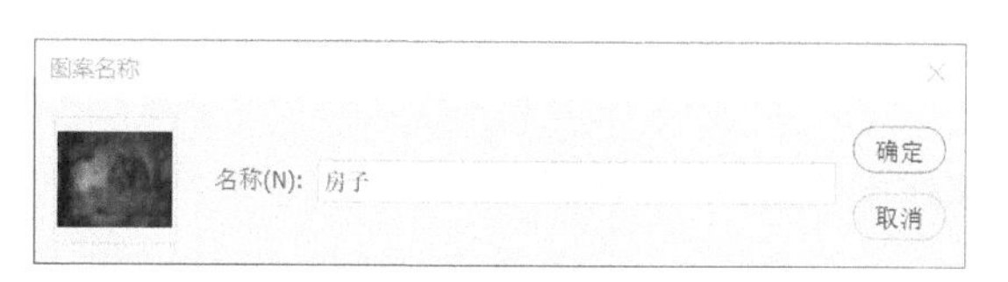

图 2.200　定义图案

（3）打开“历史记录”面板，回到打开素材文件的步骤。

（4）选择工具栏中的“自由钢笔工具”，勾选选项栏中的“磁性的”复选框，如图 2.201 所示。建立房子的大致路径，如图 2.202 所示。

图 2.201 “自由钢笔工具”选项栏

（5）将鼠标指针置于路径内，单击鼠标右键，在弹出的快捷菜单中选择“建立选区”命令，设置“羽化半径”为“10 像素”。随后按 Ctrl+Shift+I 组合键反选选区。

（6）单击“路径”面板底部的“从选区生成工作路径”按钮，在“路径”面板中单击鼠标右键，在弹出的快捷菜单中选择“填充路径”命令，如图 2.203 所示，用之前定义的图案填充路径，并设置“羽化半径”为“20 像素”，如图 2.204 所示，单击“确定”按钮即可完成制作。

图 2.202 建立房子的大致路径

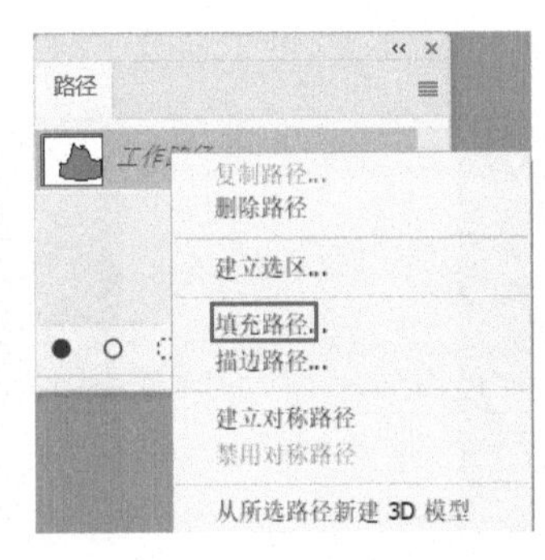

图 2.203 快捷菜单

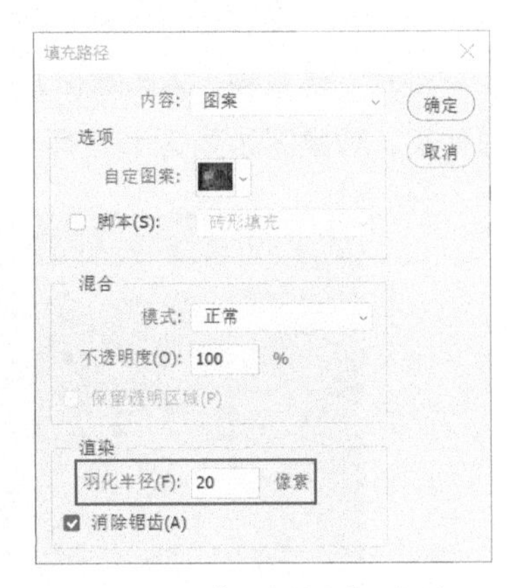

图 2.204 “填充路径”对话框

2. 利用路径描边制作梦幻效果

打开“第 2 章 / 案例素材 /29.jpg”，如图 2.205 所示，利用路径的相关知识制作图 2.206 所示的效果图。

图 2.205 案例素材 29

图 2.206 效果图

操作步骤如下。

（1）打开素材文件。在工具栏中选择“自定形状工具”，在选项栏中设置工具模式为“路径”，选择心形形状，绘制心形路径，如图 2.207 所示。利用“路径选择工具”将路径移动到合适的位置。

（2）设置前景色为白色，选择“画笔工具”后按 F5 快捷键，弹出“画笔设置”面板，对“画笔笔尖形状”“形状动态”“散布”“传递”等参数进行设置，如图 2.208 ~ 图 2.211 所示，并勾选上“平滑”。

图 2.207　绘制路径

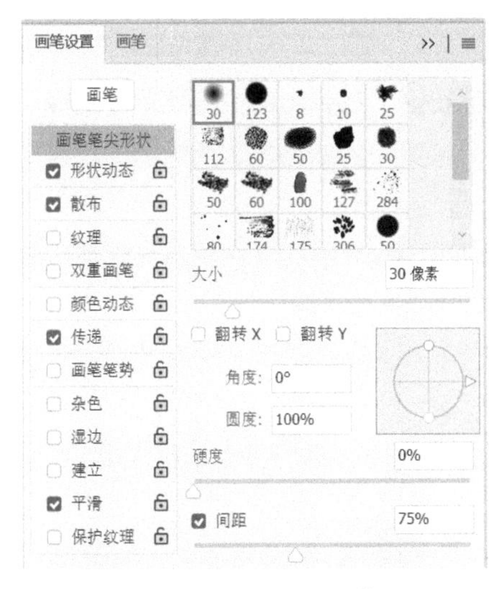

图 2.208 “画笔笔尖形状”设置

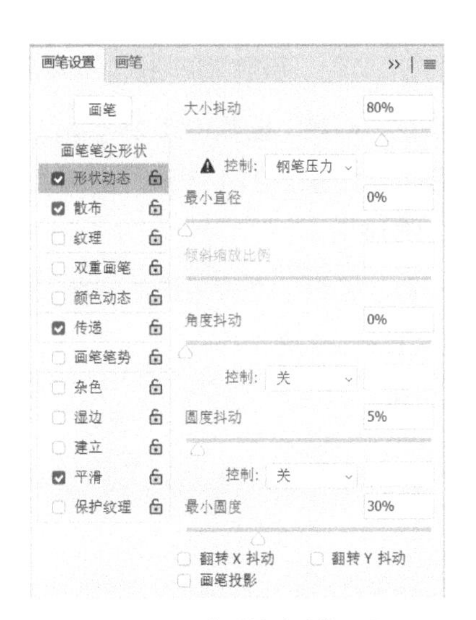

图 2.209 “形状动态”设置

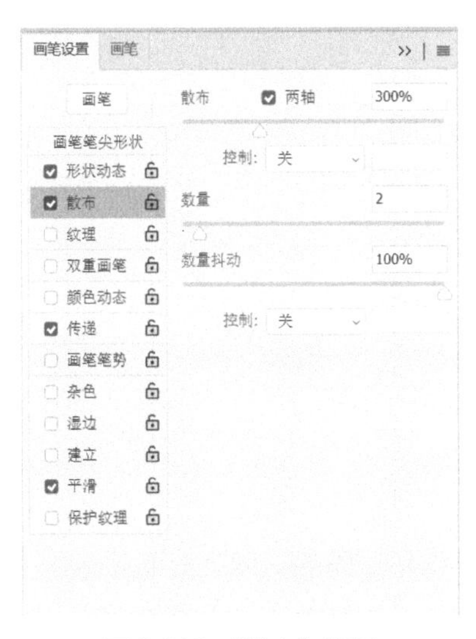

图 2.210 “散布”设置

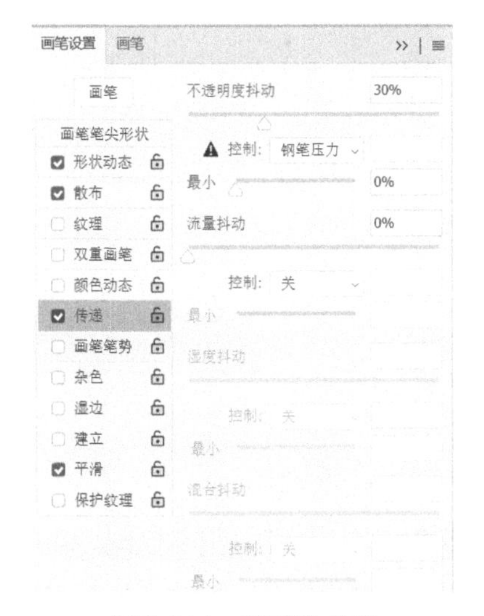

图 2.211 “传递”设置

（3）单击“路径”面板下方“用画笔描边路径”按钮○，效果如图 2.212 所示。

（4）打开“路径”面板菜单，选择“存储路径”命令，如图 2.213 所示，将当前路径存储为“路径 1”。

图 2.212 “用画笔描边路径”效果

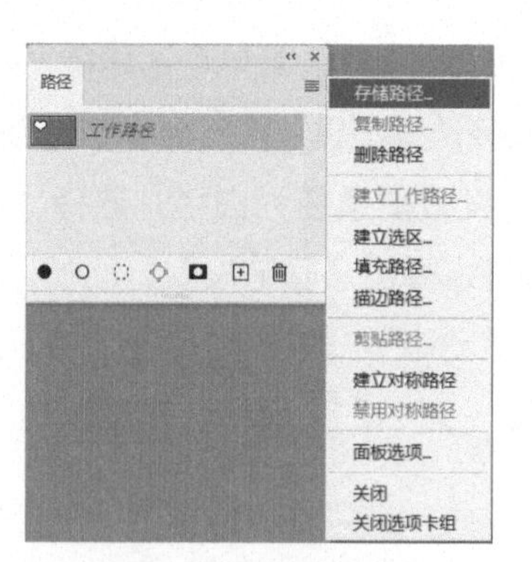

图 2.213 存储路径

（5）在“路径”面板中选中“路径 1”，单击鼠标右键，在弹出的快捷菜单中选择“复制路径”命令，如图 2.214 所示，生成名称为“路径 1 拷贝”的新路径，此时的“路径”面板如图 2.215 所示。

（6）在“路径”面板中选中“路径 1 拷贝”，利用 Ctrl+T 组合键适当缩放路径，并将路径拖曳至合适的位置。

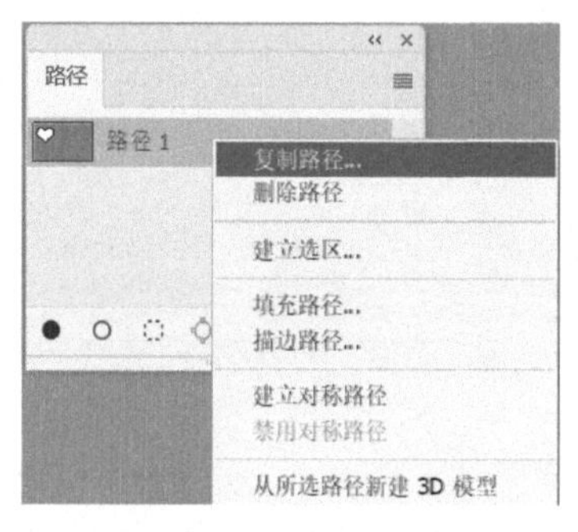

图 2.214 复制路径操作

图 2.215 “路径”面板

（7）选择工具栏中的“画笔工具”，单击“路径”面板底部的“用画笔描边路径”按钮○即可完成制作。

2.7 蒙版

2.7.1 蒙版知识点

蒙版用来控制图像的显示区域，利用蒙版可以在不破坏原图的基础之上完成抠图、合成图像、恢复图像等操作，常见的蒙版有图层蒙版、剪贴蒙版、矢量蒙版、快速蒙版等。

1. 图层蒙版

图层蒙版根据蒙版中的灰度信息控制图像的显示区域，蒙版中的白色区域遮盖下方图层内容，显示当前图层内容；黑色区域则遮盖当前图层内容，显示下方图层内容；灰色区域则会根据灰度值使当前图层中的图像呈现不同层次的透明效果。

创建图层蒙版的方法主要有以下两种。

（1）整体图层

单击图层面板底部的“添加图层蒙版”按钮或者执行“图层”→“图层蒙版”→“显示全部”命令，将会创建一个白色蒙版；按住 Alt 键的同时单击图层面板底部“添加图层蒙版”按钮或者执行“图层”→“图层蒙版”→“隐藏全部”命令，将会创建一个黑色蒙版。白色蒙版或黑色蒙版创建好之后，可以利用“画笔工具”“渐变填充工具”“橡皮擦工具”等设置颜色从而控制图层的显示区域。

（2）选区图层

建立选区之后，执行“图层”→“蒙版”→“显示选区”命令或者单击“图层”面板底部的“添加图层蒙版”按钮，将会显示选区内的图像；执行“图层”→“蒙版”→“隐藏选区”命令或者按住 Alt 键的同时单击“图层”面板底部的“添加图层蒙版”按钮，将会隐藏选区内的图像。

在“图层”面板中选中应用图层蒙版的图像，单击鼠标右键，可在弹出的快捷菜单中选择“停用图层蒙版”或者“启用图层蒙版”命令来控制是否使用图层蒙版。

2. 剪贴蒙版

剪贴蒙版通过下方图层的形状控制上方图层的显示区域。具体方法为，在“图层”面板中选择需要创建剪贴蒙版的图层（不能是底部图层），单击鼠标右键，在弹出的快捷菜单中选择“创建剪贴蒙版”命令。

3. 矢量蒙版

矢量蒙版是利用钢笔工具或各种形状工具创建的路径来控制图像的显示区域的，路径内的图像信息被显示，路径外的图像信息被隐藏。矢量蒙版常用来创建画框、Logo、按钮、面板等。执行“图层”→“矢量蒙版”→“当前路径”命令即可创建矢量蒙版。

4. 快速蒙版

快速蒙版主要用于创建选区。在工具栏中单击“以快速蒙版模式编辑”按钮，然后选择“画笔工具”在需要设置选区的区域涂抹，涂抹完成之后，再次单击“以快速蒙版模式编辑”按钮，刚刚用“画笔工具”涂抹区域之外的区域将变为选区。

2.7.2 蒙版的应用

1. 利用“渐变工具”创建图层蒙版

打开“第 2 章 / 案例素材 /30.jpg”和“第 2 章 / 案例素材 /31.jpg”，如图 2.216 和图 2.217 所示，利用“渐变工具”创建图层蒙版的方法制作图 2.218 所示的效果图。

图 2.216 案例素材 30

图 2.217 案例素材 31

图 2.218 效果图

操作步骤如下。

（1）打开案例素材 31，将案例素材 30 拖放至案例素材 31 文档中，利用 Ctrl+T 组合键调整其大小和位置，如图 2.219 所示。

（2）选择案例素材 30 所在图层，单击“图层”面板下方的“添加图层蒙版”按钮。

（3）选择工具栏中的“渐变工具”，设置从白色到黑色的渐变，如图 2.220 所示，拖曳鼠标指针获得渐变效果，“图层”面板设置和图层蒙版效果如图 2.221 和图 2.222 所示。

图 2.219　拖放素材效果

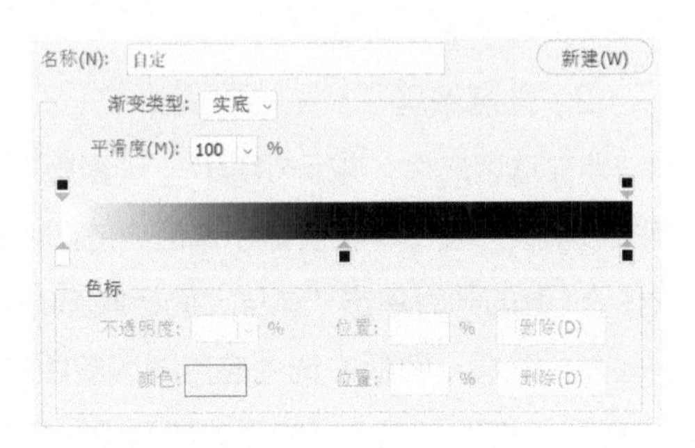

图 2.220　渐变填充设置

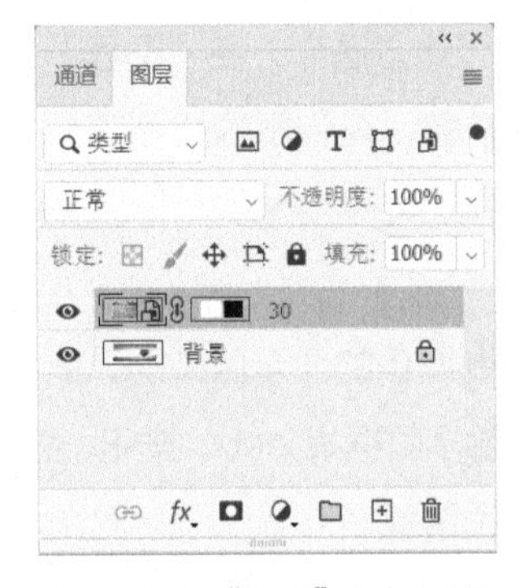

图 2.221　“图层”面板设置

图 2.222　图层蒙版效果

（4）选择工具栏中的“横排文字工具”，输入文字“保护环境”，并为文字图层添加描边的图层样式，自行设定字体格式和描边样式即可完成制作。

2. 通过绘制像素创建图层蒙版

打开“第 2 章 / 案例素材 /32.jpg”，如图 2.223 所示，利用图层蒙版的相关知识，制作图 2.224 所示的效果图。

图 2.223　案例素材 32

图 2.224　效果图

操作步骤如下。

（1）打开素材文件。按 Ctrl+J 组合键 2 次，复制背景图层 2 次，生成“图层 1”和“图层 1 拷贝”图层。

（2）隐藏“图层 1”和“图层 1 拷贝”图层，选中“背景”图层，新建“图层 2”，设置前景色为白色，按 Alt+Delete 组合键填充新图层，设置新图层的“不透明度”为“30%”，如图 2.225 和图 2.226 所示。

图 2.225　设置不透明度的效果

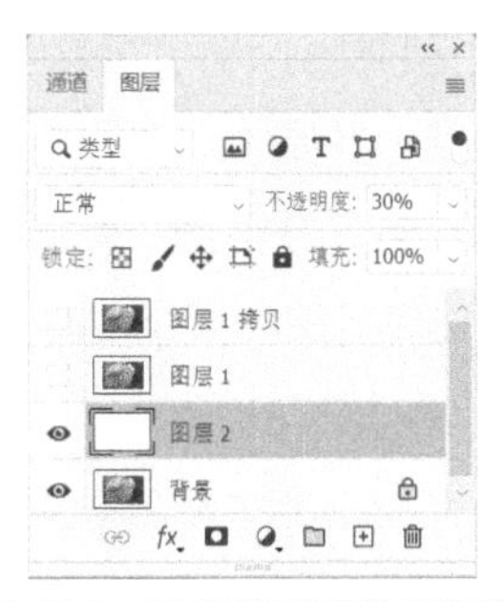

图 2.226　设置新图层的不透明度

（3）选中并显示“图层 1”图层，按住 Alt 键的同时单击“图层”面板底部的“添加图层蒙版”按钮，创建一个黑色蒙版。选择“矩形工具”，在选项栏中将类型设置为“像素”，创建一个矩形，如图 2.227 和图 2.228 所示。

图 2.227　创建矩形图像效果

图 2.228　创建矩形设置

（4）为“图层 1”图层添加“投影”“描边”的图层样式，具体参数设置如图 2.229 和图 2.230 所示。

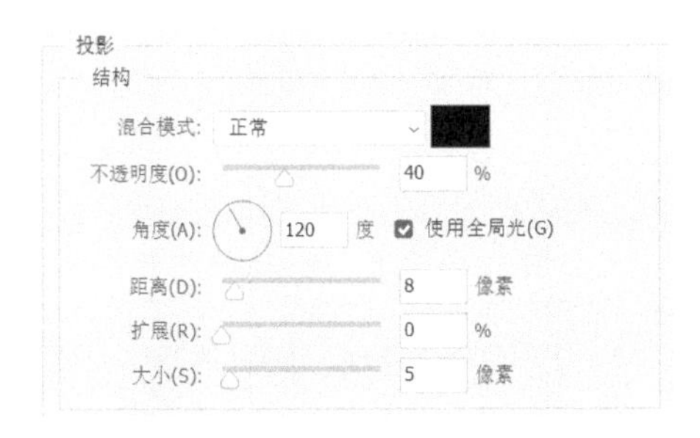

图 2.229　“投影”样式设置

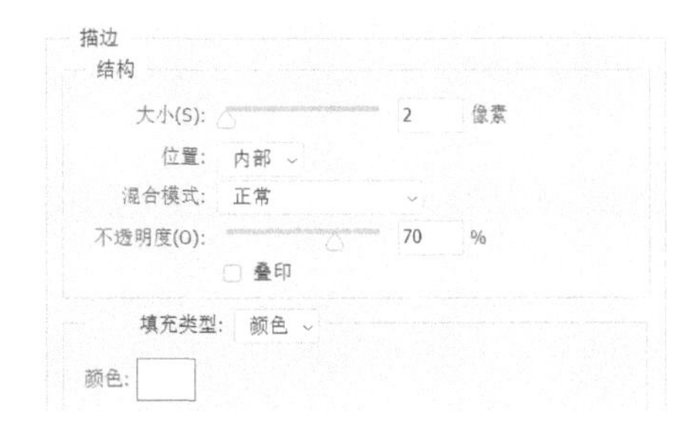

图 2.230　“描边”样式设置

（5）继续绘制大小不同的矩形，如图 2.231 和图 2.232 所示。

图 2.231　绘制不同矩形的效果

图 2.232　绘制不同矩形的设置

（6）选中并显示“图层 1 拷贝”图层，为其添加黑色的图层蒙版。复制“图层 1”图层的图层样式，将其粘贴至“图层 1 拷贝”图层中，在“图层 1 拷贝”图层中利用相同的方法绘制矩形，注意矩形的大小要有变化，可以与下层中的矩形有重叠的部分，即可获得最终效果。

3. 剪贴蒙版的运用

打开“第 2 章 / 案例素材 /33.jpg”“第 2 章 / 案例素材 /34.jpg”“第 2 章 / 案例素材 /35.jpg”“第 2 章 / 案例素材 /36.png”“第 2 章 / 案例素材 /37.jpg”“第 2 章 / 案例素材 /38.png”，如图 2.233 ~ 图 2.238 所示，利用剪贴蒙版的知识制作图 2.239 所示的效果图。

图 2.233　案例素材 33

图 2.234　案例素材 34

图 2.235　案例素材 35

图 2.236　案例素材 36

图 2.237　案例素材 37

图 2.238　案例素材 38

图 2.239　效果图

操作步骤如下。

（1）新建文档，设置“宽度”为“1300 像素”，“高度”为“800 像素”，背景色为白色。

（2）将案例素材 33、案例素材 34 和案例素材 35 导入文档中，调整素材图像的大小和位置，栅格化图层并去除背景色，如图 2.240 所示。

（3）导入案例素材 36 和案例素材 37，将案例素材 37 置于案例素材 36 上方，且覆盖住案例素材 36 的内容，将二者拖放至图像右上角，如图 2.241 所示。

图 2.240　导入案例素材

图 2.241　图像效果

（4）选中案例素材 37 所在图层，单击鼠标右键，在弹出的快捷菜单中选择“创建剪贴蒙版”命令，效果如图 2.242 所示。

（5）选择“横排文字工具”，输入文字“多彩世界”，设置字体为“华文琥珀”，字号为“120 点”，颜色为黑色。

（6）导入案例素材 38，使其位于文字图层上方，且完全覆盖文字内容。选中案例素材 38 所在图层，单击鼠标右键，在弹出的快捷菜单中选择“创建剪贴蒙版”命令，图像效果如图 2.243 所示。

图 2.242　彩虹效果

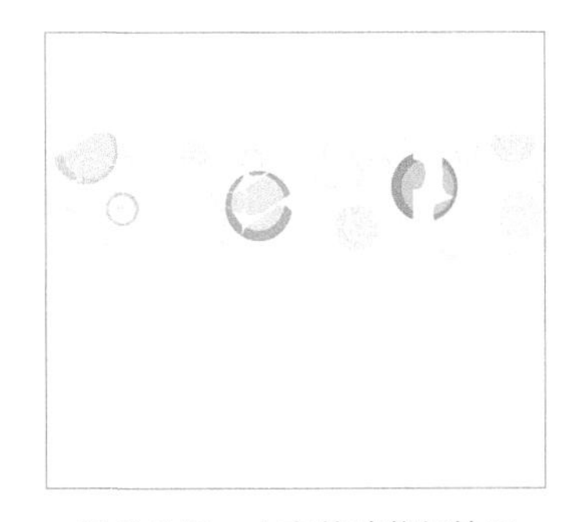

图 2.243　文字剪贴蒙版效果

（7）选中文字图层，为其添加“描边”的图层样式，“颜色”为黑色，“大小”为“6 像素”，“位置”为“外部”，“不透明度”为“70%”，如图 2.244 所示。最终效果的“图层”面板如图 2.245 所示。

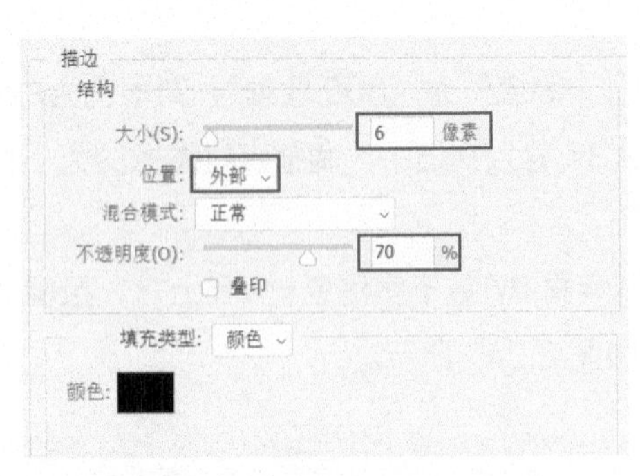

图 2.244 “描边”图层样式设置

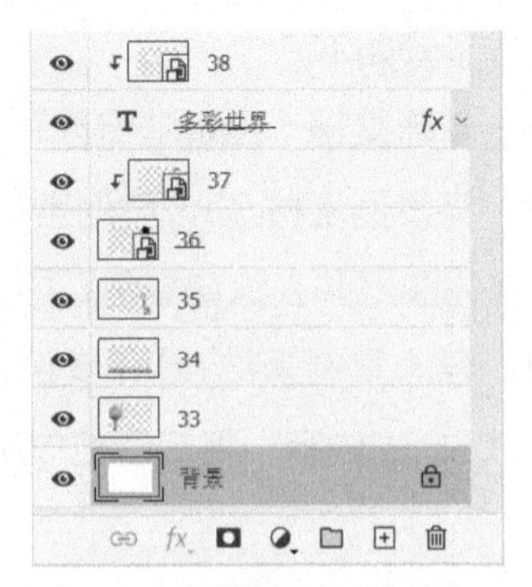

图 2.245 最终效果的“图层”面板

4. 蒙版综合运用

打开“第 2 章 / 案例素材 /39.jpg”“第 2 章 / 案例素材 /40.jpg”“第 2 章 / 案例素材 /41.jpg”“第 2 章 / 案例素材 /42.png”，如图 2.246 ~ 图 2.249 所示，利用蒙版的知识制作图 2.250 所示的效果图。

图 2.246 案例素材 39

图 2.247 案例素材 40

图 2.248 案例素材 41

图 2.249 案例素材 42

图 2.250 效果图

操作步骤如下。

（1）新建文档，设置“宽度”为“1200 像素”，“高度”为“600 像素”，背景色为白色。

（2）选择工具栏中的“圆角矩形工具”，填充色自定，无边框，“半径”为“60 像素”，绘制圆角矩形。

（3）导入案例素材 39，按 Ctrl+T 组合键进行适当的缩放，使其能够覆盖下层的圆角矩形，选中案例素材 39 所在图层，单击鼠标右键，在弹出的快捷菜单中选择“创建剪贴蒙版”命令，此时案例素材 39 超出圆角矩形的部分将会被隐藏，图像效果和“图层”面板分别如图 2.251 和图 2.252 所示。

（4）为圆角矩形所在图层添加“描边”的图层样式，“颜色”为（RGB：255,220,240），其他参数设置如图 2.253 所示。

图 2.251　图像效果

图 2.252　“图层”面板

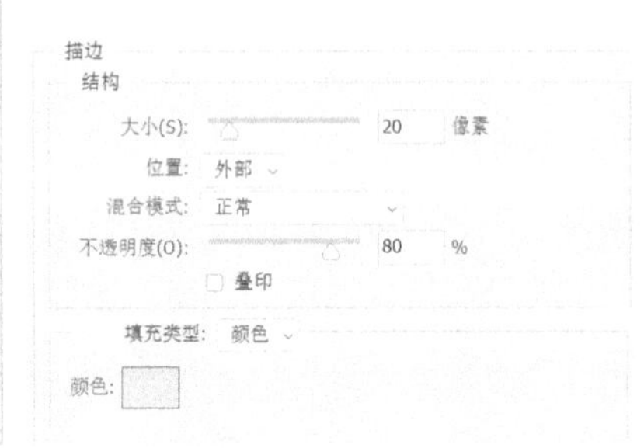

图 2.253　“描边”样式设置

（5）导入案例素材 40，按 Ctrl+T 组合键进行适当的缩放并将其放置在合适的位置，选中案例素材 40 所在图层，单击“图层”面板底部的“添加图层蒙版”按钮，设置前景色为黑色，选择“画笔工具”，设置画笔类型为常规画笔中的“柔边圆”，“不透明度”为“80%”，设置合适的画笔大小，对案例素材 40 进行涂抹，图像效果和“图层”面板分别如图 2.254 和图 2.255 所示。

图 2.254　图像效果

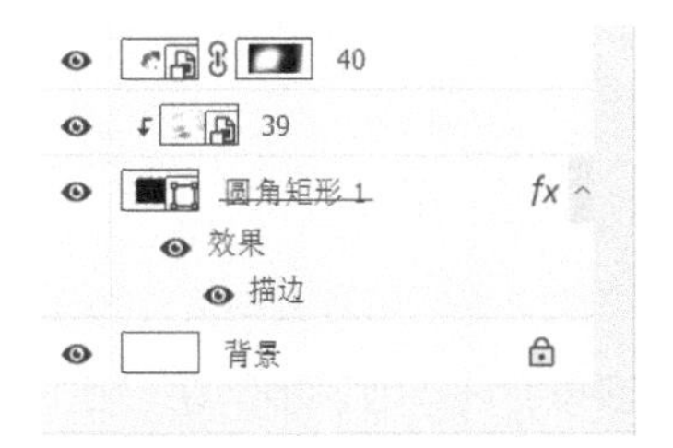

图 2.255　“图层”面板

（6）导入案例素材 41，对其进行缩放和移动，选中案例素材 41 所在图层，选择工具栏中的“自定形状工具”，设置工具模式为“路径”，绘制“红心形卡”路径，如图 2.256 所示。

（7）单击“路径选择工具”或“钢笔工具”，将鼠标指针置于路径内，单击鼠标右键，在弹出的快捷菜单中选择“创建矢量蒙版”命令，此时仅路径内图像可以显示，如图 2.257 所示。

（8）选择工具栏中的“自定形状工具”，设置工具模式为“形状”，没有填充色，边框为白色，“宽度”为“5 像素”，绘制“红心形卡”形状，移动位置，效果如图 2.258 所示。

图 2.256　绘制路径

图 2.257　创建矢量蒙版

图 2.258　图像效果

（9）最后导入案例素材 42，调整大小，去除背景色，将其拖放至合适的位置即可。

2.8 本章小结

本章阐述了软件的基本操作，具体包括图像的基本操作、图层的应用、选区工具的应用、通道的应用、形状工具的应用、路径的应用和蒙版的应用，覆盖了 Photoshop CC 2020 中绝大多数操作。首先在认识软件界面的基础之上，掌握图像的基本操作，包括图像的变换、填充等。多个图层的叠加才可获得最终的设计效果，熟练掌握图层的混合模式和图层样式可以设计多种具有特殊效果的图像。选区工具包括选框类工具、套索类工具、快速选择类工具等，选择合适的选区工具可以完成不同情况下的抠图，除此之外，利用选区的填充、描边等操作可绘制个性图案。通道主要用来存放图像的颜色和选区信息，利用通道可以修改图像的颜色、保存图像的选区信息，主要用于复杂图像的抠图，例如发丝、火焰、云等。形状工具主要用于绘制图形、点缀图像效果，利用形状工具和钢笔工具可以绘制路径，在实际编辑图像时，主要运用路径的填充、描边以及路径与选区的转换操作。通过蒙版控制图像的显示区域，主要用于图像的合成，蒙版主要分为图层蒙版、剪贴蒙版、矢量蒙版等。希望读者能够通过本章的学习掌握基本的技巧，为后续设计作品奠定基础。

习题

1. 修改圆环颜色

打开“第 2 章 / 习题素材 /01.jpg”，如图 2.259 所示，利用“选择”→“色彩范围”命令，同时选中字母“H”“p”“p”“i”“d”建立选区，然后修改颜色，制作图 2.260 所示的效果。

图 2.259　习题素材 01

图 2.260　效果图

2. 利用通道抠图

打开“第 2 章 / 习题素材 /02.jpg”和“第 2 章 / 习题素材 /03.jpg”，如图 2.261 和图 2.262 所示，利用通道抠图的相关知识，制作图 2.263 所示的效果图。

图 2.261　习题素材 02

图 2.262　习题素材 03

图 2.263　效果图

3. 利用形状工作绘制名片

打开“第 2 章 / 习题素材 /04.png”，如图 2.264 所示，利用形状工具、文字工具、渐变填充等相关知识，制作图 2.265 所示的效果图。

提示：

（1）利用“矩形工具”绘制名片的正反面，并用红色的渐变色填充；

（2）圆形、星星、房子、电话和邮件图形用“自定形状工具”绘制；

（3）名片正反底部的白色部分利用“钢笔工具”绘制。

图 2.264　习题素材 04

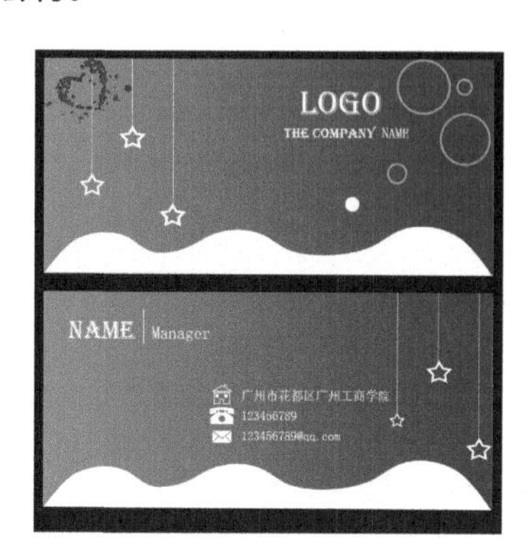

图 2.265　效果图

4. 利用蒙版合成图像

打开“第 2 章 / 习题素材 /05.jpg”“第 2 章 / 习题素材 /06.jpg”“第 2 章 / 习题素材 /07.jpg”，如图 2.266 ~图 2.268 所示，利用图层蒙版、图层混合模式和图层样式等相关知识，制作图 2.269 所示的效果图。（提示：习题素材 06 所在图层的混合模式设置为“柔光”）

图 2.266　习题素材 05

图 2.267　习题素材 06

图 2.268　习题素材 07

图 2.269　效果图

Chapter 03

第3章 数码照片后期处理

▶ 本章概述

随着社会的发展，人们可以利用手机或相机随时随地拍照，功能变得强大的手机和相机功能使拍照变得轻松容易。借助功能齐全的拍照工具及简单的美图软件，我们有时可以直接获得自己想要的照片。但更多时候，由于自然条件、拍照技巧、特殊用途等多种原因，我们拍摄的照片不能直接使用，还需要进行后期处理。本章主要介绍数码照片的后期处理，包括证件照的制作、人物面部的美化、人物体形的美化、产品照片的美化等。希望读者通过学习本章内容，掌握数码照片后期处理的基本方法，能够制作出满足不同需求的照片效果。

▶ 本章学习要点

- ✧ 了解数码照片后期处理的应用领域。
- ✧ 掌握证件照的制作方法。
- ✧ 掌握背景更换的常用方法。
- ✧ 熟悉数码照片后期处理涉及的知识点。
- ✧ 掌握人物面部的美化、人物体形的美化的处理方法。
- ✧ 掌握产品照片的美化的处理方法。

3.1 背景知识简介

数码照片后期处理在较多行业均有涉及，例如广告业、产品包装行业等，与我们生活联系较为紧密的则是影楼照片的后期处理及购物网站产品照片的后期美化。影楼拍摄的照片多为人物写真、婚纱摄影等，这些照片均需要通过后期处理来获得所需的艺术效果。淘宝网等购物网站上所陈列的产品图片或者是产品效果图通常需要后期的美化，从而获得消费者的青睐。正因如此，购物网站美工行业逐渐壮大。除这些行业涉及数码照片的后期处理之外，我们平常拍摄的照片为了美化效果通常也会进行一些处理，这些较为简单的图片处理不必由专业人员来完成，大家可以通过 Photoshop 自行进行后期处理。综上可知，数码照片的后期处理在多个行业均有涉及，在日常生活中也经常用到，本章将会介绍在商业及生活领域中进行数码照片后期处理的典型案例，使读者熟练掌握相关技巧。

3.2 本章重要知识点

3.2.1 各种工具的使用

本章所使用的工具包括“裁剪工具”“钢笔工具”“修补工具”“仿制图章工具”“污点修复工具”，各种工具的应用情况如表 3.1 所示。

表 3.1 工具的应用情况

工具	运用情况
“裁剪工具”	“裁剪工具”能够解决图像构图不合理、仅需要保留图像的某一部分的问题，本章利用“裁剪工具”修改图像大小，获得证件照
“钢笔工具”	“钢笔工具”常用于路径的绘制，路径与选区的转换功能使其常作为抠图工具使用。作为抠图工具使用时，它适用于外形复杂、精确度要求高的抠图
“修补工具”“仿制图章工具”“污点修复工具”	“修补工具”“仿制图章工具”“污点修复工具”的功能相似，它们常用于去除图像中多余的部分、污点、斑点、划痕等，起到修饰和修补图像的作用。在实际运用过程中要根据实际情况选择具体的工具

3.2.2 滤镜

本章所使用的滤镜包括“高斯模糊”滤镜、“液化”滤镜、“锐化”滤镜和“高反差保留”滤镜，这 4 种滤镜在数码照片后期处理中的应用情况如表 3.2 所示。

表 3.2 滤镜的应用情况

滤镜	应用情况
“高斯模糊”滤镜	“高斯模糊”滤镜能够添加低频细节，使图像产生一种朦胧的效果，在数码照片后期处理中常借助“高斯模糊”滤镜实现磨皮效果，美化人物面部
“液化”滤镜	“ 液化”滤镜是一种修饰图像和创建艺术效果的变形工具，可以方便地创建推拉、旋转、收缩等变形效果，常用于数码照片的后期修饰，如人物体形的调整、面部结构的调整等
“锐化”滤镜	“锐化”滤镜可以通过增强相邻像素之间的对比度来聚集模糊的边缘，提高图像的清晰度，包括“USM 锐化”“进一步锐化”“锐化边缘”“智能锐化”等

续表

滤镜	应用情况
“高反差保留”滤镜	利用“锐化”滤镜可以提高图像的清晰度，而有时容易让图像出现较多的杂色，这时利用“高反差保留”滤镜可以在有强烈颜色转换的地方按指定的半径保留边缘细节。具体过程为利用“高反差保留”滤镜得到有图像颜色交界边缘的灰色图像，然后设置灰色图像所在图层的混合模式为“叠加”，从而提高图像的清晰度

3.2.3 图层蒙版

蒙版具有显示和隐藏图像的功能，图层蒙版通过黑白色图像来控制图像的显示和隐藏范围，最大的优点是在显示和隐藏图像时，对原图像没有影响。在数码照片的后期处理中常利用图层蒙版完成图像的合成。

3.2.4 照片颜色修正

在数码照片的后期处理中，颜色修正是一个使用频率较高的操作，绝大多数的照片在后期处理中或多或少地需要进行颜色修正。照片颜色修正的常用方法有 3 种，具体如表 3.3 所示。

表 3.3 照片颜色修正的常用方法

方法	操作描述
调整图层	单击“图层”面板下方的“创建新的填充或调整图层”按钮，在弹出的菜单中选择合适的调整方法，即可创建调整图层
“调整”面板	在“调整”面板中选择一种调整操作后，将会弹出相对应的“属性”面板，通过设置“属性”面板来修正照片的颜色
图像调整命令	执行“图像”→“调整”命令，在弹出的菜单中选择合适的调整方式即可，在数码照片的后期处理中，常用的是“色阶”和“曲线”命令，所对应的组合键分别为 Ctrl+L 和 Ctrl+M

3.3 数码照片后期处理案例

3.3.1 证件照的制作

在实际的工作和生活中，我们经常会使用到证件照。大家可以去影楼拍摄，但如果掌握了利用 Photoshop 制作证件照的方法，也可以就地取材，自己制作证件照。

1. 设计思路

由于证件照的用途具有特殊性，所以它与其他数码照片有一定的区别，主要体现在尺寸及背景色两个方面。证件照的常用尺寸包括 1 寸（2.5 厘米 ×3.5 厘米）、小 2 寸（3.3 厘米 ×4.8 厘米）、2 寸（3.5 厘米 ×5.3 厘米），背景通常为红色、蓝色或白色。因此在自己制作证照时需要利用“裁剪工具”使照片的尺寸符合证件照的标准。另外关于证件照的背景方面，自己拍摄时可就地取材，利用白色墙壁作为背景拍摄正面照，然后通过 Photoshop 将背景色修改为所需的颜色。

2. 操作步骤

打开素材，如图 3.1 所示，利用“裁剪工具”的相关知识，完成红色背景的 1 寸证件照的制作，效果图如图 3.2 所示。

图 3.1　素材

图 3.2　效果图

（1）按 Ctrl+O 组合键打开白色墙壁背景的素材。

（2）在工具栏中选择“裁剪工具”，设置宽度为 2.5 厘米，高度为 3.5 厘米，调整裁剪框至图像的合适位置，如图 3.3 所示，按 Enter 键完成裁剪。

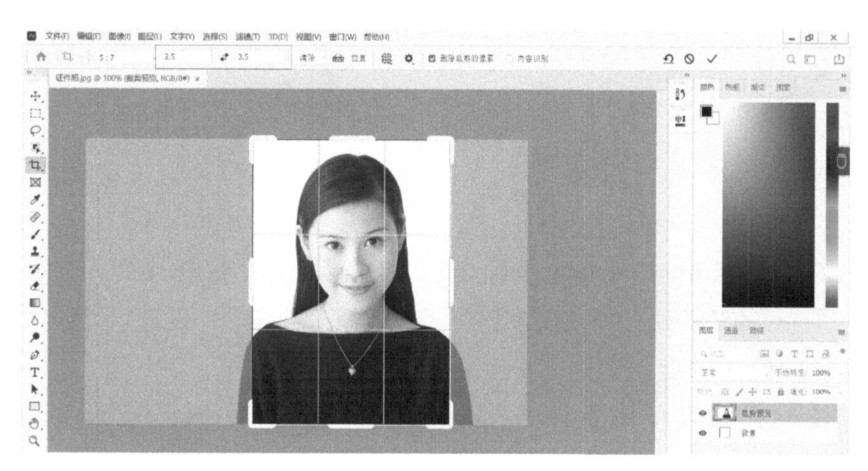

图 3.3　裁剪图片

（3）在工具栏中选择“魔棒工具”，选中白色背景，如图 3.4 所示。

（4）在“色板”面板中找到合适的红色，如图 3.5 所示，按 Alt+Delete 组合键，利用前景色填充选区，即可将证件照的背景更改为红色，按 Ctrl+D 组合键取消选区，即可完成制作。

图 3.4　创建选区

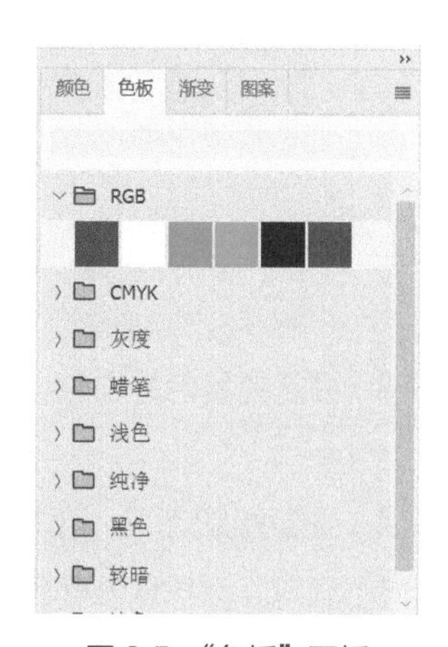

图 3.5　“色板”面板

3.3.2 人物面部的美化

1. 设计思路

人物面部的美化一般包括祛斑、磨皮、肤色调整等，通过对皮肤质感、面部轮廓、五官、妆容等局部细节的调整，突出人物气质，塑造人物面部的美感。人物面部美化的一般流程为，先利用“高斯模糊”滤镜去掉人物皮肤区域的瑕疵，再利用“高斯模糊”滤镜消除人物五官和面部轮廓的瑕疵，最后为人物面部添加各种妆效。

2. 操作步骤

打开素材，如图 3.6 所示，利用“高斯模糊”滤镜等相关知识，完成人物面部的美化，效果图如图 3.7 所示。

图 3.6 素材

图 3.7 效果图

（1）按 Ctrl+O 组合键打开素材文件，复制背景图层形成“背景 拷贝”图层，执行“滤镜”→“模糊”→“高斯模糊”命令，在弹出的“高斯模糊”对话框中，设置“半径”为“5 像素”，如图 3.8 所示，单击“确定”按钮。

（2）按住 Alt 键的同时，单击“图层”面板底部的“添加图层蒙版”按钮，添加图层蒙版，如图 3.9 所示。

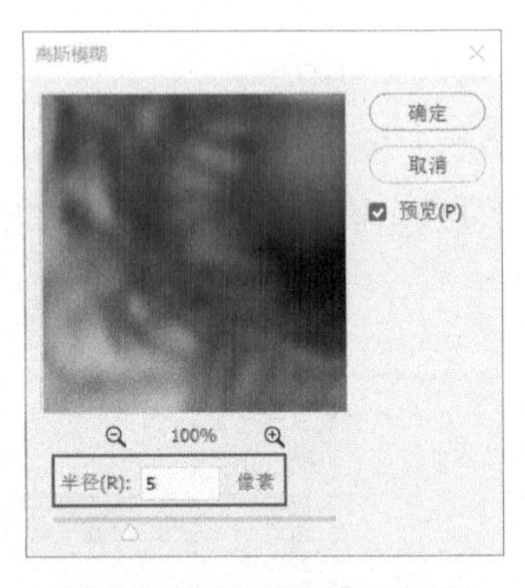

图 3.8 “高斯模糊”对话框

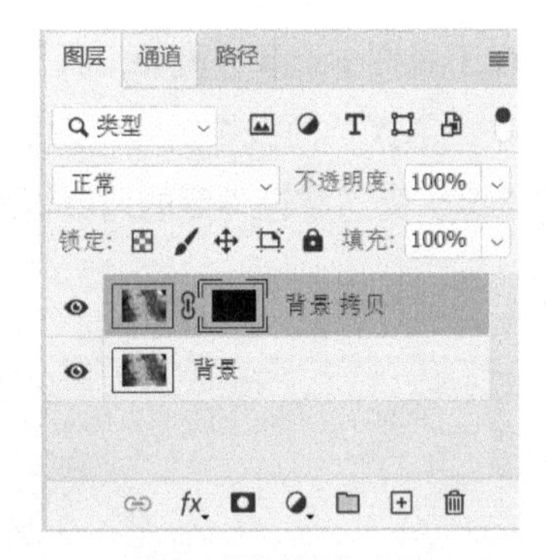

图 3.9 “图层”面板

（3）设置前景色为白色，选择“画笔工具”，设置画笔的“不透明度”为“50%”，如图 3.10 所示。

（4）在蒙版状态下，用画笔涂抹脸部面积较大的区域（如脸颊、额头等），如图 3.11 所示，然后缩小画笔，涂抹皮肤面积较小的区域（如嘴巴附近），如图 3.12 所示。注意此时不要涂抹五官和面部轮廓区域。

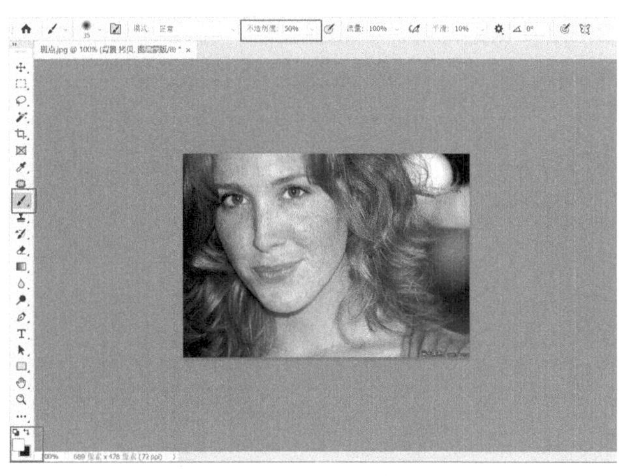

图 3.10　设置“画笔工具”

图 3.11　涂抹脸部面积较大的区域

图 3.12　涂抹脸部面积较小的区域

（5）新建一个图层，按 Ctrl+Alt+Shift+E 组合键盖印图层，执行“滤镜”→“模糊”→“高斯模糊”命令，在弹出的“高斯模糊”对话框中，设置“半径”为“2 像素”，如图 3.13 所示，单击“确定”按钮。

（6）按住 Alt 键的同时，单击“图层”面板底部的“添加图层蒙版”按钮，添加图层蒙版，前景色仍设置为白色，选择“画笔工具”涂抹人物的五官及面部轮廓区域，如图 3.14 所示。

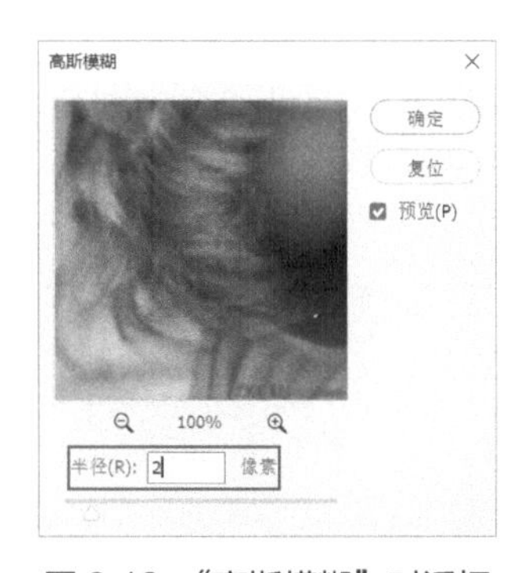

图 3.13　“高斯模糊”对话框

图 3.14　涂抹五官和面部轮廓效果图

（7）新建图层，按 Ctrl+Alt+Shift+E 组合键盖印图层，执行“滤镜”→“模糊”→“高斯模糊”命令，在弹出的“高斯模糊”对话框中，设置“半径”为“10 像素”，如图 3.15 所示，单击“确定”按钮。按住 Alt 键的同时，单击“图层”面板底部的“添加图层蒙版”按钮，用画笔涂抹脸部中间位置，使皮肤变得自然，如图 3.16 所示。

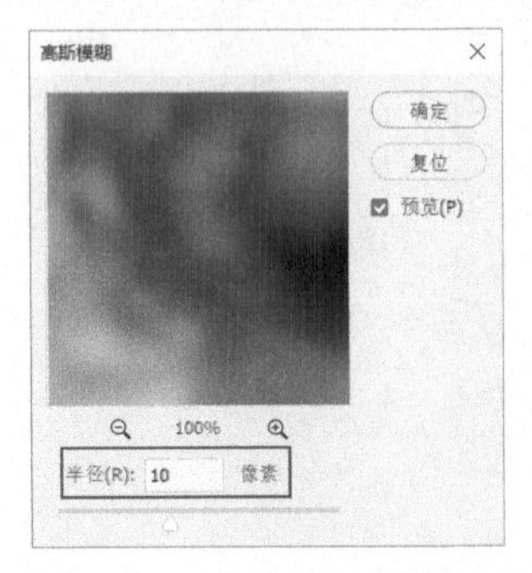

图 3.15 “高斯模糊”对话框

图 3.16 皮肤变得自然的效果

（8）新建图层，按 Ctrl+Alt+Shift+E 组合键盖印图层，执行“滤镜”→“模糊”→“高斯模糊”命令，在弹出的“高斯模糊”对话框中，设置“半径”为“15 像素”，单击“确定”按钮。按住 Alt 键的同时，单击“图层”面板底部的“添加图层蒙版”按钮，用画笔涂抹皮肤中间位置，使皮肤变得光滑，如图 3.17 所示。

（9）新建图层，按 Ctrl+Alt+Shift+E 组合键盖印图层，设置图层的混合模式为“滤色”，“不透明度”改为“20%”，利用这种方法淡化人物面部的法令纹，如图 3.18 所示。

图 3.17 皮肤变得光滑的效果

图 3.18 淡化法令纹的效果

（10）新建图层，按 Ctrl+Alt+Shift+E 组合键盖印图层，单击工具栏中的“以快速蒙版模式编辑”按钮，然后选择“画笔工具”，设置“不透明度”为“65%”，如图 3.19 所示。再用画笔涂抹眉毛，如图 3.20 所示。

图 3.19 设置画笔

图 3.20 涂抹眉毛

（11）再次单击“以快捷蒙版模式编辑”按钮，取消快速蒙版，按 Ctrl+Shift+I 组合键反选选区，添加“曲线”调整图层，设置图层的混合模式为“正片叠底”，如图 3.21 所示。

（12）对“曲线”调整图层执行“滤镜”→“模糊”→“高斯模糊”命令，在弹出的“高斯模糊”对话框中，设置“半径”为“3 像素”，获得的图像效果如图 3.22 所示。

图 3.21 添加“曲线”调整图层

图 3.22 图像效果

（13）单击工具栏中的“以快速蒙版模式编辑”按钮，选择“画笔工具”，设置“不透明度”为“100%”，再用画笔涂抹眼睛，如图 3.23 所示。

（14）再次单击“以快速蒙版模式编辑”按钮，取消快速蒙版，按 Ctrl+Shift+I 组合键反选选区，添加“色阶”调整图层，把右侧的滑动条向左滑动，增加眼睛的明度，如图 3.24 所示。

图 3.23 涂抹眼睛

图 3.24 添加“色阶”调整图层

（15）新建两个图层，从素材中载入“眼睫毛”画笔，调整画笔大小，在左侧眼部和右侧眼部单击。其中，可对右侧眼睫毛执行“编辑”→“变换”→“水平翻转”命令进行修改。效果如图 3.25 所示。

（16）分别对两个眼睫毛执行“编辑”→“变换”→“变形”命令，调整眼睫毛的大小和位置，使其与眼睛吻合，如图 3.26 所示。

（17）给两个眼睫毛添加颜色，添加“色彩平衡”调整图层，将眼睫毛的颜色调整为与头发相似的颜色，如图 3.27 所示。

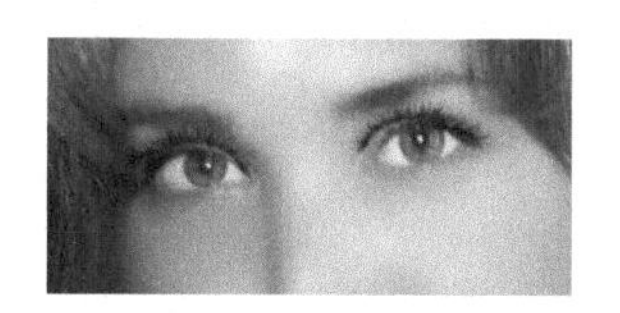

图 3.25 添加眼睫毛

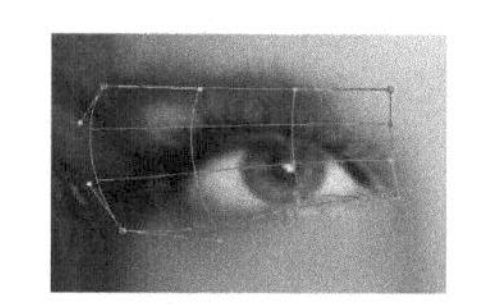

图 3.26 调整眼睫毛的大小和位置

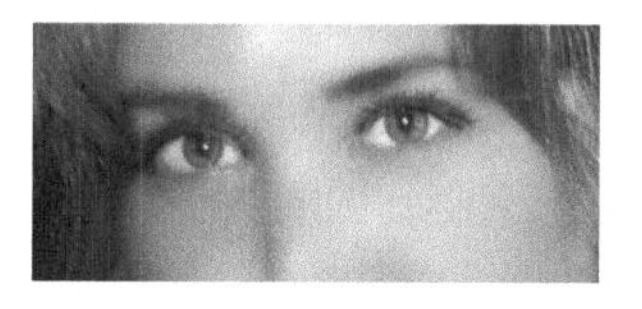

图 3.27 调整眼睫毛的颜色

（18）新建图层，按 Ctrl+Alt+Shift+E 组合键盖印图层，执行“滤镜”→“液化”命令，在眼部单击，对眼睛进行编辑，使眼睛变大变亮，如图 3.28 所示。

（19）新建图层，图层混合模式设置为“颜色”，选择喜欢的颜色在人物的嘴唇上涂抹，添加口红的效果，如图 3.29 所示。

（20）新建图层，选择一个边缘柔和的画笔，设置“不透明度”为“20%”左右，“流量”为“30%”，在脸部轻轻涂抹，添加人物面部的腮红效果，即可完成制作，如图 3.30 所示。

图 3.28　眼睛变大变亮的效果

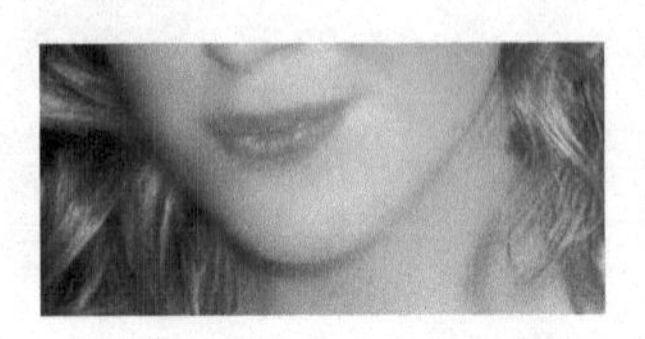

图 3.29　添加口红的效果

图 3.30　添加腮红的效果

3.3.3　人物体形的美化

1. 设计思路

人物体形的美化大多是指对人物进行瘦身效果处理，将照片中人物的手臂、腰部、大腿等部位进行处理，从而获得瘦身效果。“液化”滤镜能够实现变形效果，是美化人物体形的有效工具。在美化人物体形的过程中，选择“液化”滤镜，并根据实际情况不断调整画笔的大小以获得理想效果。

2. 操作步骤

打开素材，如图 3.31 所示，利用“液化”滤镜等相关知识，完成瘦身效果，如图 3.32 所示。

图 3.31　素材

图 3.32　效果图

（1）按 Ctrl+O 组合键打开素材文件。

（2）执行“滤镜”→“液化”命令，弹出“液化”对话框，如图 3.33 所示。

（3）在对话框左侧选择“向前变形工具”，在对话框右侧的“画笔工具选项”中选择合适的画笔大小，如图 3.34 所示，然后沿着人物的大腿轮廓边缘向上拖动。

图 3.33 “液化”对话框

图 3.34 修改腿部

（4）保持“向前变形工具”的选中状态，减小画笔的“大小”，对人物的小腿、腰身、手臂等部分进行调整。

（5）在调整过程中，要根据实际情况随时调整画笔的大小，从而获得理想的效果。所有需要调整的部位都调整完成后，单击“液化”对话框中的“确定”按钮即可。

3.3.4 利用蒙版合成图像

1. 设计思路

在数码照片的拍摄过程中，由于自然环境等条件的限制，无法获得理想的拍摄效果，通常需要对照片进行后期处理。例如，当天气不好时，外出拍摄的照片很容易出现整体颜色偏暗、天空效果不佳等现象，在照片的后期处理过程中，应首先调亮图像的颜色，然后利用蒙版将好看的天空图像与拍摄照片进行合成，实现天空背景的更换，从而获得理想的图像效果。

2. 操作步骤

打开素材，如图 3.35 和图 3.36 所示，利用曲线等相关知识，完成更换天空的操作，效果图如图 3.37 所示。

图 3.35　天空素材

图 3.36　原始素材

图 3.37　效果图

（1）利用 Ctrl+O 组合键分别打开两个素材文件。

（2）在“原始素材”文件中，按 Ctrl+M 组合键，在弹出的“曲线”对话框中，通过对曲线的调整，提高原始图像的亮度，如图 3.38 所示。

（3）在“天空素材”文件中，利用“裁剪工具”截取需要用作背景的部分，并将其拖曳至原始图像中，利用 Ctrl+T 组合键调整位置，调整过程中注意光照的位置，如图 3.39 所示。

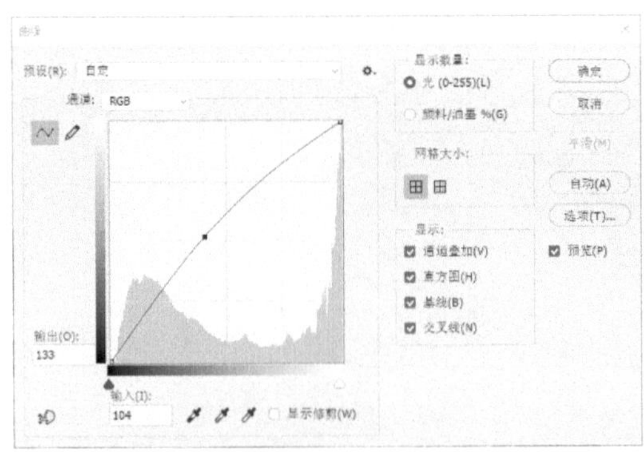

图 3.38　“曲线”对话框

图 3.39　天空素材调整效果

（4）隐藏“天空”图层，选中原素材所在的图层，利用“魔棒工具”将天空选出来，如图 3.40 所示。

图 3.40　利用“魔棒工具”选出天空

（5）显示并选择“天空”图层，单击“图层”面板底部的“添加图层蒙版”按钮，这时图像的基本形状就已经出来了，如图 3.41 所示。

图 3.41　效果图

（6）最后将前景色设置为白色，利用“画笔工具”处理树枝等细节部分，如图 3.42 所示。

图 3.42　利用“画笔工具”处理树枝等细节部分

3.3.5　去除图像的 Logo 和水印

有些时候利用数码相机拍摄的照片上会显示拍照的时间，影响画面的整体感，我们需要将日期消除。同样，对于其他因素也是如此。这里以数码照片的后期处理为例，学习如何在不影响图像效果的基础上，去除图像中不需要的部分。

1. 设计思路

要去除图像上的 Logo 和水印，主要会用到“修补工具”“污点修复工具”“仿制图章工具”。在实际处理过程中，通常先使用“修补工具”修补大面积色彩单一的部分，然后利用“污点修复工具”处理 Logo 和水印所触及的非边缘部分，最后用“仿制图章工具”一点点去除图像边缘的 Logo 和水印。

2. 操作步骤

打开素材，如图 3.43 所示，利用“修补工具”“污点修复工具”“仿制图章工具”等的相关知识，完成图像 Logo 和水印的消除工作，效果图如图 3.44 所示。

图 3.43　素材

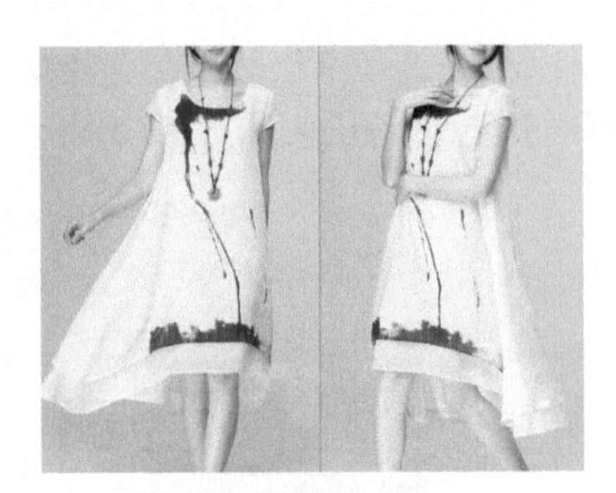

图 3.44　效果图

（1）按 Ctrl+O 组合键打开素材文件。

（2）选择工具栏中的“修补工具”，在 Logo 和水印的中间绘制选区。

（3）按住鼠标左键将选区向上（没有 Logo 和水印的地方）移动，移动时注意中线的对齐。

（4）拖曳选区至合适的位置，松开鼠标左键，即可去除中间部分的水印，如图 3.45 所示。

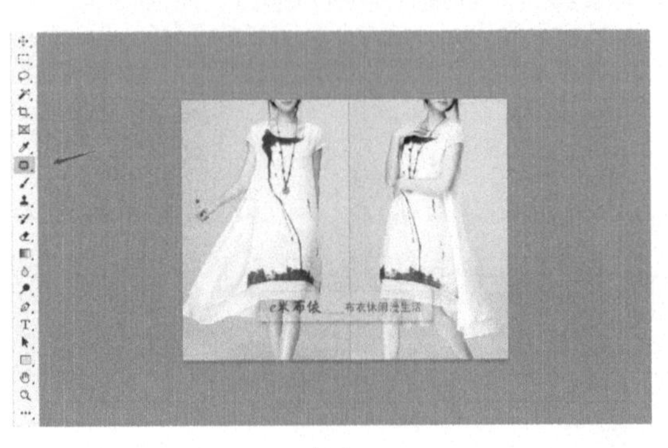

（a）

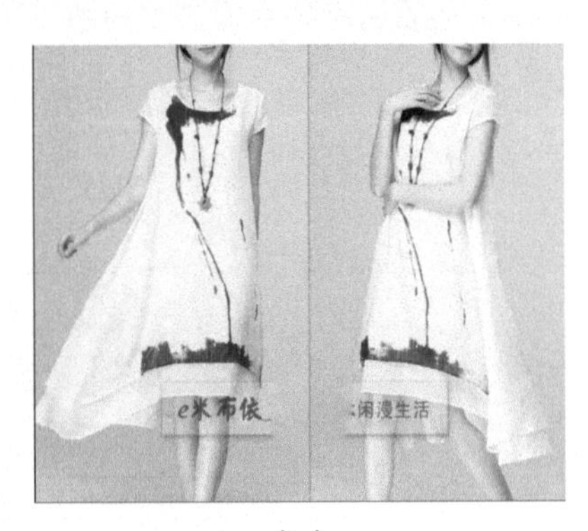

（b）

图 3.45　去除中间部分的 Logo 和水印效果

（5）其次去除裙子及其他不涉及边缘部分的水印。选择工具栏中的“污点修复工具”，擦除不涉及边缘部分的 Logo 和水印。可多擦除几次，直至去除不涉及裙子边缘部分的 Logo 和水印，如图 3.46 所示。

（6）选择工具栏中的“仿制图章工具”，根据背景光线的变化，选择合适的取样点，去除边缘的 Logo 和水印，如图 3.47 所示。

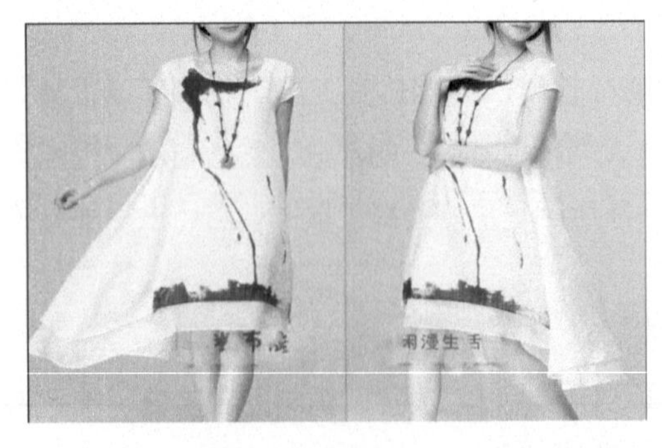

图 3.46　去除不涉及边缘的 Logo 和水印效果

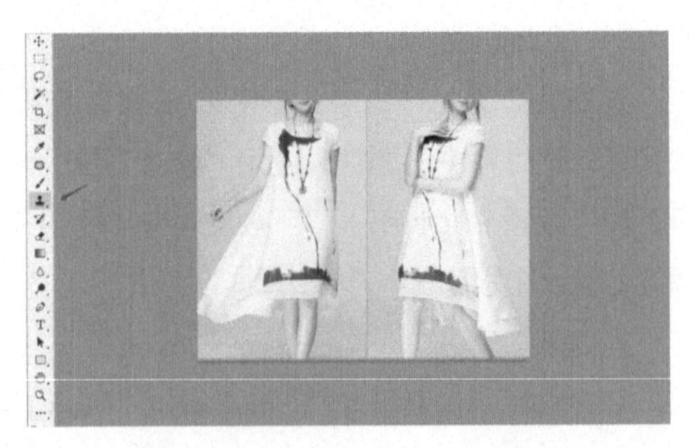

图 3.47　去除边缘的 Logo 和水印

3.3.6 钢笔抠图

1. 设计思路

抠图是数码照片后期处理中比较常见的操作，而在商业领域中，产品抠图也是美工的一项日常性、重复性的工作，可见抠图的重要性和普遍性。抠图的方法有多种，其中“钢笔工具”常用于对复杂精确的图像进行抠图。利用“钢笔工具”抠图的基本操作是，先绘制出图像的精细路径，再通过将路径转换为选区的方法去除背景。利用“钢笔工具”抠图时要注意根据实际情况添加和删除锚点，如果利用“钢笔工具”抠图无法获得满意的抠图效果，可同时利用调整边缘等操作，完成细致的抠图。

2. 操作步骤

打开素材，如图 3.48 所示，利用“钢笔工具”等相关知识，完成对人物的抠图操作，效果图如图 3.49 所示。

图 3.48　素材

图 3.49　效果图

（1）按 Ctrl+O 组合键打开素材图片。

（2）选择工具栏中的“钢笔工具”，绘制出人物轮廓的大致路径，如图 3.50 所示。

（3）在图像上单击鼠标右键，在弹出的快捷菜单中选择“建立选区”命令，按 Shift+Ctrl+I 组合键反选选区，即可将人物轮廓路径建立为选区。

（4）按 Ctrl+J 组合键，将选区建立为一个新的图层，如图 3.51 所示。

（5）新建一个图层，位于抠图图层下方，并用红色填充，如图 3.52 所示。

图 3.50　人物轮廓路径

图 3.51　将选区建立为一个新的图层

图 3.52　添加红色图层

（6）对于头发等边缘细致的地方，利用调整边缘命令进行适当调整即可完成制作。

3.3.7　产品照片的美化

1. 设计思路

很多产品的照片通常需要经过后期的美化处理，才可以放置在购物网站上。产品照片的美化涉及清晰度和色彩调整两个方面。其具体操作是，首先利用“锐化”滤镜提高照片的清晰度，然后对于锐化过程中出现的杂色，利用“高反差保留”滤镜进一步提高图像的清晰度，最后利用“色相 / 饱和度”“曲线”等命令对产品的照片进行调色。

2. 操作步骤

打开素材，如图 3.53 所示，利用“锐化”滤镜、“色相 / 饱和度”和“曲线”等相关知识，完成对产品照片的美化，效果图如图 3.54 所示。

图 3.53　素材

图 3.54　效果图

（1）按 Ctrl+O 组合键打开素材文件，执行“滤镜”→“锐化”→“USM 锐化”命令，在弹出的“USM 锐化”对话框中，设置“数量”为“17%”，“半径”为“1.5 像素”，“阈值”为“6 色阶”，如图 3.55 所示。

（2）复制背景图层，生成“背景 拷贝”图层，执行“滤镜”→“其他”→“高反差保留”命令，在弹出的“高反差保留”对话框中设置“半径”为“3.2 像素”，如图 3.56 所示。

（3）设置“背景 拷贝”图层的混合模式为“叠加”，如图 3.57 所示，达到突出图片的效果。

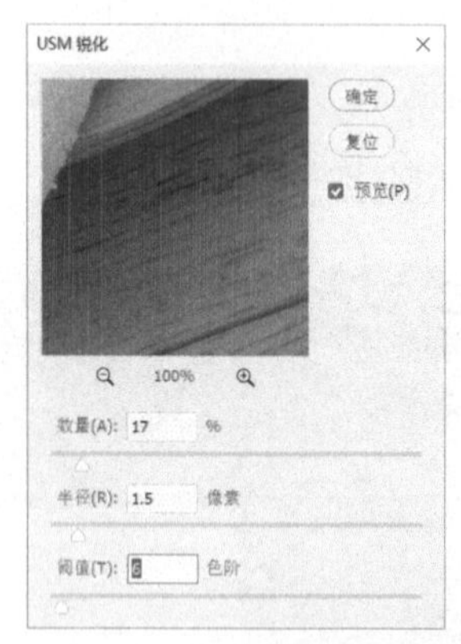

图 3.55　“USM 锐化”对话框

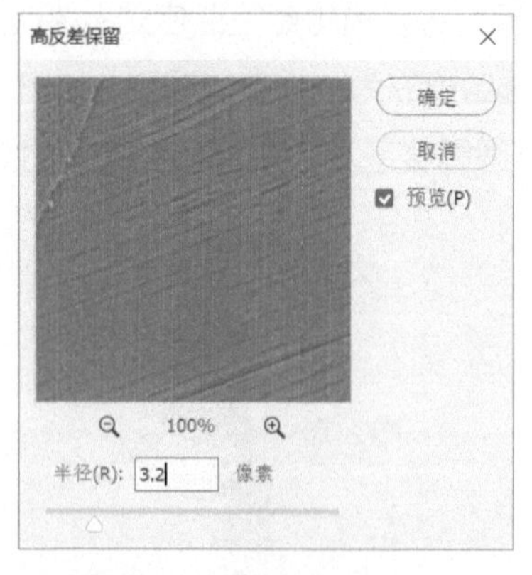

图 3.56　“高反差保留”对话框

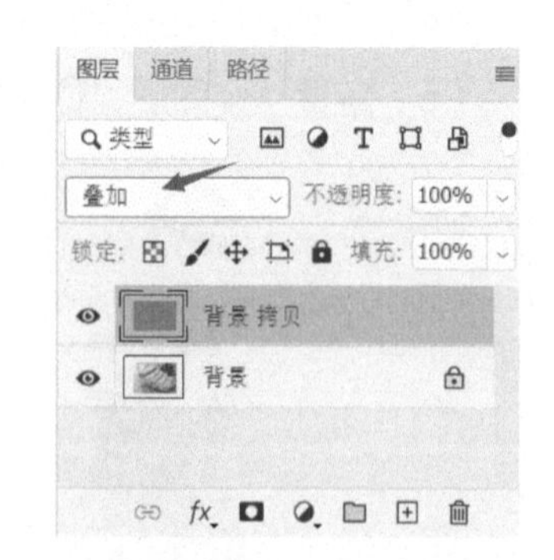

图 3.57　“叠加”混合模式

（4）在“调整”面板中选择“色相 / 饱和度”，对图片的“色相”“饱和度”“明度”进行调整，具体参数设置如图 3.58 所示，使图片颜色更为鲜艳。

（5）在“调整”面板中选择“曲线”，为图片添加蓝色的冷色调，具体参数设置如图 3.59 所示，使毛巾看起来更新、更干净。

图 3.58 “色相 / 饱和度”调整

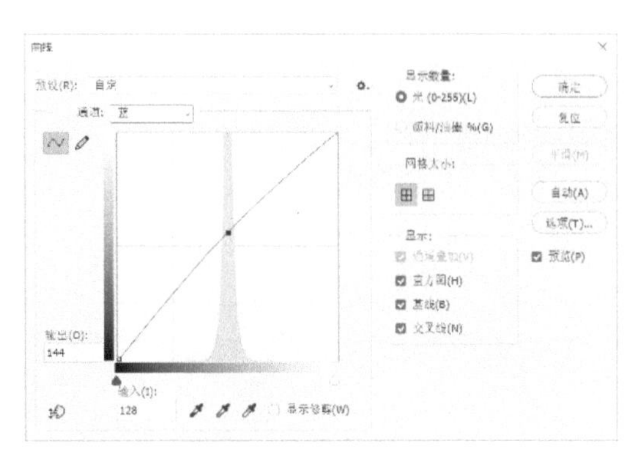

图 3.59 “曲线”调整

3.4 本章小结

本章主要介绍了数码照片后期处理的相关知识。数码照片后期处理的应用涉及多个行业，其中最常见的则是影楼的照片后期处理及购物网站上产品照片的后期处理，平常在生活中，我们也会对数码照片进行后期处理。数码照片后期处理的常见案例有证件照的制作、人物面部的美化、人物体形的美化、利用蒙版合成图像、去除图像的 Logo 和水印、钢笔抠图及产品照片的美化等，这些常见案例用到了“钢笔工具”“仿制图章工具”等各种工具，“锐化”滤镜、“高斯模糊”滤镜等多种滤镜，图层蒙版及照片颜色修正等操作方法，其中的照片颜色修正是数码照片后期处理中频繁使用的操作。随着手机拍照越来越普遍及电子商务的发展，数码照片后期处理涉及的范围越来越广，如果读者在处理过程中多点细心和耐心，那么一定会获得想要的效果。

习题

1. 将图 3.60 所示的产品进行美化，效果图如图 3.61 所示。

图 3.60 素材

图 3.61 效果图

2. 利用本章所学工具对图 3.62 ~ 图 3.64 所示的习题素材进行设计，效果图如图 3.65 所示。

图 3.62　习题素材 1

图 3.63　习题素材 2

图 3.64　习题素材 3

图 3.65　效果图

Chapter 04

第 4 章 字体设计

▶ 本章概述

字体设计，就是按照视觉审美规律对文字进行整体造型的过程，是为某一具体内容而服务的、具有清晰优质的视觉形象的文字造型活动。它以研究字体的合理结构、字形之间的有机联系及字形的排列为目的。

字体设计在商业设计中的应用十分广泛，常应用于游戏设计、包装设计、影视设计、网页设计和卡通设计。

▶ 本章学习要点

- ✧ 根据文字的内容，让文字的字形和结构发生改变。
- ✧ 熟练运用替代法、尖角法、断肢法、错落摆放法、方正法、横细竖粗法、随意手写法等方法设计字体。
- ✧ 根据文字内容加入与其有关的素材并使两者融合。

4.1 背景知识简介

字体设计，也可以理解为文字设计，意为按视觉设计规律对文字加以整体的精心安排。在平面设计、品牌设计中，文字不仅可以表达作者的思想，而且也兼具视觉识别符号的特征，它不仅可以表达概念，同时也通过视觉的方式传递信息。对于现代平面设计而言，字体设计是其中不可分割的一部分，字体的美感和文字的编排，对版面的视觉传达效果有着直接影响。设计师需要具有将新的情感融入司空见惯的文字的能力和理性化的秩序驾驭能力，以及从外表到内在，从视觉效果的审美观察能力，始终以“秩序之美”的设计思想作为设计的追求，同时还应能赋予观者一种文字和形色之外的享受感与满足感。随着时代经济的发展，字体设计的应用形式、传播媒介、表达方式、创作方法等有了更多层次的拓展，而字体设计存在于人们接触到的产品包装、电影、海报、标志、书籍封面等物质载体中，影响着人们接收信息的方式和感受。字体设计的应用领域广泛，如广告设计、影视海报、网页、公司商标、书籍、报纸、杂志等，这些领域都需要字体设计。

4.1.1 字体设计的常用方法

字体设计的常用方法有：替代法、尖角法、断肢法、错落摆放法、方正法、横细竖粗法、随意手写法等。

1. 替代法

替代法是在统一形态的文字元素中加入不同的图形元素或文字元素的方法，其本质是根据文字的内容，用某一形象替代文字的某个部分或某一笔画，这些形象或写实或夸张，将文字的局部替换，使文字的内涵外露，在形象和感官上都增加了一定的艺术感染力，如图 4.1 所示。

图 4.1 替代法

2. 尖角法

尖角法是把文字的角变成直尖、弯尖、斜尖或卷尖的方法，文字的角可以是竖的角，也可以是横的角，这样的文字看起来会比较硬朗，如图 4.2 所示。

3. 断肢法

断肢法是将一些封闭包围的文字适当断开一口，或把左边断一截，或把右边去一截的方法。

需要注意的是，要在能识别文字的情况下适当“断肢”，从而反映其与众不同的特点，如图 4.3 所示。

图 4.2 尖角法

图 4.3 断肢法

4. 错落摆放法

错落摆放法是把左右排列的文字改为左上左下排列、上下排列，或斜排，即一边高一边低排列，简而言之，就是让文字错落有致地排列的方法，如图 4.4 所示。

图 4.4 错落摆放法

5. 方正法

方正法是把所有文字的弯曲部分改成横平竖直、四四方方的形态的方法。这个方法的特点是简洁鲜明，便于设计，对设计者熟悉字体结构有很好的帮助，如图 4.5 所示。

6. 横细竖粗法

横细竖粗法可以说是替代法的一种，它是把竖线、横线或折线换成其他相反或交替的形态的方法。用这种方法设计出来的文字笔画简化，在文字中可加入个人情感和生活，根据需要的创意方向，设计出适合自己的字体，如图 4.6 所示。

图 4.5　方正法

图 4.6　横细竖粗法

7. 随意手写法

随意手写法，顾名思义，笔迹的手写体总给人以亲切的感觉。例如，“那些年”追忆的正是校园时期的青春岁月，手写字的每一笔、每一画都令人触景生情，如图 4.7 所示。

图 4.7　随意手写法

4.1.2　字体设计的要求与原则

1. 文字的适合性

信息传播是文字的一大功能，也是其最基本的功能。文字设计的一项重要原则就是要服从表达主题的要求，要与其内容一致，不能脱离表达主题和内容，更不能与之相冲突，从而破坏了文字的诉求效果。尤其在商品广告的文字设计上，更应该注意这一点，任何一个标题、一个字体标志、一个商品品牌的标志都是有其自身内涵的，将它准确无误地传达给消费者，是文字设计的目的，否则就是没有意义的。抽象的笔画经过设计所形成的文字形式，往往具有明确的倾向，这种文字的形式与传达内容是一致的。如生产女性用品的企业，其广告的文字一般具有柔美秀丽的风格，手工艺品广告的文字则多采用不同的手写字体、书法字体等，以体现手工艺品的艺术风格和情趣。

根据文字字体的特性和使用类型，文字的设计风格大约可以分为下列几种。

（1）秀丽柔美

字体优美清新，线条流畅，给人以华丽柔美之感，这种类型的字体适用于女性化妆品、饰品、日常生活用品、服务业等主题，如图 4.8 所示。

（2）稳重挺拔

字体造型规整，富有力度，给人以简洁爽朗的现代感，有较强的视觉冲击力，这种类型的字体适用于机械、科技等主题，如图 4.9 所示。

图 4.8 秀丽柔美

图 4.9 稳重挺拔

（3）活泼有趣

字体造型生动活泼，有鲜明的节奏韵律感，色彩丰富明快，给人以生机盎然的感觉。这种类型的字体适用于儿童用品、运动休闲、时尚产品等主题，如图 4.10 所示。

（4）苍劲古朴

字体朴素无华，饱含古时风韵，能带给人一种怀旧的感觉，这种类型的字体适用于传统产品、民间艺术品等主题，如图 4.11 所示。

图 4.10 活泼有趣

图 4.11 苍劲古朴

2. 文字的可识性

文字的主要功能是在视觉传达中向大众传播信息，而要达到此目的必须考虑文字的整体效果，让它给人留下清晰的视觉印象。因此在设计时要避免繁杂零乱，减少不必要的装饰变化，字体的字形和结构也必须清晰，如图 4.12 所示，不能随意变动字形结构、增减笔画等。如果在设计中不遵守这一准则，而只是单纯追求视觉效果，那么文字必定会失去其基本功能。所以在进行文字设计时，不管如何发挥，都应以易于识别为宗旨，这也是只对少量字体做较大字形的变化的原因。

3. 文字的视觉美感

在视觉传达中，文字作为画面的形象要素之一，具有传达感情的功能，因而它必须具有视觉上的美感，能够给人以美的感受，如图 4.13 所示。在文字设计中，美不仅体现在局部，也体现在设计师对笔形、结构及整体设计的把握上。文字是由横、竖、点和圆弧等笔画和线条组合成的形态。在结构的安排和笔画及线条的搭配上，怎样协调笔画与笔画、字与字之间的关系，强调节奏与韵律，创造出更富表现力和感染力的设计，把内容准确、鲜明地传达给观众，是文字设计的重要内容。优秀的字体设计能让人过目不忘，既起着传递信息的功效，又能达到视觉审美的目的。相反，设计丑陋粗俗、组合零乱的文字会使人看后心里感到不愉快，视觉上也毫无美感。

4. 文字设计的个性

根据表达主题的要求，应极力突出文字设计的个性色彩，创造与众不同且独具特色的字体，给人以别开生面的视觉感受。在设计时要避免与已有的一些设计作品的字体相同或相似的情况，更不能有意模仿或抄袭。在设计特定字体时，一定要从字的形态特征与组合编排上进行探求，不断修改，反复琢磨，这样才能创造出富有个性的文字，如图 4.14 所示，使其外部形态和设计格调都能唤起人们的审美愉悦感受。

5. 整体风格的统一

在进行设计时必须对字体做出统一的形态规范，这是字体设计最重要的准则。文字在组合时，只有在字的外部形态上具有了鲜明的统一感，如图 4.15 所示，才能在视觉传达上保证字体的可识性和注目度，从而清晰准确地表达文字的含义。如在字体设计时必须对笔画的装饰变化进行统一处理，不能让一组字中每个字的笔画变化都不同、各自为政，否则必将破坏文字的整体美感，让人感觉杂乱无章，不成体系，这样就难以收到良好的传达效果。

图 4.12　清晰的字形　　图 4.13　文字的视觉美感　　图 4.14　个性的展现　　图 4.15　风格统一

6. 笔画的统一

字体笔画的粗细要有一定的规格，在进行文字设计时，同一字内和不同字间的相同笔画的粗细、形式应该统一，不能因字体变化过多而丧失了整体的整齐均衡感，在视觉上让人感到不舒服。

字体笔画的粗细是构成字体的整齐均衡感的一个重要因素，也是使字体在统一与变化中产生美感的必要条件，文字设计的初学者只有牢记这条准则，才可能从根本上保证文字设计取得成功。

字体笔画的粗细一致与字体大小的统一，不是绝对的，因为其中尚有一个视觉修正问题。例如汉字中的全包围结构的字，就不能绝对地四边顶格，否则会感觉它比周围其他的字大，要往里适当地收一下，才能让观众在视觉上感到它与周围的字是一样大的。一组字中，对于横笔画多的字，要对笔画粗细进行必要的调整才能让它整齐均衡，与其他字统一，如图 4.16 所示。

7. 方向的统一

方向的统一在字体设计中有两层含义。

（1）每个字的斜笔画都要处理成统一的倾斜度，不论是向左或向右斜的笔画都要统一为一定的倾斜度，以加强其统一的整体感。

（2）为了制造一组字体的动感，往往对一组字统一进行有方向性的斜置处理。在做这种设计时，首先要使一组字中的每一个字都按同一方向倾斜，以形成流畅的线条；其次是对每个字中的笔画进行处理时，也要尽可能地使其倾斜度一致，这样才能在变化中保持统一的因素，增强其整体的统一感，如图 4.17 所示，而不会因变化不统一，以致字体显得零乱而松散，缺乏统一的美感，难以产生良好的视觉吸引力。

8. 空间的统一

字体的统一不能仅看其形式、笔画粗细、斜度，产生的统一美感往往还受字体笔画空隙的均衡程度的影响，也就是要对笔画中的空间进行均衡的分配，才能营造字体的统一感。文字有简繁之分，笔画有多少之分，但均需注意一组字的字距空间的大小，要在视觉上实现统一，不能以绝对相等的空间大小来处理。笔画少的字内部空间大，在设计时应注意要适当缩小其内部空间，才能与笔画多的字统一。空间的统一是保持字体紧凑、有力、形态美观的重要因素，如图 4.18 所示。

图 4.16　笔画统一

图 4.17　方向统一

图 4.18　空间统一

4.2　本章重要知识点

本章案例涉及 Photoshop CC 2020 中圆角、对称、倾斜、等距分布、字体的轮廓化描边等基础知识。

1. 字体的基本设计方法

字体的基本设计方法包括对称、描边、倾斜等，这些方法可以尽可能地保证文字的可阅读性，也可以保证整体版面的整齐与干净，使人一目了然。

【案例 1】“狂暴飞车”字体设计

本案例将用对称、描边、倾斜的方法设计字体。字体非常酷炫，无论是用于电影海报还是游戏海报都特别有吸引力。

操作步骤如下。

（1）新建黑色画布，用“画笔工具”在中心用“#a41602”颜色画出图 4.19 所示的形状。

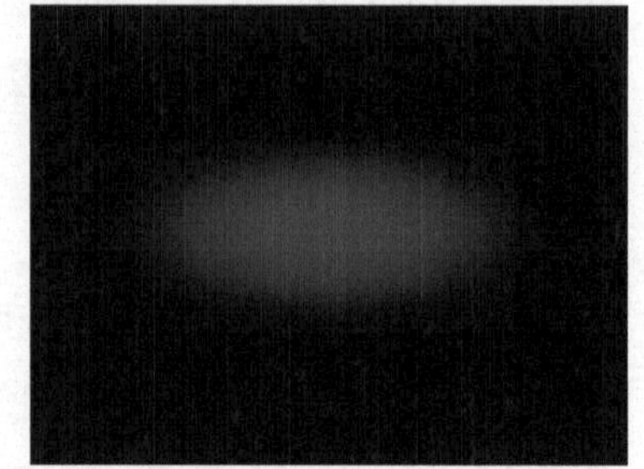

图 4.19　画出形状

（2）加入火焰素材，如图 4.20 所示。

（3）用“画笔工具”画出尾焰，用图层蒙版隐藏多余部分，设置图层的“不透明度”为“31%”，混合模式为“滤色”，效果如图 4.21 所示。

（4）制作本案例字体用到了倾斜的方法，首先选择“横排文字工具”，在选项栏中设置字体为“汉仪菱心简体”，输入文字“狂暴飞车”，之后按 Ctrl+T 组合键调整文字，使之倾斜，变得更加生动，文字倾斜效果如图 4.22 所示。

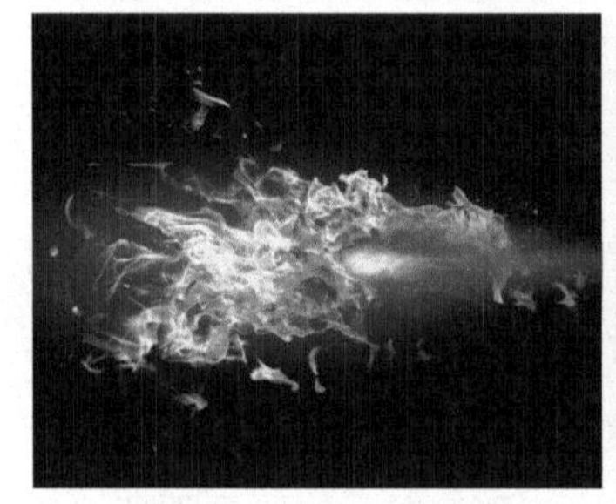

图 4.20　加入火焰素材

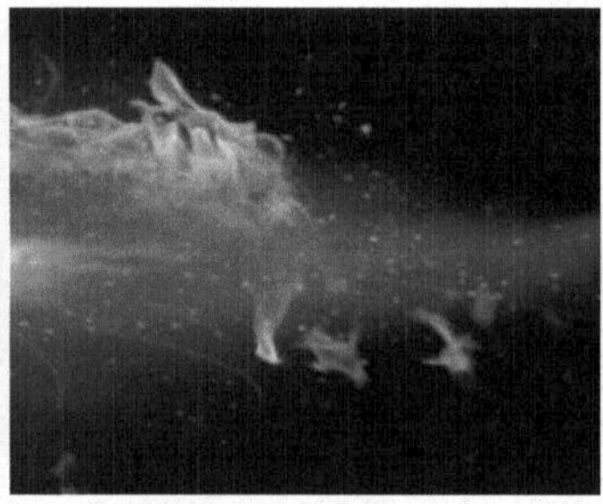

图 4.21　尾焰效果

图 4.22　文字倾斜效果

（5）为了让文字更加清晰和立体，给文字添加“轮廓描边”“内发光”“光泽”“颜色叠加”“渐变叠加”“投影”等图层样式。图层样式的具体参数设置如图 4.23 所示，渐变颜色可以让文字和火焰素材相融合。

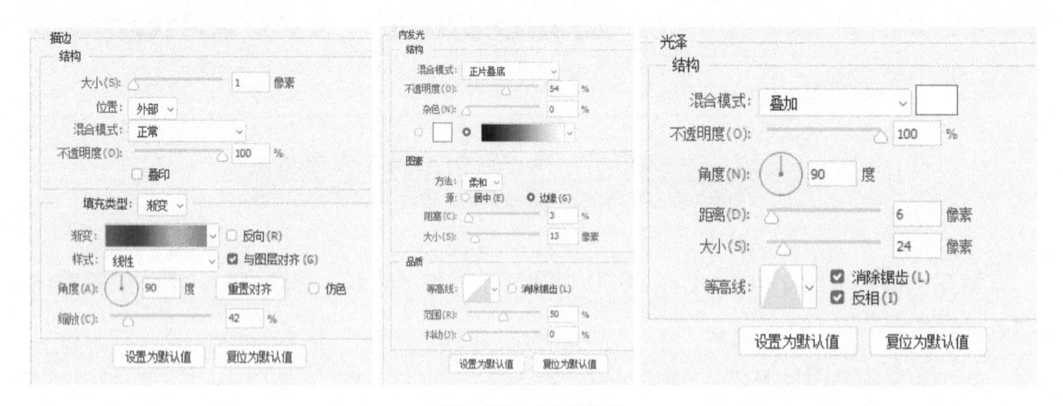

图 4.23　图层样式

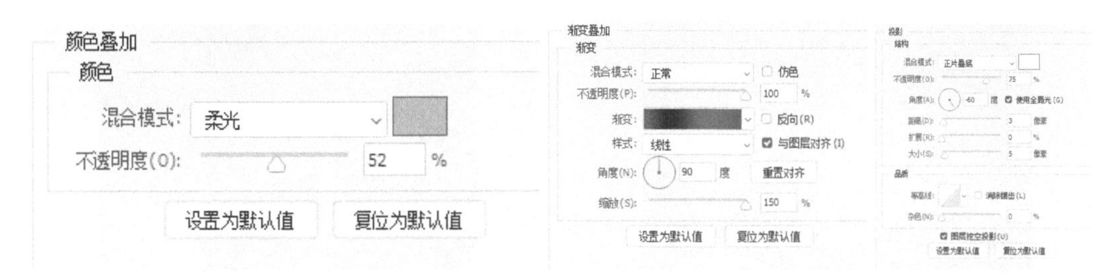

图 4.23 图层样式（续）

（6）复制文字图层 20 次，用 Alt+ ↑ 组合键制作立体效果，在“图层”面板上，按住 Ctrl 键和鼠标左键，选中所有文字图层，按 Ctrl+G 组合键给文字图层编组，效果如图 4.24 所示。

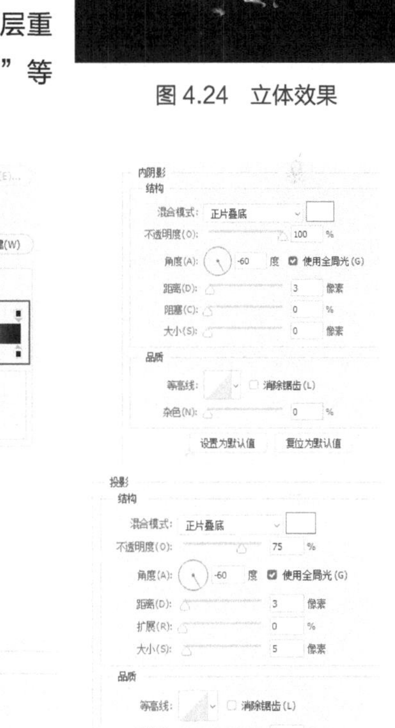

图 4.24 立体效果

（7）为了让文字描边更具金属质感，为顶层文字图层重新添加“描边”“内阴影”“内发光”“颜色叠加”“投影”等图层样式。图层样式的具体参数设置如图 4.25 所示。

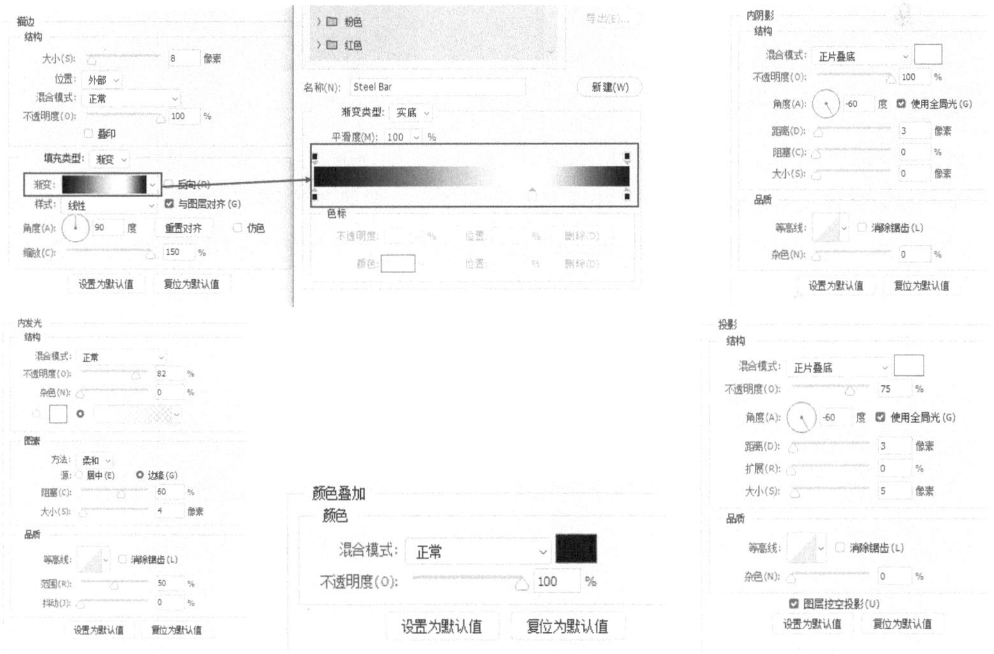

图 4.25 图层样式

（8）制作文字阴影，要用到对称的方法，把编组的文字组复制一组，对其进行变形及垂直翻转操作，并将其移动到文字正下方，使阴影和文字对称、大小相同，给阴影组添加图层蒙版，在图层蒙版上设置黑白渐变，让阴影有消失的效果，设置文字阴影组的“不透明度”为“60%”，让阴影更真实，如图 4.26 所示。

（9）新建纯黑图层，设置图层的混合模式为“滤色”，将该图层转换为智能对象，执行“滤镜”→“渲染”→“镜头光晕”命令，添加镜头光晕，如图 4.27 所示。

图 4.26　文字阴影效果

图 4.27　光晕效果

（10）添加光晕素材，如图 4.28 所示。

（11）调整图层的上下位置，最终完成效果如图 4.29 所示。

图 4.28　添加光晕素材

图 4.29　最终完成效果

2. “等距排列”字体的设计方法

为了避免字体设计过程中出现大小不一、分布不均、笔画不均等问题，可以统一应用笔画、倾斜度等设置，对笔画的删减和间距进行调整，即调节每个字的笔画分布和重心，从而使整体字体有一个贯穿始终的规则。

【案例 2】“等距排列”字体设计

本案例利用“移动工具”选项栏中的“水平居中分布”按钮，既可让文字有错落排列的时尚感，又不会显得凌乱。

（1）建立两个背景图层，一个是纯黑色的，另一个是纯白色的，如图 4.30 所示。

（2）隐藏背景图层，输入文字。一字一层方便排列位置，如图 4.31 所示。

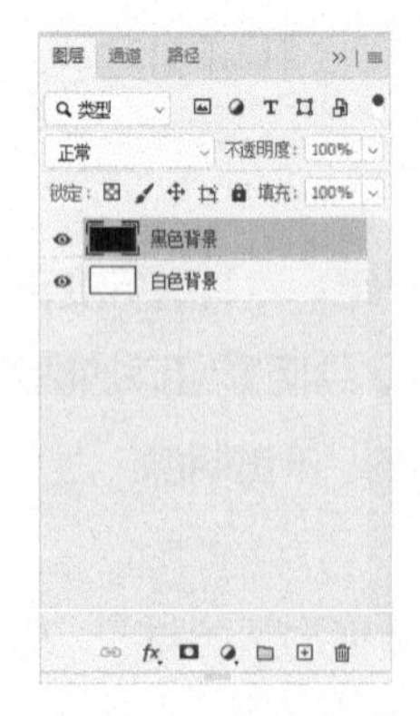

图 4.30　背景图层

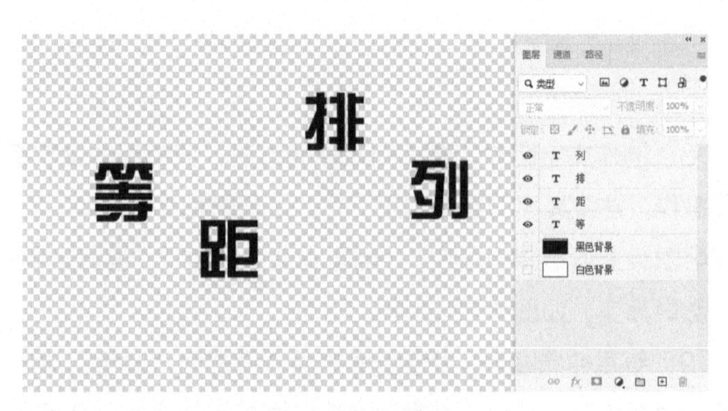

图 4.31　文字图层

（3）这一步将用到等距排列的知识点，首先选择需要等距排列的图层，本案例中需选择4个文字图层，在“图层”面板上，按住Ctrl键和鼠标左键，多选图层。本案例需要水平等距分布，上下不考虑，所以选择“移动工具”，单击选项栏中的“水平居中分布”按钮，如图4.32所示。

（4）选择文字图层，按Ctrl+G组合键给文字图层编组，按Ctrl+Shift+Alt+E组合键盖印图层，方便后续操作，如图4.33所示。

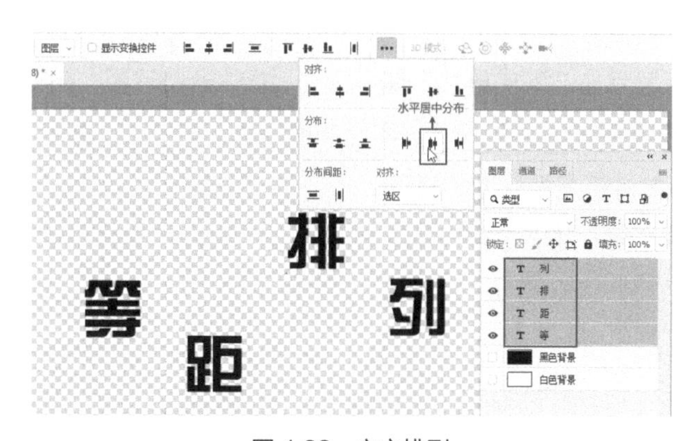

图4.32 文字排列

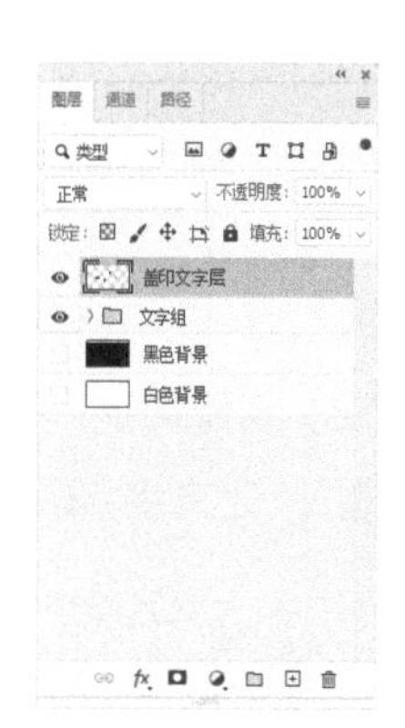

图4.33 盖印图层

（5）按Ctrl+J组合键复制盖印图层，选中复制的盖印图层，按住Ctrl键的同时单击盖印图层的缩略图，将选区填充为白色，如图4.34所示。

（6）用“矩形选框工具”选择图像上半部分，选中盖印图层按Delete键删除选区内的所有像素，如图4.35所示。

图4.34 复制并填充的盖印图层

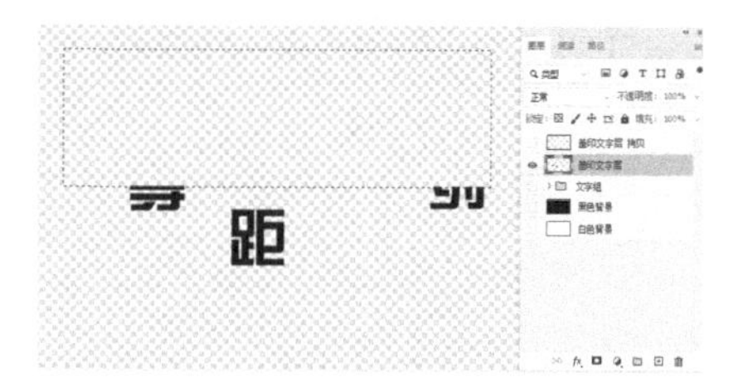

图4.35 删除选区内像素

（7）按Ctrl+Shift+I组合键反选选区，选中复制的盖印图层，按Delete键删除，如图4.36所示。

（8）显示两个背景图层，用“移动工具”向上移动“黑色背景”图层到图4.37所示位置，可以放大图像，用键盘的上下键进行微调。

图4.36 反选选区并删除图层

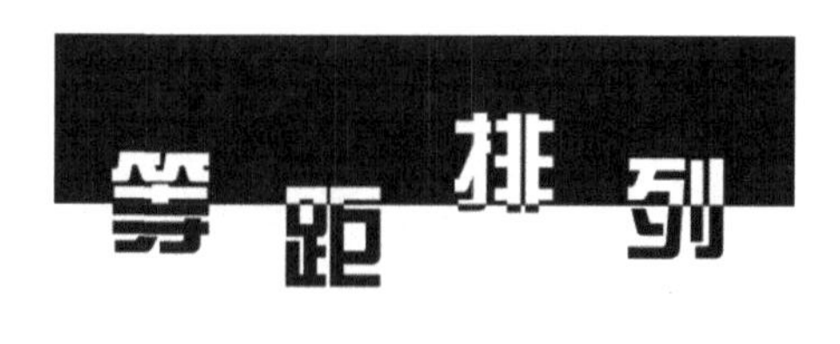

图4.37 最终效果

3. “圆角”字体的设计方法

“圆角”字体一般应用于较为俏皮可爱或者专供儿童阅读的文字中。设计时可以把横的中间部分拉成圆弧，把角处理成圆，最后再搭配上色彩，就可以制作出完美的效果。

【案例 3】“圆角”字体设计

本案例为了让字形和内容吻合，将字体设置为“方正粗圆”，并分别给两个文字图层添加不同的图层样式，让文字与背景及内容更好地融合。

（1）新建画布，新建图层，为图层添加“渐变叠加”图层样式，具体参数设置，如图 4.38 所示。导入背景图层，设置图层的混合模式为“柔光”，“不透明度”为“40%”，选中这两个图层按 Ctrl+G 组合键给它们编组，并将新组命名为“背景”。

（2）制作文字，利用“横排文字工具”输入文字，为了实现圆角效果，将字体设置为“方正粗圆”，让文字字形和内容相符，如图 4.39 所示。

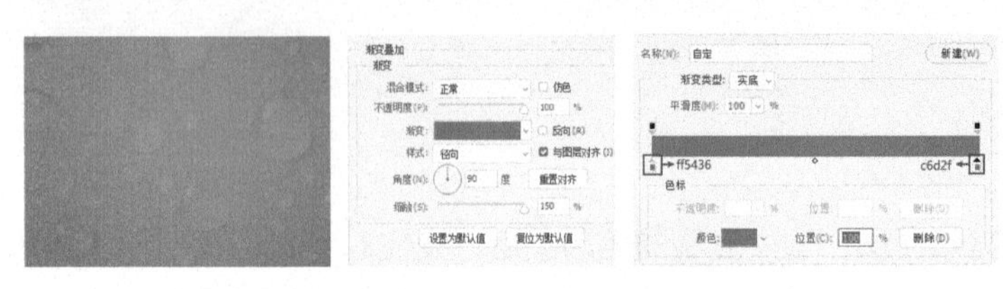

图 4.38　背景图层和“渐变叠加”图层样式　　　　图 4.39　文字字体

（3）将此文字图层复制一层，将新图层命名为“果冻 2”，需要对两个图层分别设置不同的图层样式，给上面一层文字添加“斜面和浮雕”“等高线”“内发光”“渐变叠加”“投影”等图层样式，图层样式的具体参数设置如图 4.40 所示。

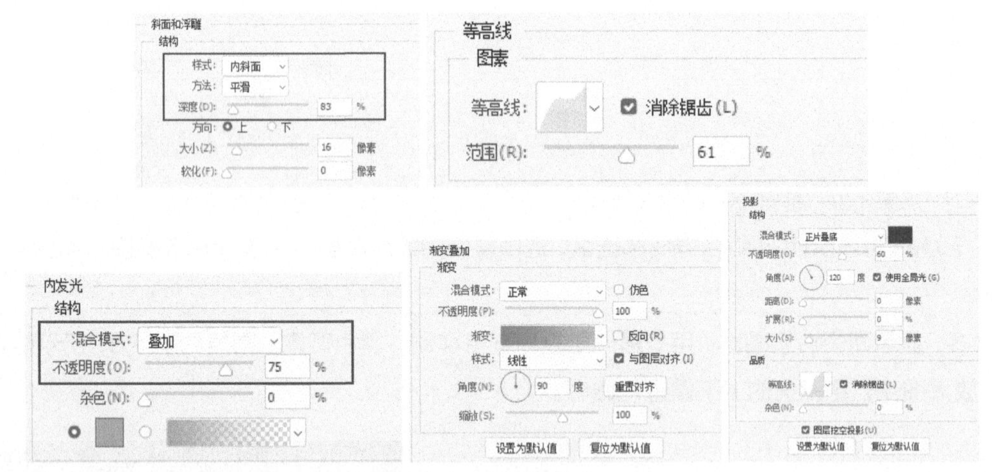

图 4.40　图层样式

（4）给“果冻 2”图层添加“斜面和浮雕”“等高线”“描边”“光泽”“图案叠加”“投影”等图层样式，图层样式的具体参数设置如图 4.41 所示。

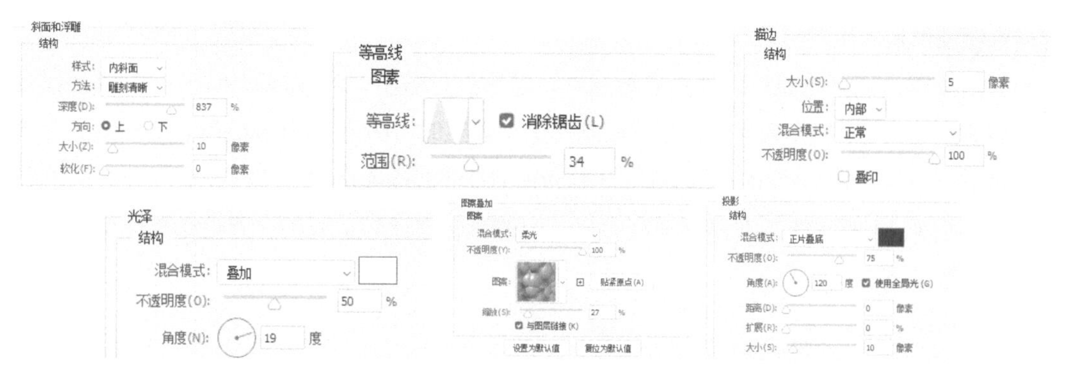

图 4.41 “果冻 2”图层的图层样式

（5）最终效果如图 4.42 所示。

图 4.42 最终效果

知识点提示：字体变形中应该注意可阅读性、识别能力、应用环境等问题，避免大小不一、分布不均、笔画不均等。

4.3 字体设计案例

4.3.1 游戏字体设计

游戏字体设计是对文字的字形、结构、笔画的造型规律、视觉规律和书写表现的研究，它以信息传播为主要功能，旨在创造出具有鲜明的视觉个性的文字形象。以下 3 个案例将从文字的字形、结构、笔画等方面讲解游戏字体设计。

【案例 1】“三国时代”游戏字体设计

此款字体的效果是游戏中常见的效果之一，同时此款字体的效果和样式也比较适合应用于游戏 Logo。游戏中的字体不宜过小，为了方便添加效果，字体的笔画都比较粗，即使不设计字体，加上合适的效果也是很不错的。字体效果如图 4.43 所示。

图 4.43 字体效果

以游戏背景出发，设计一款质感比较强烈的字体，把关于三国的元素融入其中。提取青龙偃月刀的形状素材应用到每个文字中，颜色采用黄色中略带红色的渐变色，在游戏字体设计中，这两种颜色也是应用得相对较多的。

根据构思，以青龙偃月刀作为参考素材，然后进行分析，尝试提取笔画，这个案例同样是利用 Photoshop 制作完成的，虽然在制作这个效果时，Photoshop 没有 Illustrator 快捷，但是对于只会用 Photoshop 的人来说，Photoshop 还是很实用的。

根据图 4.44 所示的参考素材进行分析，刀的顶端是比较尖锐的，刀身则是一个大弧形，据此绘制基本笔画。

操作步骤如下。

（1）通过调整尝试，确定字体的笔画，然后设定笔画的大小。根据分析并考虑到字体的识别性问题，此处采用的横笔较细，而竖笔则采用类似刀剑的形状。笔画间距自行把控，确定大概的笔画，在制作的过程中，笔画之间的衔接则需要随时调整。制作好的基本字形如图 4.45 所示。

图 4.44　参考素材

图 4.45　基本字形

（2）利用图层样式制作效果，根据红黄颜色设置不同的样式以达到想要的效果。框选所有的字体图层，单击鼠标右键，在弹出的菜单中选择“转换为智能对象”，添加“图案叠加”图层样式，制作效果的方法有很多种，本案例用图案叠加的方法，尽量选用金属质感类的图案，具体参数设置如图 4.46 所示。

（3）在“图案叠加”面板中，选择一个岩石类型的纹理，设置“混合模式”为“正常”，方便其他效果的添加，字体效果如图 4.47 所示。

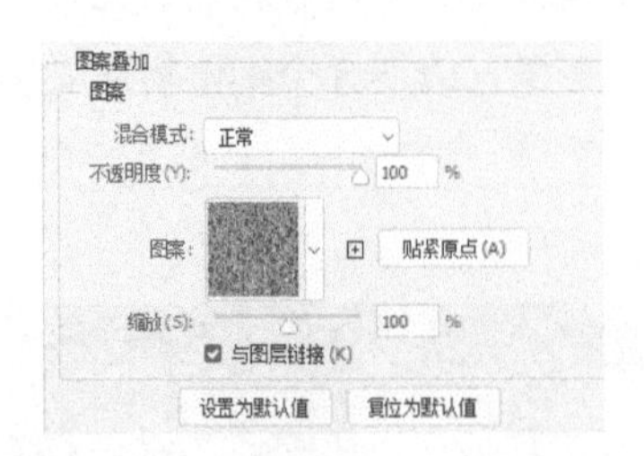

图 4.46　“图案叠加”图层样式

图 4.47　“图案叠加”效果

（4）添加“渐变叠加”图层样式，设置颜色为黄色和棕色的渐变色，“混合模式”为“叠加”，具体参数设置如图 4.48 所示。

（5）添加“渐变叠加”图层样式是为了让字体从上到下呈现明暗对比，“混合模式”可以自行尝试设置，此处设置了比较合适的“叠加”，“角度”设置为“90 度”的时候勾选“反向”。

效果如图 4.49 所示。

图 4.48 “渐变叠加”图层样式

图 4.49 “渐变叠加”效果

（6）添加“颜色叠加”图层样式，设置颜色为黄色，“混合模式”为“叠加”，如图 4.50 所示。

（7）添加“渐变叠加”图层样式之后由于颜色太浅，所以添加“颜色叠加”图层样式以使颜色更加明显，基本凸显出黄色过渡到红色的渐变。效果如图 4.51 所示。

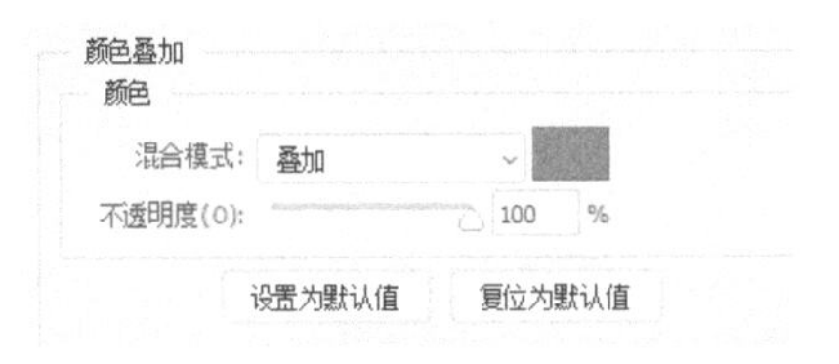

图 4.50 “颜色叠加”图层样式

图 4.51 “颜色叠加”效果

（8）添加“光泽”图层样式，设置颜色为黄色，“混合模式”为“叠加”，其他参数可以自行尝试，如图 4.52 所示。

（9）添加“光泽”图层样式是为了让渐变过渡得更自然，同时也可以增加颜色的饱和度和亮度，让黄色更多一些。效果如图 4.53 所示。

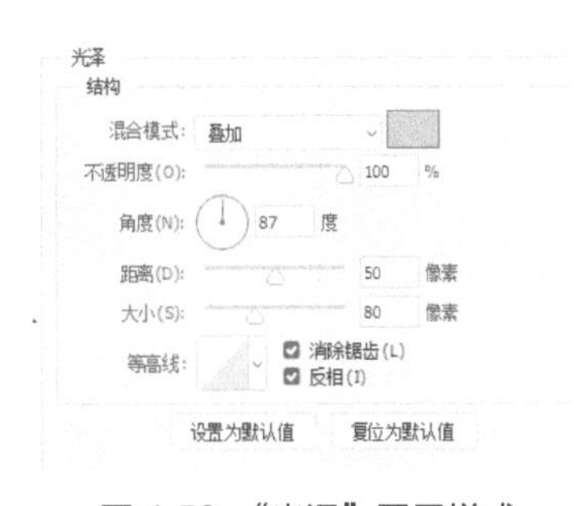

图 4.52 “光泽”图层样式

图 4.53 “光泽”效果

（10）添加“内阴影”图层样式，设置颜色为黄色，“角度”为“90 度”，具体参数设置如图 4.54 所示。

（11）添加“内阴影”图层样式是为了让底部拥有高光效果，同时调整“杂色”参数可以让效果更加统一且具有纹理。效果如图 4.55 所示。

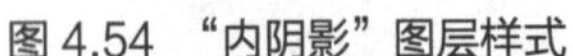

图 4.54 “内阴影”图层样式

图 4.55 “内阴影”效果

（12）添加“描边”图层样式，设置“填充类型”为“渐变”，具体参数设置如图 4.56 所示。

（13）添加“描边”图层样式并设置“填充类型”为“渐变”是为了让边缘更加具有质感，并产生明暗过渡效果，建议设置一深一浅的渐变色，添加效果之后，效果尚可，但是缺少一种立体感。效果如图 4.57 所示。

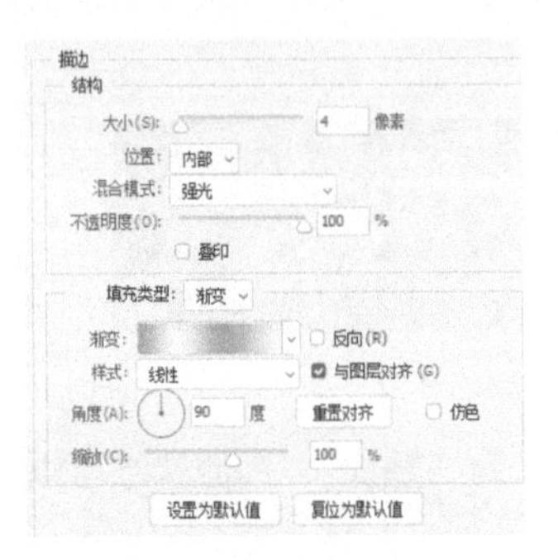

图 4.56 “描边”图层样式

图 4.57 “描边”效果

（14）添加“斜面和浮雕”图层样式，设置“深度”为“611%”，“角度”为“90 度”，具体参数设置如图 4.58 所示。

（15）在增加浮雕效果的同时，设置浮雕的阴影模式，可让之前的“内阴影”图层样式的效果减弱一点，显得更加精致，效果如图 4.59 所示。

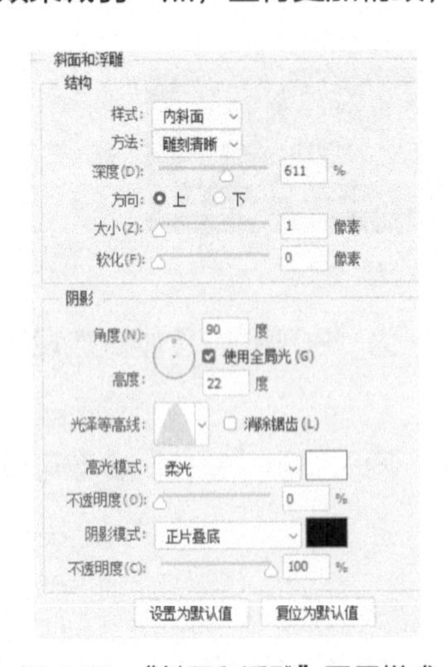

图 4.58 “斜面和浮雕”图层样式

图 4.59 “斜面和浮雕”效果

（16）第一层的效果基本完成，下面制作立体的效果，有很多方法可以制作立体效果，选择自己最熟悉的方法即可。先复制一个字体图层，然后将复制出的字体图层位置向下移动 1 像素，反复操作 5~6 次即可，合并矢量图层字体，再添加“内阴影”“渐变叠加”“图案叠加”“投影”等图层样式，具体参数设置如图 4.60 所示，效果如图 4.61 所示。

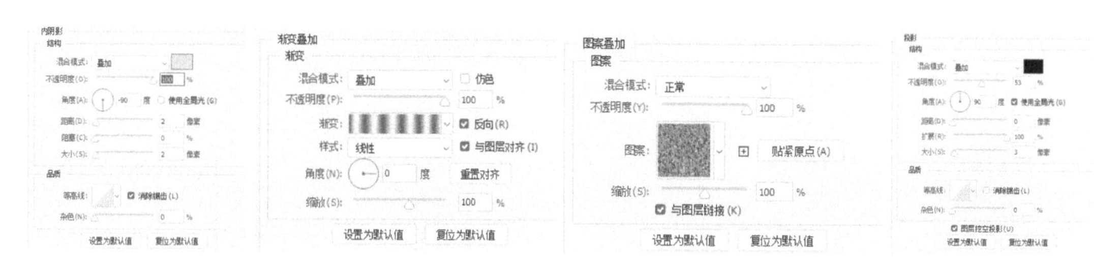

图 4.60　实现立体效果的图层样式

（17）制作底层立体效果，复制字体图层，然后添加“图案叠加”和“渐变叠加”图层样式，设置“图案”为“墙面纹理”，然后添加灰色的渐变，调整参数，具体参数设置与效果如图 4.62 所示。

图 4.61　立体效果

（18）添加两层“颜色叠加”图层样式，设置不同的“混合模式”，颜色都为深灰色，使其更接近想要的墙面灰色，具体参数设置与效果如图 4.63 所示。

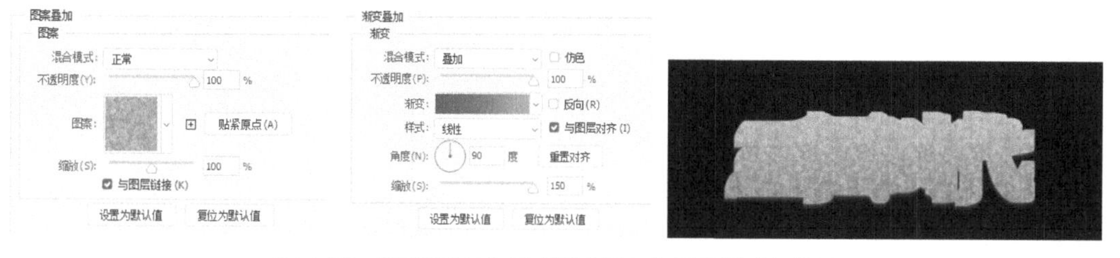

图 4.62　“图案叠加”和“渐变叠加”图层样式与效果

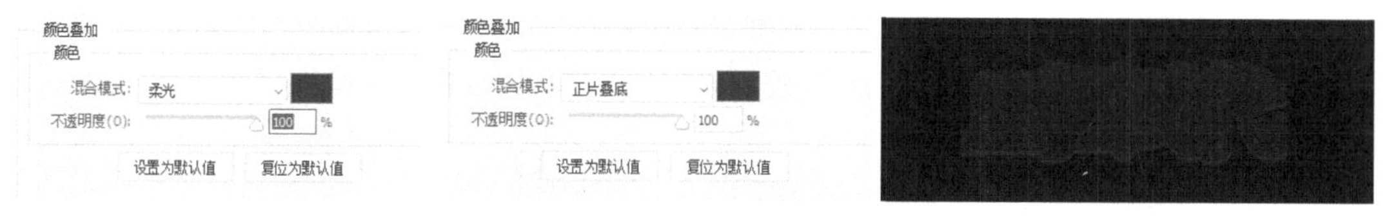

图 4.63　“颜色叠加”图层样式与效果

（19）分别添加“内发光”和“内阴影”图层样式，添加这两个图层样式主要是对字体边缘进行处理，让字体边缘看起来有质感，具体参数设置如图 4.64 所示。

（20）最后添加“斜面和浮雕”和“投影”图层样式，添加“斜面和浮雕”和“投影”图层样式是为了让字体边缘的质感和立体感更加强烈，设置“深度”和“等高线”主要是对字体的立体效果进行调整，具体参数设置如图 4.65 所示。

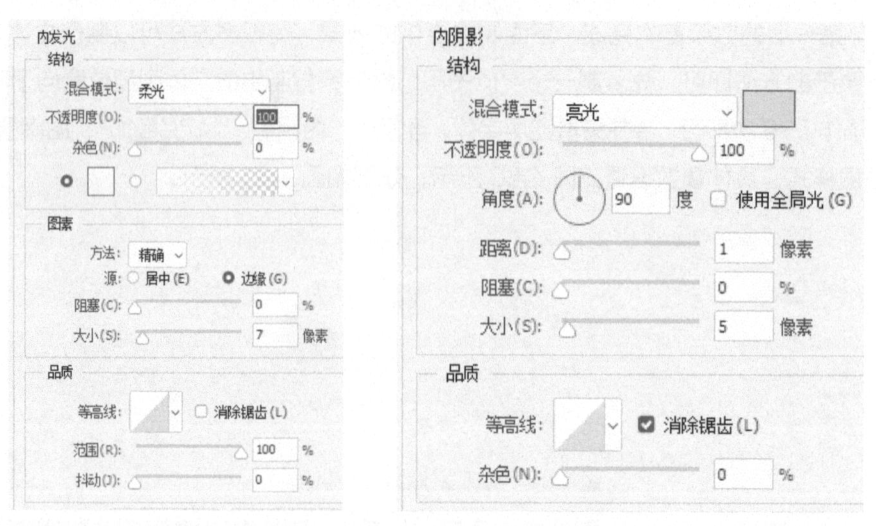

图 4.64 “内发光”和“内阴影”图层样式

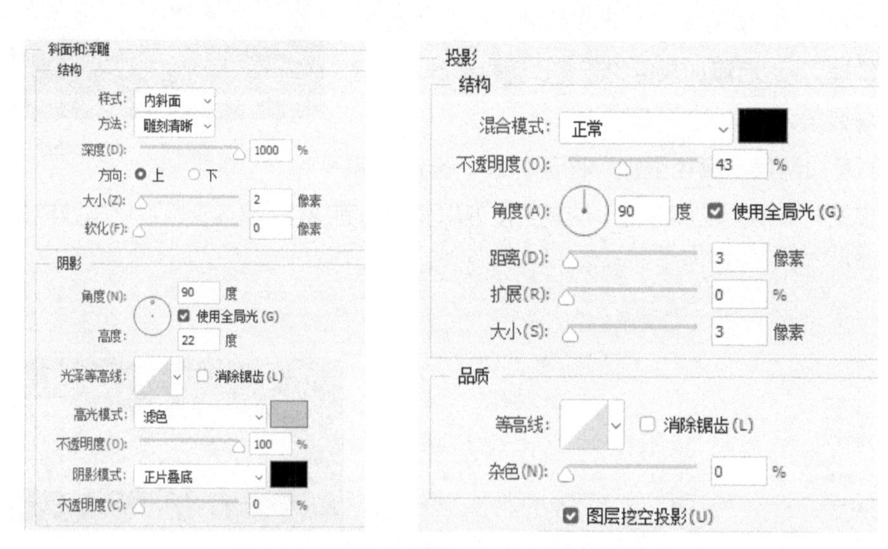

图 4.65 “斜面和浮雕”和“投影”图层样式

（21）效果基本制作出来了，然后复制该图层，同时把复制的图层向下移动 5~10 像素，为复制图层添加“图案叠加”“内阴影”图层样式，具体参数设置如图 4.66 所示。

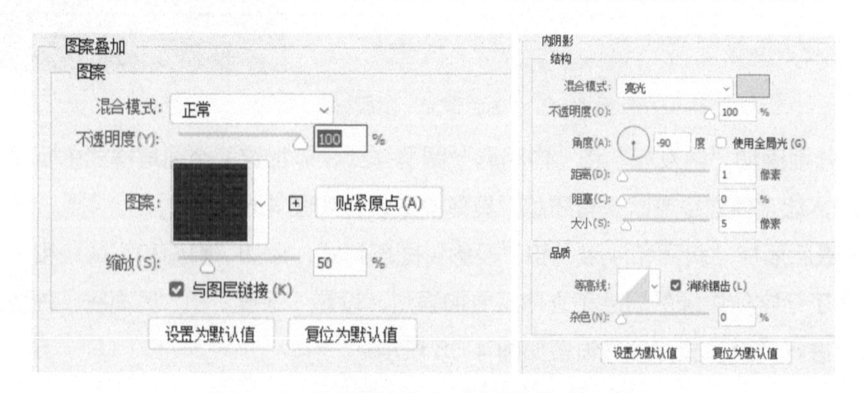

图 4.66 “图案叠加”和“内阴影”图层样式

（22）图案还是选择质感纹理类型的，颜色尽量深些，添加“内阴影”图层样式让字体顶部的边缘有反光的效果，效果如图 4.67 所示，最终效果如图 4.68 所示。

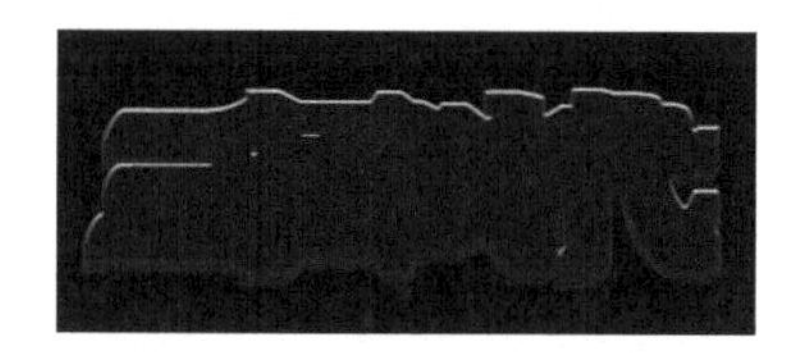

图 4.67　底部立体效果

图 4.68　最终效果

【案例 2】“仙剑”游戏字体设计

本案例用到的是墨迹字体，这种字体常常会出现在与传统文化等元素挂钩的设计中。根据不同的需要，制作步骤可以按需删减，字体效果如图 4.69 所示。

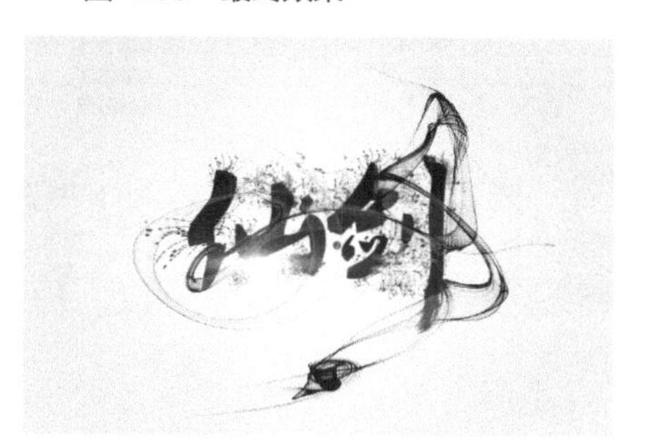

图 4.69　字体效果

操作步骤如下。

（1）制作墨迹效果需要具有撕裂效果笔触的画笔，如喷溅水滴画笔，如图 4.70 所示。

图 4.70　画笔预设

（2）选择“横排文字工具”，在选项栏的字体样式下拉列表框里选一个略带古风的字体，本案例用“叶根友毛笔行书简体 Regular”字体，如图 4.71 所示。

（3）输入文字“仙剑”，按 Ctrl+T 组合键，将打出的字调整至合适的大小，鼠标右键单击该文字图层，选择“转换为形状”，如图 4.72 所示。

（4）利用“钢笔工具”对文字的形状轮廓进行一些调整，使轮廓更为连贯，如图 4.73 所示。

（5）在本案例中，制作墨迹效果可分为两个部分。第一部分，用笔刷结合蒙版在文字上制作类似毛笔字的纹理。第二部分，在文字上添加墨迹，最后整体体现出来。图层放置顺序如图 4.74 所示。

（6）类似“毛笔”笔触的画笔如图 4.75 所示。

（7）把“间距”滑块向右拖动至能看到单独的画笔效果，然后不断旋转角度来契合要擦拭的文字边缘，如图 4.76 所示。

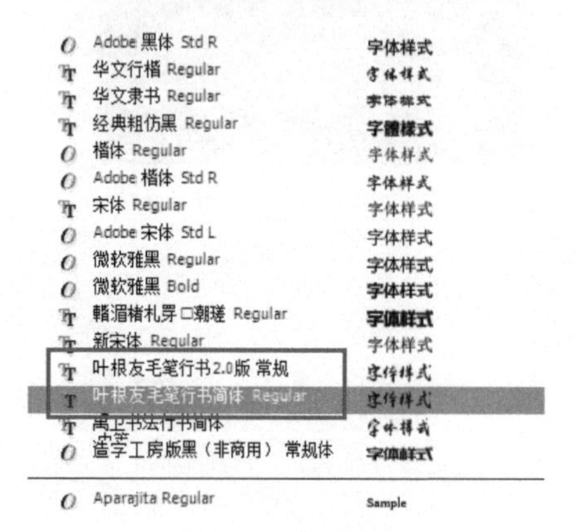

图 4.71　所选字体

图 4.72　转换为形状图层

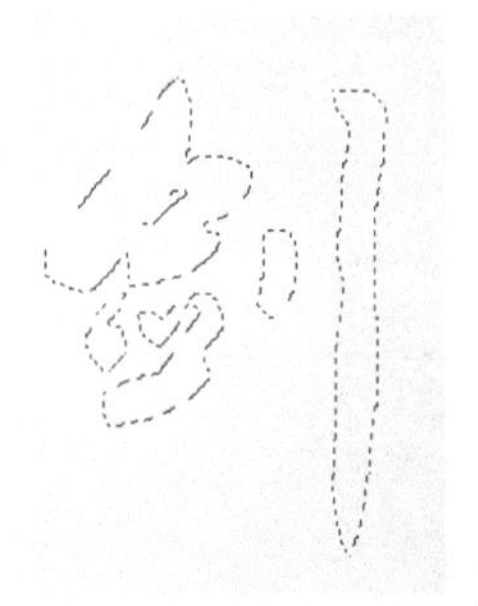

图 4.73　调整形状轮廓

图 4.74　图层放置

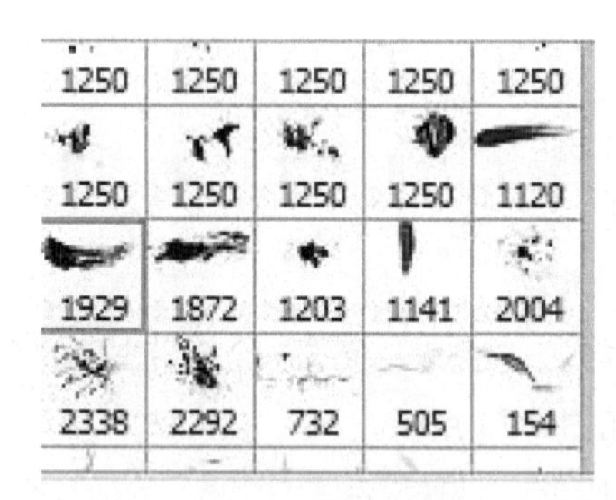

图 4.75　选择画笔

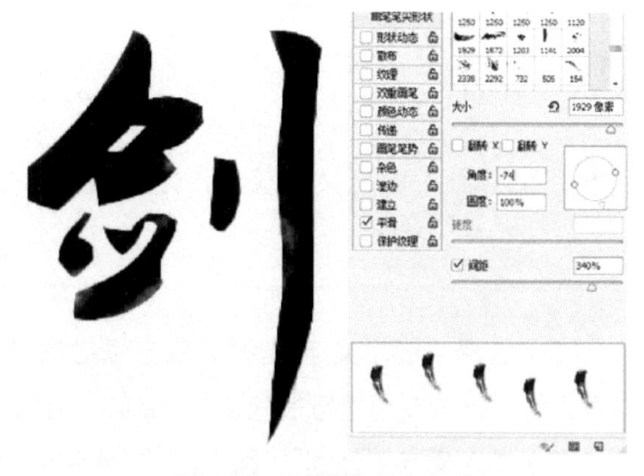

图 4.76　“画笔”效果调整

（8）在选项栏中选择不同的“不透明度”和“流量”，如图 4.77 所示，用“画笔工具”来回擦拭文字。

（9）字体成型效果如图 4.78 所示。

不透明度：100% 流量：100%

图 4.77 “不透明度”和“流量”调整

图 4.78 字体成型

（10）选择墨迹笔触类画笔来添加一些元素，如图 4.79 所示。

（11）可以按 Ctrl+T 组合键对其他元素进行自由变换以贴合文字，效果如图 4.80 所示。本案例中“墨迹”图层单独显示。

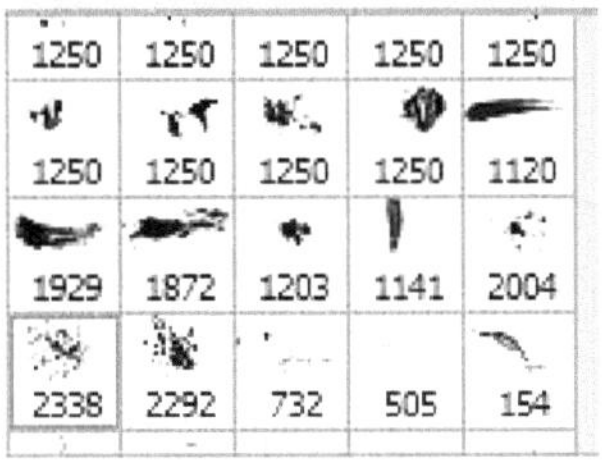

1250	1250	1250	1250	1250
1250	1250	1250	1250	1120
1929	1872	1203	1141	2004
2338	2292	732	505	154

图 4.79 墨迹笔触类画笔

图 4.80 字体添加墨迹效果

（12）打开烟雾绘制软件 Flame Painter 来绘制烟雾，将其作为装饰元素，如图 4.81 所示。

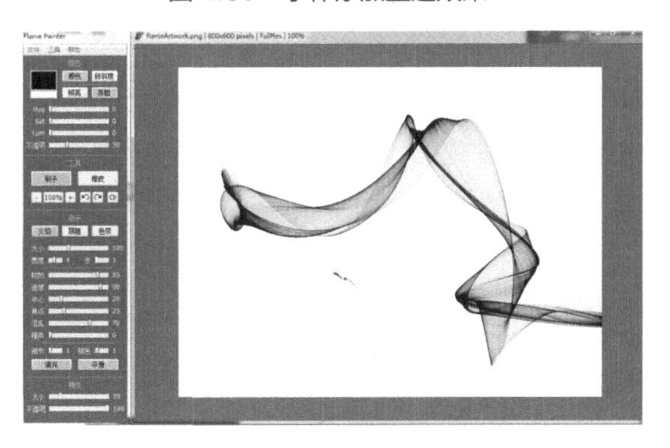

图 4.81 绘制烟雾

（13）将烟雾导入 Photoshop，放置在字体图层下面，即可得到最终效果。

提示如下。

① 墨迹字体的制作比较简单，注意一些素材的积累。例如一些墨迹笔触类画笔及墨迹图片素材。本案例的画笔可以利用该类素材来代替，也可利用该类素材来制作画笔。

② 墨迹字体属于装饰字体，同类的方法可以用来处理其他的图片，如人像的艺术化处理等。

③ 根据个人的实际需求，可以适当简化步骤，制作自己想要的效果即可。

【案例 3】“英雄联盟”游戏字体设计

本案例使用 Photoshop CC 2020 制作具有时尚感的游戏主题艺术字，主要介绍的是文字效果的制作，最终效果如图 4.82 所示。

操作步骤如下。

（1）选择字体，本案例根据主题选用了字形比较刚硬的“造字工房版黑”字体，如图 4.83 所示，也可以用其他不同的字体。

图 4.82　最终效果

图 4.83　选择字体

（2）接下来要找几款字体作为参考素材，如图 4.84 所示。

图 4.84　参考素材

（3）根据参考素材，设计出字体草稿，主标题和副标题之间要有对比，给主标题加一个“渐变叠加”的图层样式，颜色设置为从淡黄到橙黄的颜色渐变，如图 4.85 所示。

图 4.85　字体草稿

（4）加入材质素材，给材质素材添加“去色”效果与“色相 / 饱和度”效果，使之整体略微偏黄，如图 4.86 所示。

（5）为图中画圈的部分添加亮部，用柔和笔刷的亮黄色画笔在画圈部分进行绘制，绘制完成后为该亮部图层添加柔光或发亮的图层混合模式，效果如图 4.87 所示。

图 4.86　材质

图 4.87　与材质结合的文字

（6）让字体变立体效果，先复制一层文字图层，然后按住 Ctrl 键选中文字选区，稍微往右上方移动几像素，然后删掉多余文字部分，得到文字的立体图层，如图 4.88 所示。

（7）添加“渐变叠加”图层样式，渐变颜色和“角度”可根据具体文字和实际效果进行调整，具体参数设置如图 4.89 所示。

图 4.88　立体图层

图 4.89　添加“渐变叠加”图层样式

（8）将立体图层和文字图层相结合，就产生了立体效果，需要再对文字图层进行深入调整，用曲线工具提高文字画圈部分的光泽，同时给立体层复制一层材质图层，使之更有立体感，如图 4.90 所示。

图 4.90　提高亮部

（9）为主标题添加阴影，为副标题添加“斜面和浮雕”与“阴影”效果，图层样式设置如图 4.91 所示。

（10）制作底层，使文字更加完整。根据字体外形用“钢笔工具”勾出底层的外轮廓，如图 4.92 所示。

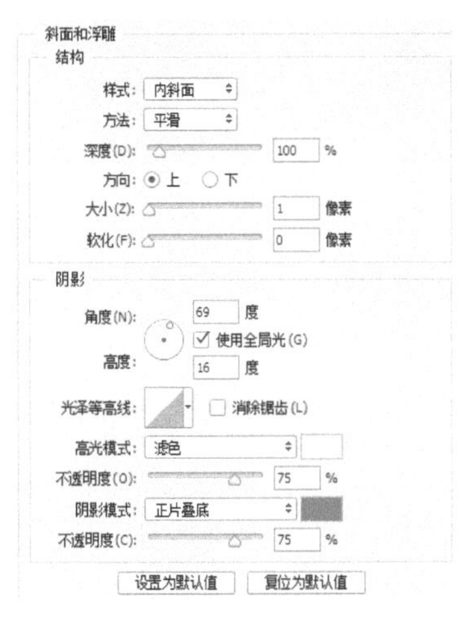

图 4.91　“斜面和浮雕”与“阴影”图层样式

图 4.92　底层效果

（11）给底层轮廓添加“斜面和浮雕”“投影”“描边”图层样式，具体参数设置如图 4.93 所示。

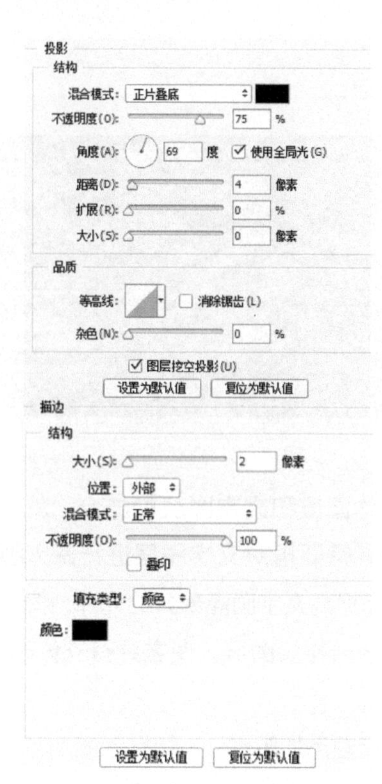

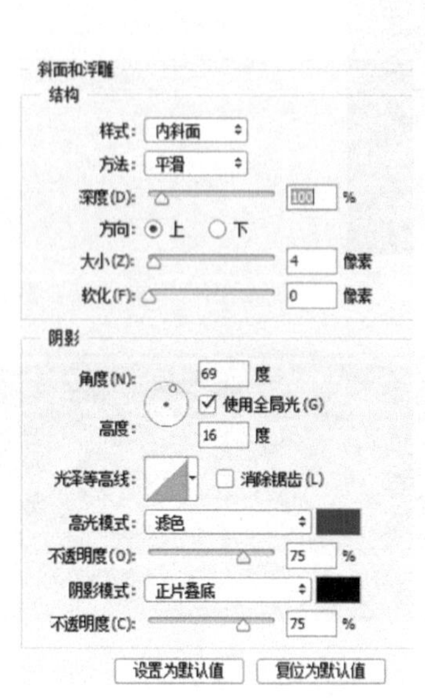

图 4.93　底层图层样式

（12）把底层背景素材运用到底层轮廓里，将刚制作好的底层和设计好的字体结合放在一起，复制几层素材拼接铺满底层，如图 4.94 所示，设置图层的混合模式为“叠加”，之后注意用步骤（5）中的方法来添加亮部。

图 4.94　底层添加素材

（13）为底层制作一层外轮廓，复制一层底层，不要填充，添加“描边”和“渐变叠加”图层样式，具体参数设置如图 4.95 所示。

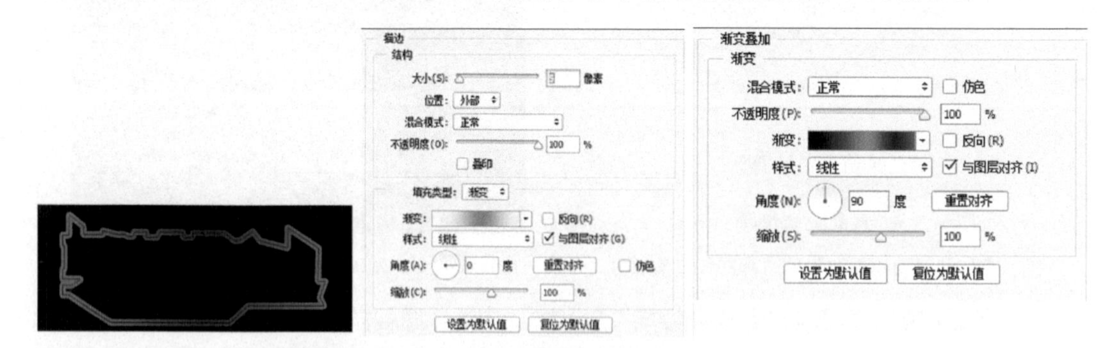

图 4.95　为底层外轮廓添加图层样式

（14）底层外轮廓叠加一层底层背景素材，添加一个蒙版，用“画笔工具”将左右两边结合的部分稍微擦一下，合成的时候更自然，如图 4.96 所示。

（15）在一些拐角处加上底层背景素材，注意素材要加“阴影”的图层样式效果，设置保持默认即可，看起来才比较真实，然后加上英文和数字，为数字添加“内阴影”图层样式，具体参数可自行设置，这样本案例的字体看起来就比较完整了，即可得到最终效果。

图 4.96　外轮廓添加底层背景素材

4.3.2　包装字体设计

包装字体的形式多种多样，其变化形式主要有外形变化、笔画变化、结构变化、形象变化等。针对不同的内容应做有效的选择。以下的两个案例将从字体应有良好的可读性且不失艺术风格的方面来讲解。

【案例 1】“极限挑战”包装字体设计

本案例主要使用 Photoshop CC 2020 设计海报中常见的毛笔字案例，案例主要使用“画笔工具”来完成，最终效果如图 4.97 所示。

图 4.97　最终效果

操作步骤如下。

（1）新建一个“宽度”和“高度”都为 1200 像素的空白文档，如图 4.98 所示。

（2）选择“横排文字工具”输入内容“极限挑战”，字体为“禹卫书法行书简体”，字号设置为“280”，每个字为一个文字图层并独立分组，如图 4.99 所示。

图 4.98　新建空白文档

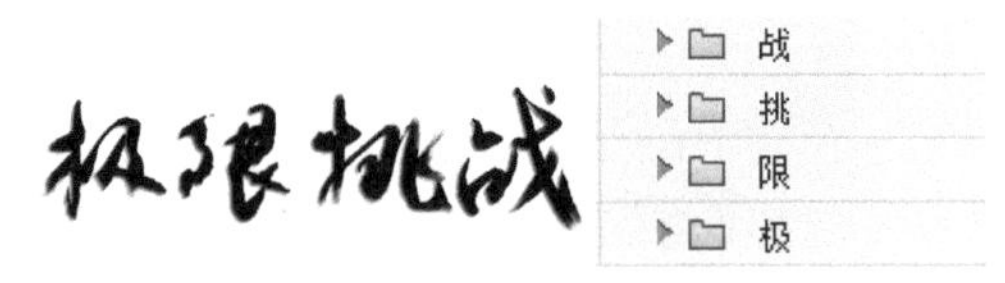

图 4.99　文字及图层

（3）使用毛笔，选择合适的素材作为笔锋，效果如图 4.100 所示，将笔锋素材与文字融合。

（4）在融合笔锋与文字的时候通过变形、删减，可以得到不同的效果，如图 4.101 所示，尽量不要重复使用同样大小同样角度的笔锋素材。

图 4.100　笔锋素材　　图 4.101　笔锋素材和文字结合

（5）注意笔画的走向，多调整一下笔锋素材的大小、位置、角度。如果不想要原先的字体一部分，可以将其隐藏。例如，选中“极”字图层组并添加图层蒙版，选择“画笔工具”，设置前景色为黑色，硬度为 100%，隐藏不想要的部分，但不要破坏字体结构。如果笔锋素材也有不需要的部分，同样擦去。将 4 个字全部做好，如图 4.102 所示。每个字的笔锋素材都要放在对应文字的图层组里，后续还要移动并添加效果。笔锋素材在调整大小前都需转换为智能对象，避免失真。

（6）添加背景。填充背景为黑色，导入“折痕”素材，如图 4.103 所示，设置“不透明度”为“30%”，图层的混合模式为“明度”。建立图层蒙版，选择“渐变工具”，设置前景色为白色，背景色为黑色，在选项栏中单击“径向渐变”按钮，从画布中间向边界拖动鼠标指针填充渐变色。

图 4.102　文字初成

图 4.103　导入素材

（7）在背景素材的上方，分别画出矩形和 X 标志（可以用“横排文字工具”输入一个 X 及其他英文）设置颜色为“#808080”，“不透明度”为“25%”，如图 4.104 所示。

（8）隐藏背景图层，给毛笔字加上效果。导入“花岗岩”素材，如图 4.105 所示。

图 4.104　背景制作

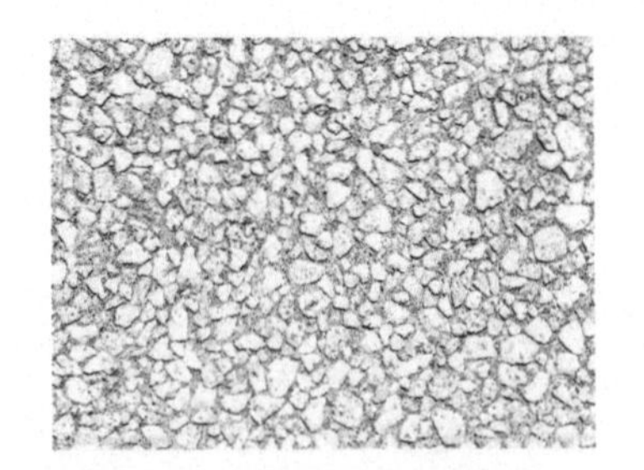

图 4.105　文字纹理

（9）新建一个图层，填充颜色为“#D61C3B”，把红色图层放置花岗岩图层之上，把红色图层的混合模式改为“叠加”，之后合并两个图层。把合并后的“红色花岗岩”图层放在文字图层上，创建剪切蒙版，如图 4.106 所示。

图 4.106 文字添加纹理

（10）选择“极”字图层组，添加“投影”图层样式，为其他图层组添加同样的图层样式，具体参数设置如图 4.107 所示。

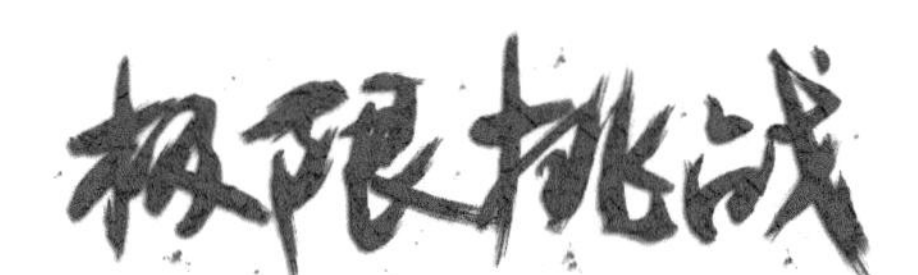

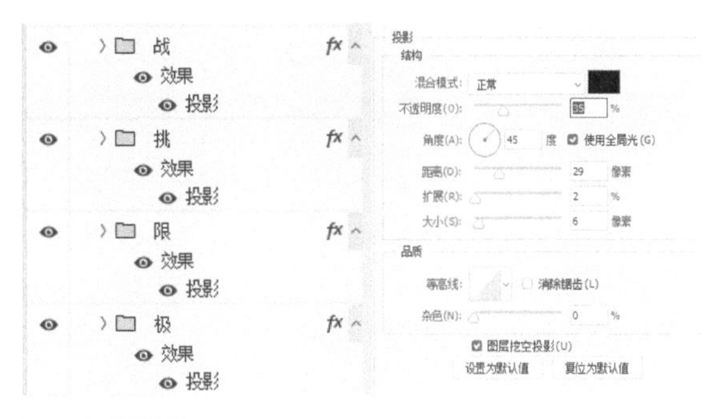

图 4.107 文字投影

（11）显示背景图层，如图 4.108 所示。

（12）分别复制“极限”和“挑战”两组图层组，组成“叠加层”组，并分别调整位置。“极限”往左下方移动，“挑战”往右下方移动，为复制的图层添加同样的“投影”图层样式，如图 4.109 所示。经过调整后即可得到最终效果。

图 4.108 显示背景图层

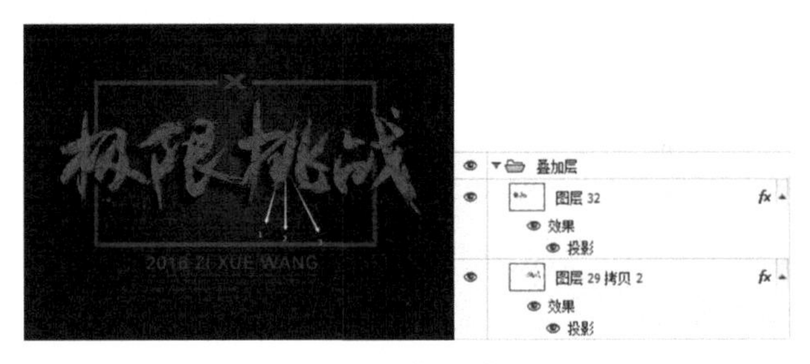

图 4.109 添加“投影”图层样式

【案例 2】“圣诞 HAPPY”包装字体设计

本案例中的文字共分为 3 个部分：主体、积雪、阴影。主体部分直接用图层样式来完成；积雪部分先做出路径，填色后用图层样式做出浮雕效果；阴影部分需要调出文字选区，添加投影效果，并用模糊滤镜制作模糊效果，最终效果如图 4.110 所示。

图 4.110 最终效果

操作步骤如下。

（1）搭建背景，新建“宽度”为 1920

像素、“高度”为 1080 像素的文档，导入一张墙壁的背景素材，如图 4.111 所示。

（2）对背景素材进行一些简单的调色，设置“照片滤镜”“色彩平衡”“色相 / 饱和度”以进行调整，具体参数设置如图 4.112 所示。

图 4.111　背景素材

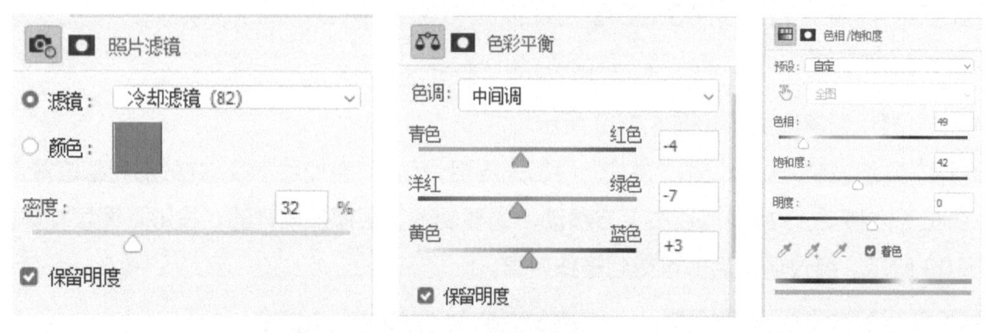

图 4.112　背景素材调色

（3）在背景素材上创建最大限度的椭圆选区，并按 Ctrl+Shift+I 组合键进行选区反选，选择菜单中“选择”→“修改”→“收缩”选项，设置收缩 3 像素，然后填充不透明度为 60% 的黑色前景色，以此来加深四边的墙角。在下方加一个红色渐变，加亮中间区域的亮度，如图 4.113 所示。

（4）分析字体效果的组成部分，将整个字体效果拆分开，可看出其由“主体层”“积雪层”“阴影层”3 部分组成，如图 4.114 所示。

图 4.113　背景调整

图 4.114　效果分析

（5）选择“横排文字工具”输入文字，本案例选用的字体为“方正综艺简体”，然后添加“斜面和浮雕”“描边”“内阴影”图层样式，字体及具体参数设置如图 4.115 所示。

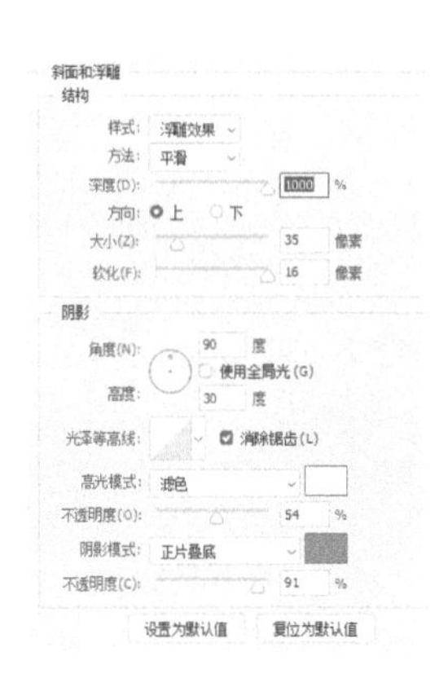

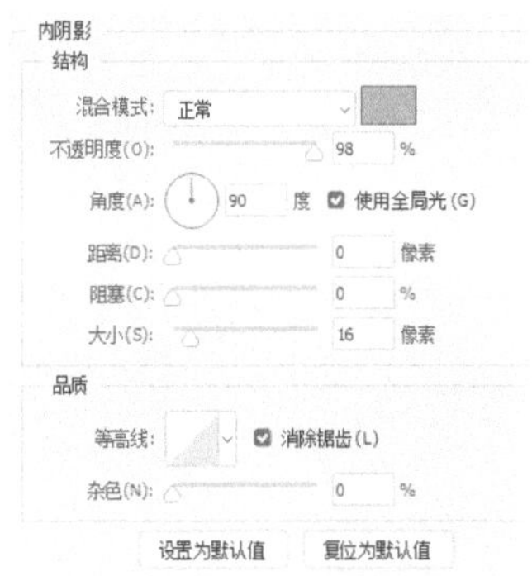

图 4.115　文字字体及参数设置

（6）文字的下方有底座，具体操作为复制一层文字图层放到原文字图层下面，按住 Ctrl 键的同时单击文字图层的缩略图调出文字选区，然后执行“选择”→“修改”→“扩展”命令，在弹出的“扩展选区”对话框中，可以等比例扩大文字选区，“扩展量”设置为“8 像素”，如图 4.116 所示。

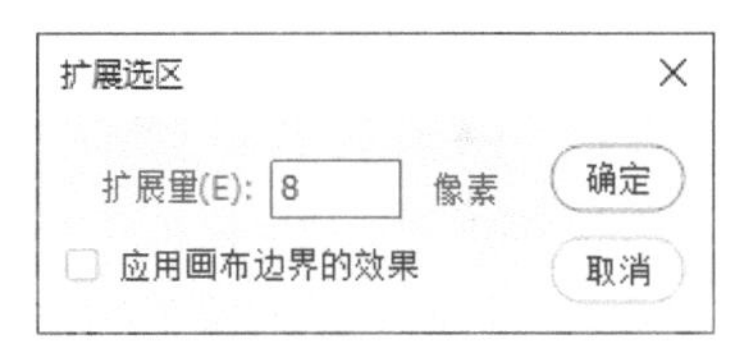

图 4.116　扩展选区

（7）然后为这个选区填充白色，添加“斜面和浮雕”“外发光”“投影”图层样式，具体参数设置如图 4.117 所示。

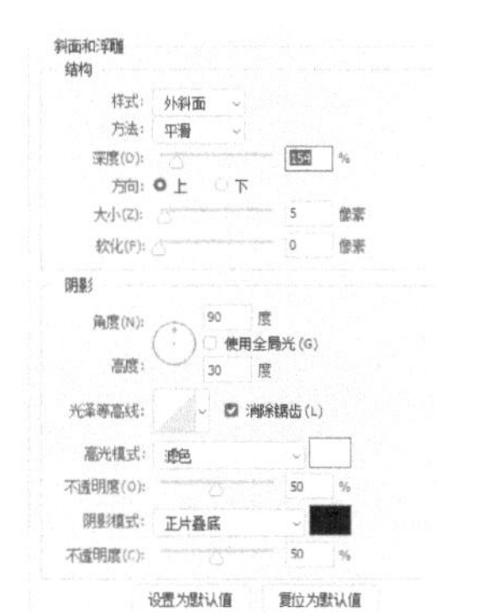

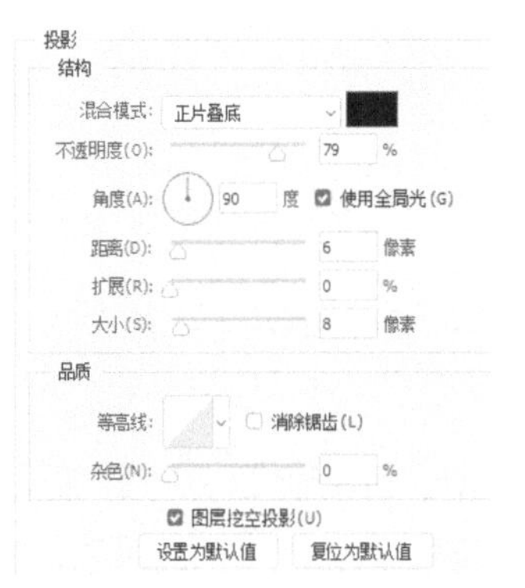

图 4.117　图层样式参数设置

（8）制作阴影，给上一步的“底座”图层再添加一次“投影”图层样式，效果及具体参数设置如图 4.118 所示。

（9）制作积雪层，先用“钢笔工具”把形状勾勒出来，然后添加“斜面和浮雕”“颜色叠加”“投影”图层样式，效果及具体参数设置如图 4.119 所示。

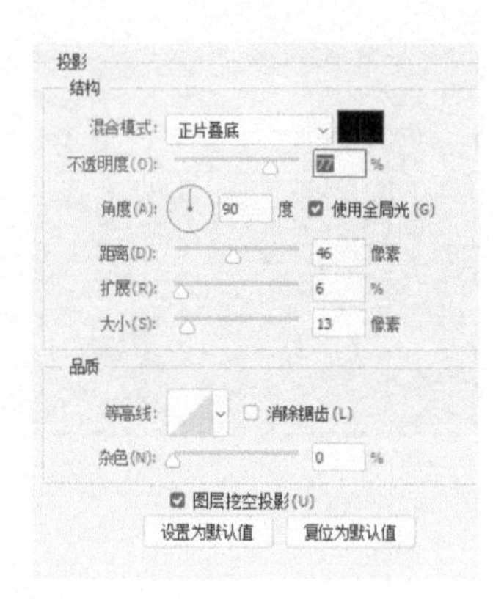

图 4.118　文字阴影效果及参数设置

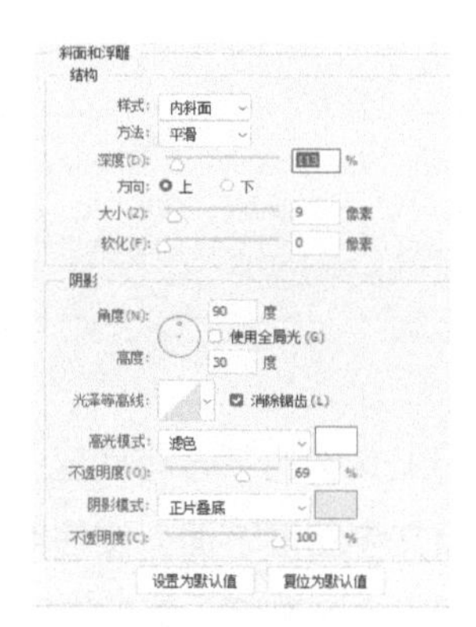

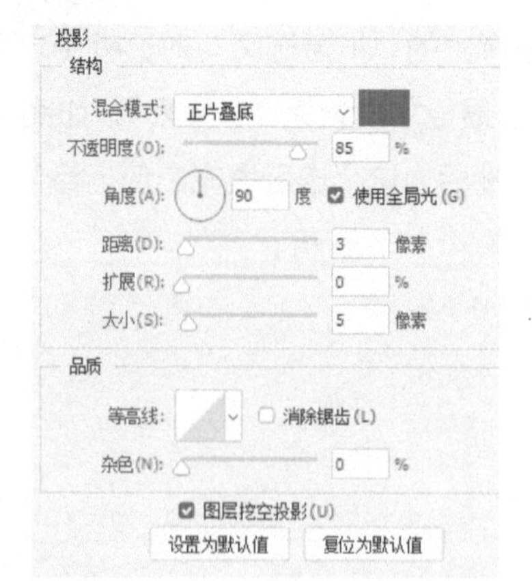

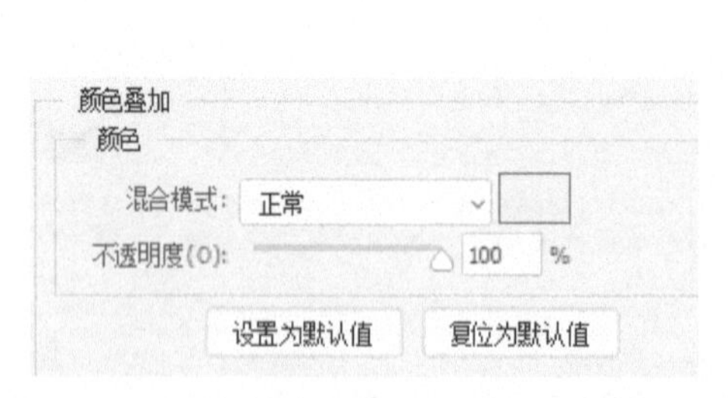

图 4.119　积雪层效果及参数设置

（10）制作彩灯，用“钢笔工具”勾出电线，导入灯泡素材，然后分别添加“色相 / 饱和度”调整图层将其调成不同的颜色，如图 4.120 所示。

（11）添加圣诞元素素材，可以使整体作品变得生动，如图 4.121 所示。

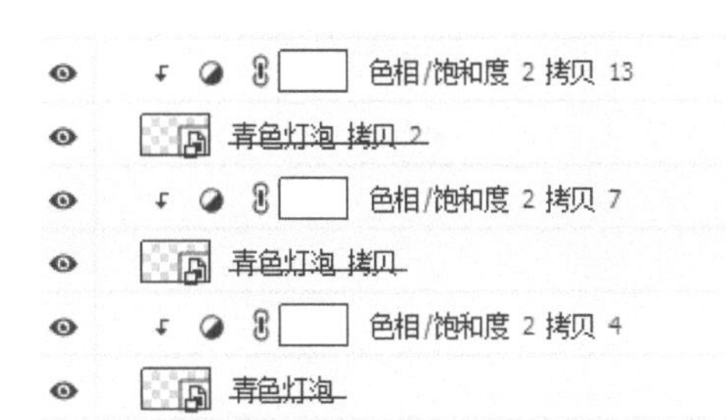

图 4.120 制作彩灯

图 4.121 添加圣诞素材

（12）近处的东西注意要进行适当的虚化处理，以营造出空间感，如图 4.122 所示。

（13）选择“画笔工具”选择柔边圆画笔，设置颜色为“#ffefc6”，在文字的边缘及物品周围涂一层高光，将此图层的混合模式改为“滤色”，并适当降低“不透明度”，也可以结合高光素材添加亮光效果，如图 4.123 所示。

图 4.122 添加虚化效果

图 4.123 添加亮光效果

（14）调整整体颜色，调色的方法不止一种，本案例使用了“曲线”调整面板，如图 4.124 所示。

（15）用“画笔工具”制作雪景，对“画笔工具”进行设置，如向右拖动“间距”“散布”滑块，设置“形状动态”中的“大小抖动”，具体参数设置如图 4.125 所示，在画布上刷上一层，再使用“高斯模糊”滤镜做出正下雪的感觉。

（16）选中雪景图层，选择菜单中“滤镜”→“锐化”→“锐化”选项，对该图层进行锐化操作，即可得到最终效果。

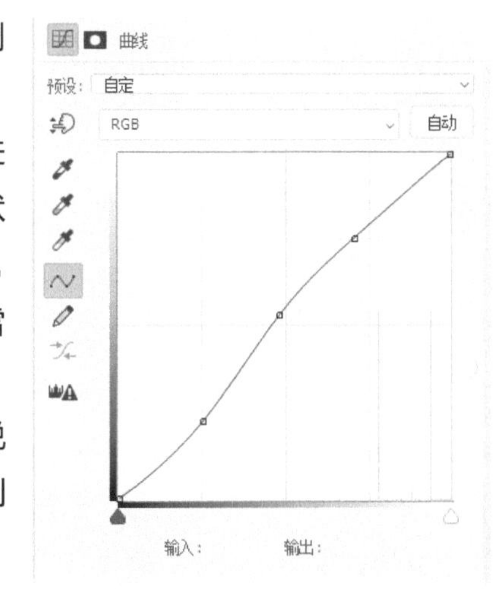

图 4.124 调整整体颜色

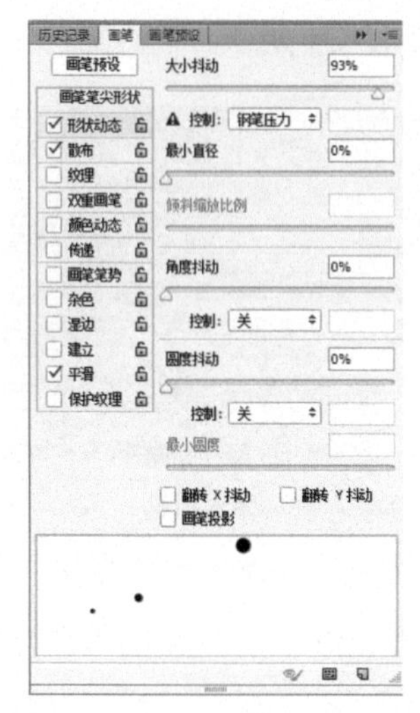

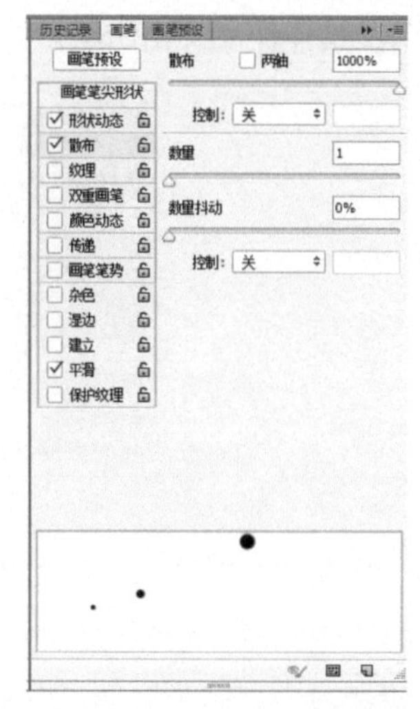

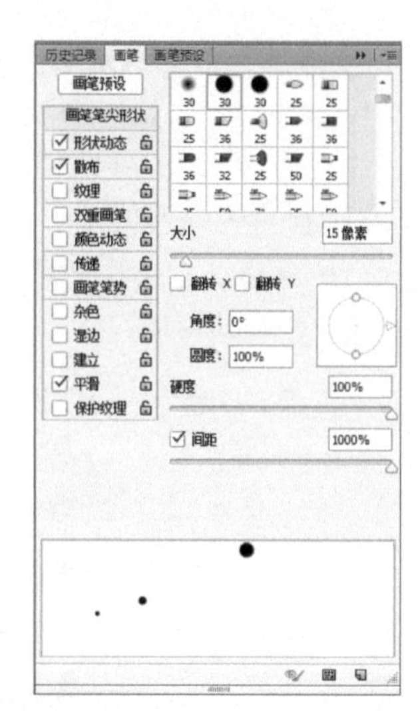

图 4.125　设置“画笔工具”参数设置

4.3.3　影视字体设计

影视字体是传达影视信息的重要载体，经过艺术化设计以后，文字形象变得情境化、视觉化，强化了信息技术效果，既具有视觉表现力，又具备独特的艺术魅力。以下案例将对这些方面进行详细讲解。

【案例 1】“长征”影视字体设计

最终效果如图 4.126 所示。所使用的素材如图 4.127 所示。

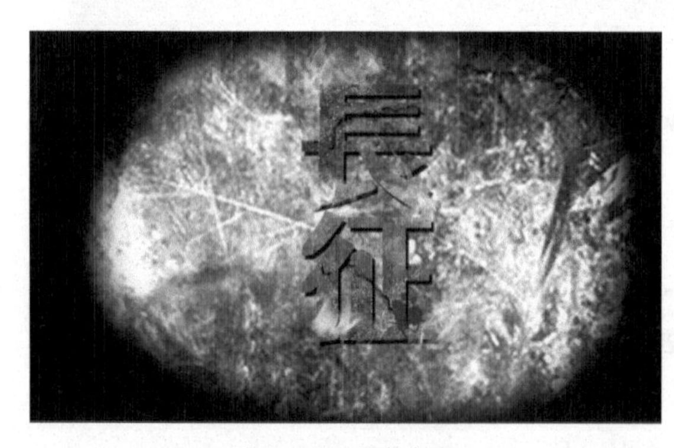

图 4.126　最终效果

图 4.127　素材

操作步骤如下。

（1）提取将棋的形状特征并将其作为笔画使用，将棋的特征是前端很尖，将该特征结合字形，完成字形设计。如图 4.128 所示。

（2）导入钢铁背景素材，把钢铁素材置入文字图层上，在文字图层上创建剪切蒙版，选中文字图层，添加“投影”图层样式，如图 4.129 所示。

（3）再复制一层钢铁素材，放在最上面，创建剪切蒙版，素材颜色偏暗，所以设置图层的混合模式为“变亮”，如图 4.130 所示。

（4）导入水泥墙背景素材，如图 4.131 所示，选择有较明显裂痕的背景，设置图层的混合模式为“深色”，以凸显出更多的细节。

图 4.128　设计字形

图 4.129　文字纹理

图 4.130　设置图层混合模式

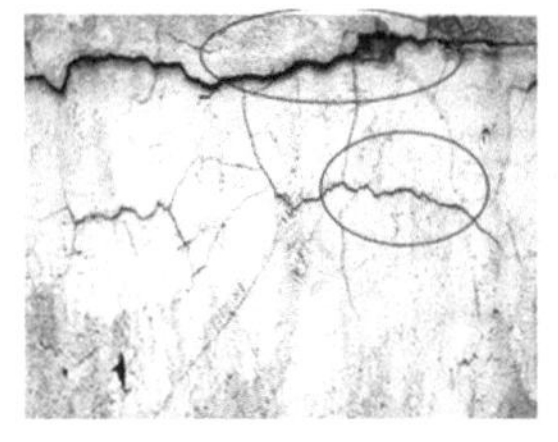

图 4.131　裂痕纹理

（5）导入岩浆素材，在裂痕图层上创建剪切蒙版，设置图层的混合模式为“浅色”，得到火花效果，为使效果更强烈，可多复制几层，并适当移动一些位置，使火花显得更加丰富。若想让颜色更红一些，可以将几个复制的素材图层的混合模式改为“色相”，效果如图 4.132 所示。

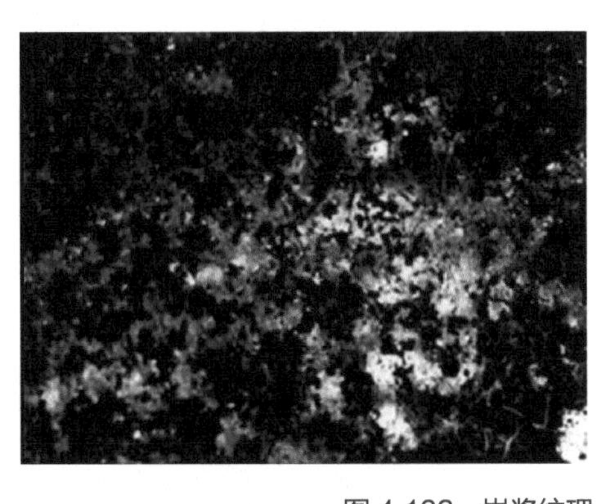

图 4.132　岩浆纹理

（6）给文字添加背景，导入破旧的钢铁素材作为背景，如图 4.133 所示。

图 4.133　背景

（7）选择“画笔工具”，设置“硬度”为“0%”，对背景边缘进行涂抹，注意设置颜色为黑色，如图 4.134 所示。

（8）导入火焰素材，如图 4.135 所示。

（9）将火焰素材叠在文字上面，设置图层的混合模式为“滤色”或者“变亮”，如图 4.136 所示。

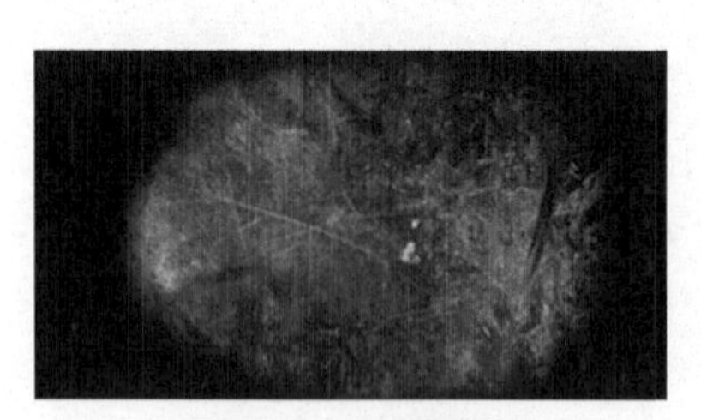

图 4.134　背景暗角　　图 4.135　火焰素材　　图 4.136　素材叠加

（10）为火焰素材图层添加图层蒙版，并用“橡皮擦工具”擦除多余的部分，如图 4.137 所示。

（11）制造出血迹效果，让字体更生动，导入墨迹素材，如图 4.138 所示，设置颜色填充为“红色”，制作出血迹效果，把它叠加在文字上，设置图层的混合模式为“正片叠底”，完成设计。此时给背景钢铁素材添加“颜色叠加”图层样式，颜色设置为白色，不透明度 100%。经过调整即可得到最终效果。

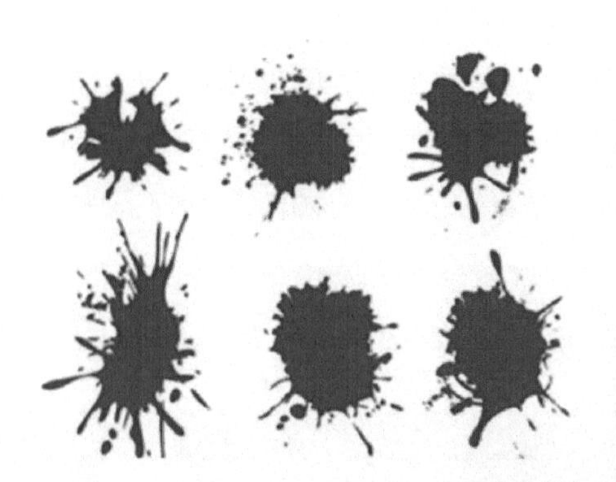

图 4.137　蒙版修正效果　　图 4.138　血迹效果添加

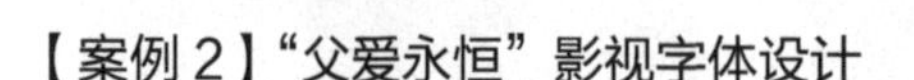

【案例 2】“父爱永恒”影视字体设计

图 4.139　最终效果

最终效果如图 4.139 所示，文字具有金色的立体光泽，搭配背景辉光光效，使得整个文字具有符合影视主题的设计感。

操作步骤如下。

（1）选择“横排文字工具”输入文字，设置字体为“汉仪凌心体”把“恒”字稍微形象化一点，让其他几个字也变化一下符合主题，如图 4.140 所示。

（2）选中文字图层，单击鼠标右键，在弹出的快捷菜单中选择“转换为形状”命令，如图 4.141 所示，为保证字体在变换和调整的过程中不受损坏，将文字图层变成矢量图层。

（3）选择“钢笔工具”，按住 Ctrl 键，单击已经转为形状的字体的边缘（对单个字体逐个单击然后调整）以激活锚点，对已经确认好的笔画进行调整，按住 Shift 键等比调整锚点，避免出现弧线和偏差，按住 Alt 键可以删减或添加锚点，调整的时候尽可能以参考线为辅助，如图 4.142 所示。

（4）选择整个字体的所有锚点（可用路径选择工具直接选择该文字即可全选锚点），然后按 Ctrl+T 组合键调整字体的间距，其他字体效果展示如图 4.143 所示。

图 4.140　文字选择

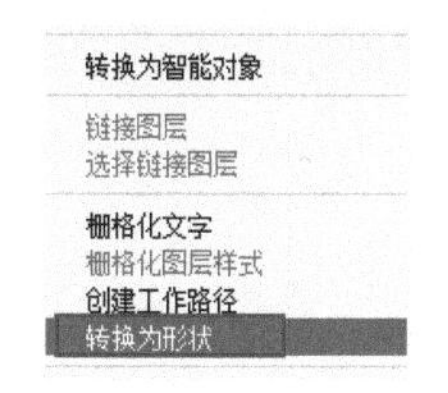

图 4.141　“转换为形状”命令

图 4.142　使用“钢笔工具”调整文字

图 4.143　调整文字

（5）添加“斜面和浮雕”图层样式，具体参数设置如图 4.144 所示。

（6）图 4.144 所示的参数只是一个参考，可以根据实际情况调整参数。选择文字纹理素材，如图 4.145 所示。

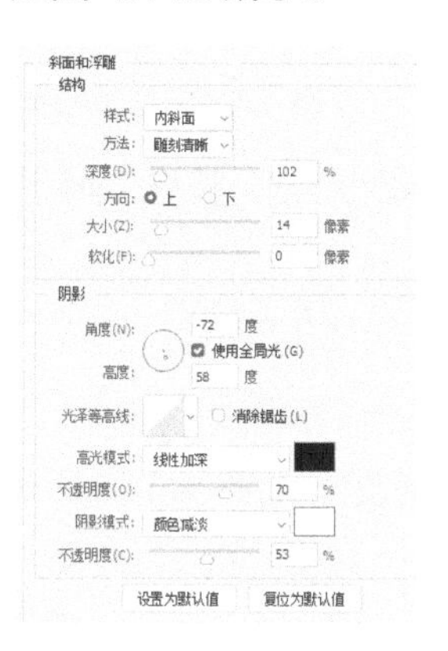

图 4.144　添加图层样式

图 4.145　选择素材

（7）导入金色纹理素材，设置图层混合模式为“叠加”，如图 4.146 所示。

（8）金色纹理素材在文字图层上创建剪切蒙版，创建倒影。复制一层文字图层，按 Ctrl+T 组合键翻转文字，并添加黑色背景图层在最后一层，如图 4.147 所示。

（9）给倒影图层添加图层蒙版，选择“渐变工具”，在蒙版上画一个由黑到白的渐变效果，如图 4.148 所示。

图 4.146　文字纹理添加

图 4.147　倒影制作

图 4.148　调整倒影

（10）最后将镜头光晕的素材添加到背景图层中，即可得到最终效果。

【案例 3】“拯救”影视字体设计

本案例主要使用 Photoshop CC 2020 制作带有被刀剑劈开效果的艺术字。最终效果如图 4.149 所示。

图 4.149　最终效果

操作步骤如下。

（1）选择“横排文字工具”，输入文字，设置字体为“方正综艺简体”，选中文字图层，单击鼠标右键，在弹出的快捷菜单中选择“转换为形状”命令，用“钢笔工具”对文字进行调整，如图 4.150 所示。

（2）按 Ctrl+T 组合键使字体倾斜，如图 4.151 所示。

拯救

栅格化文字
栅格化图层样式
创建工作路径
转换为形状

图 4.150　文字转换为形状图层

图 4.151　字体变换

（3）创建图层蒙版，用“钢笔工具”在图层蒙版中画出被切割的范围，按住 Ctrl 键的同时单击钢笔路径的缩略图，就会出现选区，如图 4.152 所示。

（4）在图层蒙版里，用“画笔工具”擦除选区内的部分，如图 4.153 所示。

（5）选中文字图层，单击鼠标右键，在弹出的快捷菜单中选择“栅格化图层”命令，用“多边形套索工具”选择字体碎片，再用“选择工具”将碎片进行错位摆放，如图 4.154 所示。

图 4.152　图层蒙版选区范围

图 4.153　图层蒙版擦除

图 4.154　栅格化图层并移动文字碎片

（6）把素材放到字体图层上面，创建剪切蒙版，添加“色阶”和“色相 / 饱和度”调整图层，具体参数设置如图 4.155 所示。

（7）给文字图层添加“斜面和浮雕”图层样式，具体参数设置如图 4.156 所示。

（8）用“渐变工具”制作黑色渐变效果，设置图层的混合模式为“正片叠底”，在文字图层上创建剪切蒙版，如图 4.157 所示。

（9）运用套索工具将中心部分框起来，再用柔软的画笔在里面制作光影效果。通过蒙版擦除里面不均匀的阴影，并在文字图层上创建剪切蒙版，如图 4.158 所示。

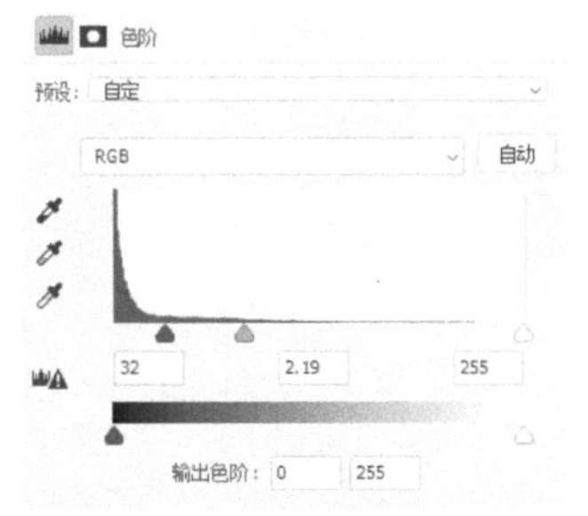

图 4.155　添加纹理

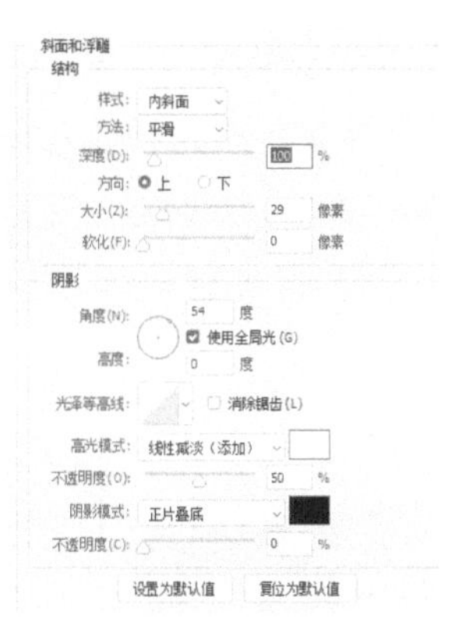

图 4.156　添加“斜面和浮雕”图层样式

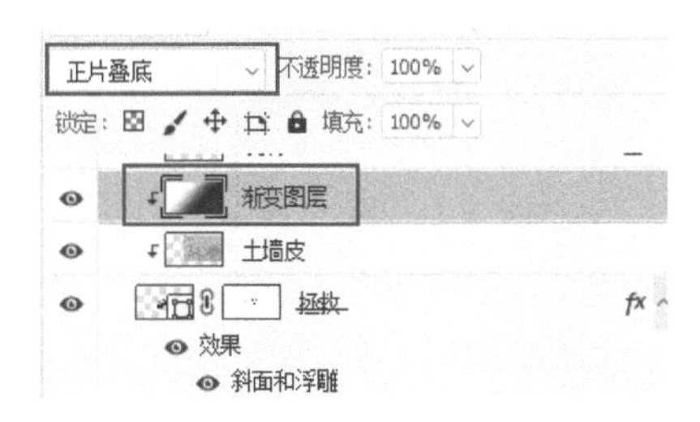

图 4.157　添加渐变图层并创建剪切蒙版

图 4.158　添加光影图层

（10）选择裂痕素材，用“橡皮擦工具”擦掉边缘不自然的地方，如图 4.159 所示。

（11）为裂痕图层创建剪切蒙版，取需要的部分，再调整大小、位置，如图 4.160 所示。

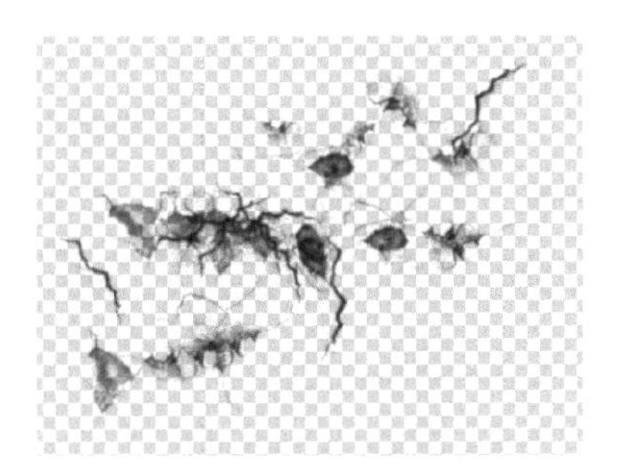

图 4.159　裂痕素材

图 4.160　文字添加裂痕纹理

（12）用“画笔工具”制作碎片，用碎片画笔在新建图层上画出碎片，之后用蒙版擦出想要的部分，如图 4.161 所示。

图 4.161　制作碎片

（13）碎片和字体颜色相同，复制裂痕素材，创建剪切蒙版；为了让碎片更具立体感，先把碎片图层合并，将其转换为智能对象，选中碎片的智能对象图层，执行“滤镜”→“模糊”→“径向模糊”命令，具体参数设置如图 4.162 所示。

（14）制作中心碎片，新建图层，再用“画笔工具”画上碎片，用图层蒙版擦出想要的部位，如图 4.163 所示。

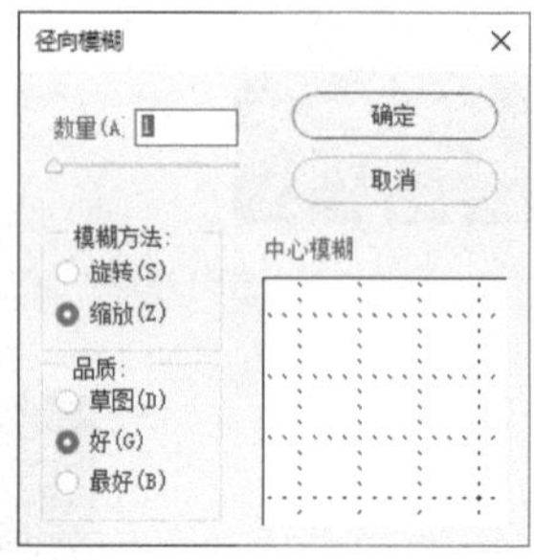

图 4.162　碎片模糊

图 4.163　中心碎片

（15）选择“画笔工具”，用圆画笔将“大小”尽量调大，但不要画到屏幕外面，设置“硬度”为“0%”，前景色为“#e61414”，根据字体的角度填充中心碎片，即可得到最终效果。

4.3.4　网页字体设计

网页字体设计可以从 5 个环节（含义、图形、文字、形式、色彩）出发，疏而不漏，根据网站的特征和内容，为网站寻找一个恰当的视觉图形符号。本小节通过以下几个案例进行详细说明。

【案例 1】“更有质感的字”网页字体设计

最终效果如图 4.164 所示。图片上的文字显得有质感，文字向外伸展，不会显得死板，这种字体模拟了大自然光照的效果。

图 4.164　最终效果

操作步骤如下。

（1）在“图层”面板中双击图层名右边的空白处，或是单击“图层”面板下方的“添加图层样式”按钮（如图 4.165 所示，左起第 2 个），即可打开样式面板。

图 4.165 “添加图层样式”按钮

（2）添加“渐变叠加”图层样式，具体参数设置如图 4.166 所示。渐变色选择两个同色系但有“深浅对比”的颜色。

（3）添加“投影”图层样式，具体参数设置如图 4.167 所示。

图 4.166 “渐变叠加”图层样式

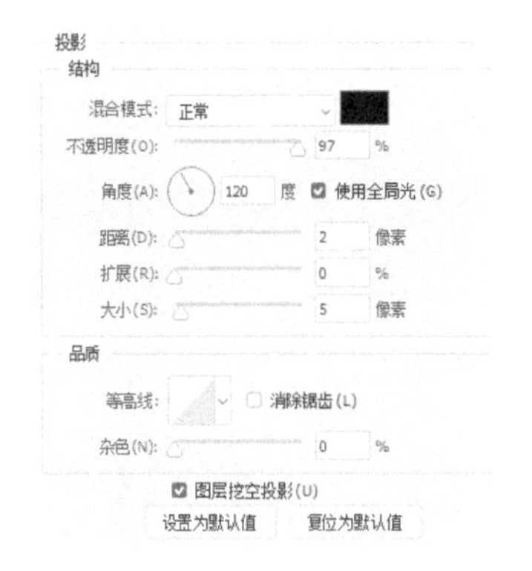

图 4.167 “投影”图层样式

其他使用了这个方法进行网站字体设计的效果如图 4.168 所示。

图 4.168 其他设计的效果

【案例 2】“凹陷的字”网页字体设计

“凹陷的字”字体效果很明显有一种凹陷在背景里的感觉，甚至会让人感觉文字像是刻在石头上的，最终效果如图 4.169 所示。

图 4.169 最终效果

操作步骤如下。

（1）设置背景后选择“横排文字工具”，输入文字，应选择与背景色相配但比背景更深的颜色，可设置为“#4e3400”。

（2）为文字图层添加“内阴影”图层样式，具体参数设置如图 4.170 所示，“大小”与“距离”可根据文字大小来调整。

（3）为文字图层添加“斜面和浮雕”图层样式，具体参数设置如图 4.171 所示，可增强白色的光照效果。

图 4.170 “内阴影”图层样式

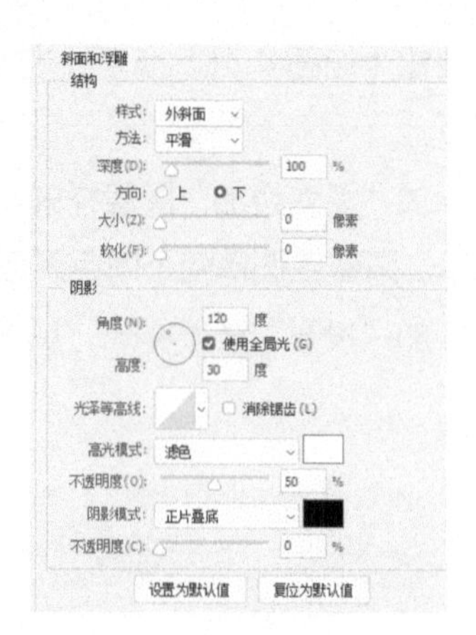

图 4.171 “斜面和浮雕”图层样式

其他使用此方法进行网站字体设计的效果如图 4.172 所示。

图 4.172 其他设计的效果

4.3.5 抖音字体设计

【案例 1】“音乐节”字体设计

（1）新建文档，具体参数设置如图 4.173 所示。

（2）选择“横排文本工具” T，输入文字“音乐节”，打开“字符”面板，设置字体为“优设标题黑”，字号为“463.02 点”，“颜色”为白色，具体参数设置如图 4.174 所示。

图 4.173 新建文档参数设置

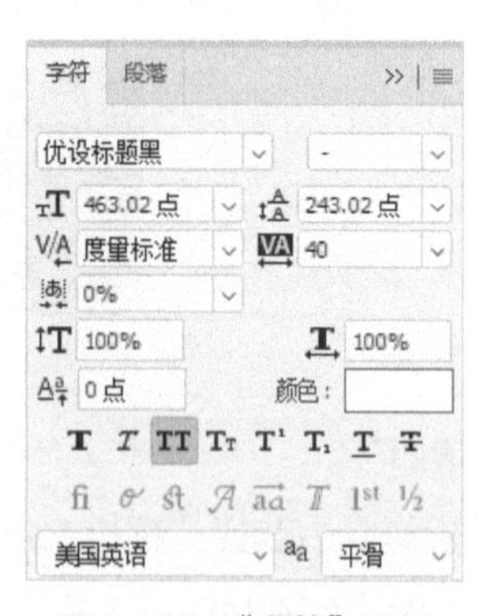

图 4.174 “字符”面板

（3）选择“移动工具”，按住 Shift 键的同时选中“背景层”图层与“音乐节”图层，在选项栏中单击“水平对齐”按钮与“垂直对齐”按钮，将两个图层对齐到画布正中间。

（4）选中“音乐节”图层，按 Ctrl+J 组合键将其复制一层，单击“添加图层蒙版”按钮。选中图层蒙版，用“矩形选框工具”在蒙版上绘制矩形选区，如图 4.175 所示。绘制完成后，将选区填充为“黑色”。重复此操作，可以为文字制作类似故障的效果，如图 4.176 所示。

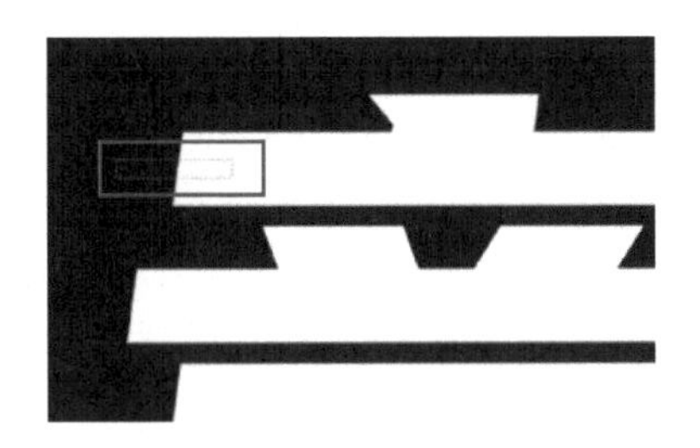

图 4.175 绘制矩形选区

图 4.176 类似故障的效果

（5）按 Ctrl+Shift+N 组合键新建一个图层，并将新图层命名为“故障”，如图 4.177 所示。选中“故障”图层，使用“矩形选框工具”框选出需要的部分，如图 4.178 所示，并将框选后的选区填充为白色。重复此操作，可以加强故障效果。效果如图 4.179 所示。

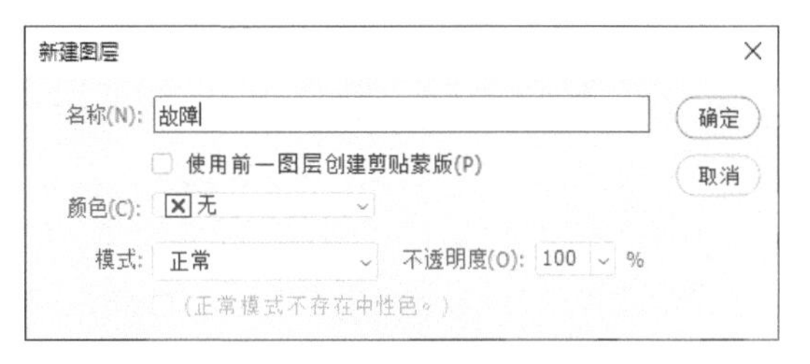

图 4.177 新建“故障”图层

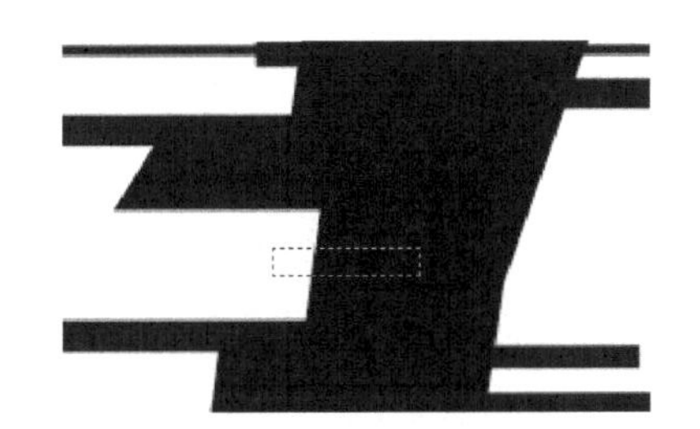

图 4.178 绘制矩形选区

图 4.179 加强故障效果

（6）按住 Shift 键的同时选中“故障”图层和“音乐节”图层，按 Ctrl+G 组合键给两个图层编组，并将组命名为“红色”，如图 4.180 所示。

（7）选中“红色”组，按 Ctrl+J 组合键将其复制两份，并将复制出的两个新组分别命名为“绿色”与“蓝色”，如图 4.181 所示。

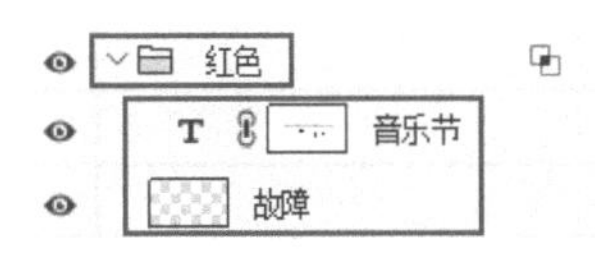

图 4.180 创建“红色”组

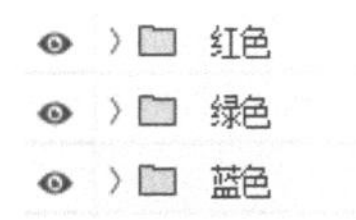

图 4.181 复制出“绿色”组与“蓝色”组

（8）选中“红色”组并单击鼠标右键，在弹出的快捷菜单中选择“混合选项”命令，如图 4.182 所示。

（9）在“图层样式”面板中，在“高级混合”选项卡中，取消勾选“通道”中“G”“B”复选框，只勾选“R”复选框，如图 4.183 所示，设置完成后单击“确定”按钮。

图 4.182 选择“混合选项”

（10）剩余的“绿色”与“蓝色”两组也以同样的方式分别只勾选“G”或“B”复选框，如图 4.184 和图 4.185 所示。

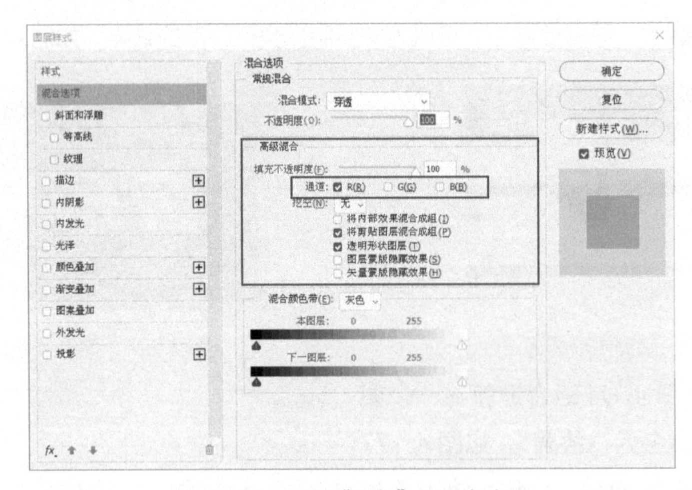

图 4.183　设置“红色”组混合选项

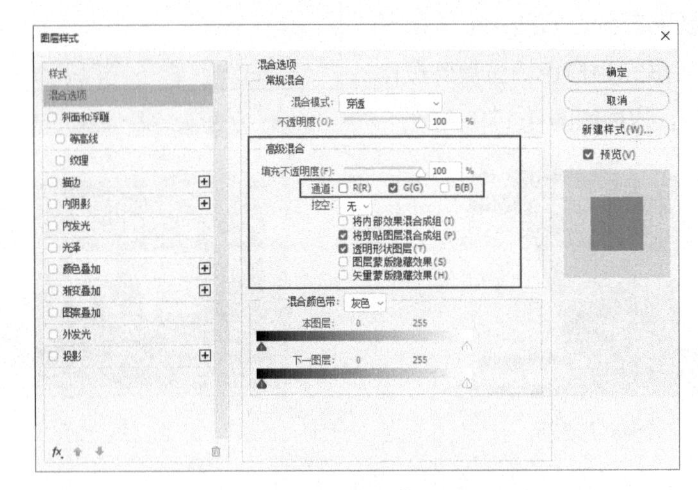

图 4.184　设置“绿色”组混合选项

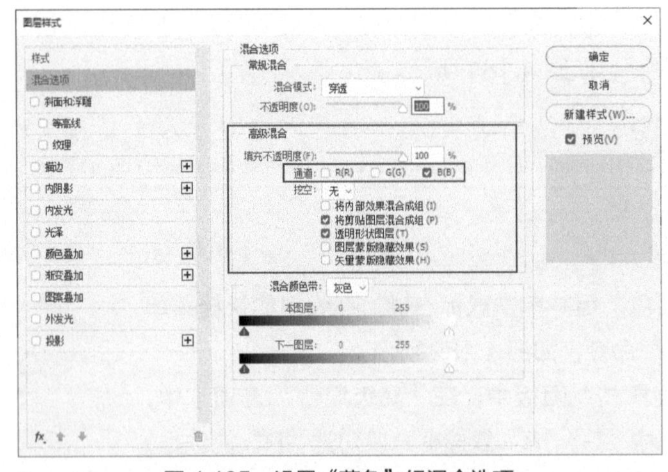

图 4.185　设置“蓝色”组混合选项

（11）选中“红色”组，按 Ctrl+T 组合键对其进行自由变换，用方向键向左移动“红色”组，使其出现颜色分离的效果，如图 4.186 所示。

（12）导入“背景图片”素材，放置于所有图层组下方，按 Ctrl+T 组合键调整“背景图片”图层的位置和大小，按 Enter 键确定，如图 4.187 所示。

图 4.186　移动“红色组”出现颜色分离效果

图 4.187　导入“背景图片”素材

（13）案例制作完成，最终效果如图 4.188 所示。

图 4.188　最终效果

4.4　本章小结

本章介绍了字体设计的相关知识，包括字体设计的基础理论及典型的字体设计案例。好的字体设计作品都离不开扎实的理论知识，所以对于本章介绍的理论知识内容，希望读者一定要深入地去领会学习。在案例设计部分，主要包括圆角、对称、倾斜、等距分布、字体的轮廓化描边等方法，读者要多留意生活中各种字体设计广告，以便提高自己的欣赏能力和设计能力。在平面设计如此繁杂的今天，把文字图形化的方法运用到设计中，能使作品具有强烈的视觉冲击力，能让公众更好地认识、理解与记忆设计者的作品主题。

习题

1. 制作以“春季焕新”为内容的字体设计作品，广告设计要求：文字刚劲有力、效果炫酷。最终效果如图 4.189 所示。

图 4.189　习题 1 最终效果

（1）设计思路

通过使用笔画替换和重塑展示出商品新一季的潮流气息，通过对文字的艺术处理体现宣传的主体和新品上市的信息。

（2）涉及知识点

- 使用“钢笔工具”对笔画进行重塑。
- 通过添加图层样式和设置图层的混合模式融合图像。
- 复制并移动图层以制作立体效果。
- 用滤镜制作高光图层。

2. 制作稻草草垛纹理的字体设计作品，广告设计要求：能体现出文字的立体效果和阴影部分，文字纹理和草垛可以融为一体。最终效果如图 4.190 所示。

（1）设计思路

将草垛纹理元素融入文字，这种特殊的纹理使得“稻草人”这款文字的风格显得非常鲜明。

（2）涉及知识点

- 通过“仿制图章工具”仿制草垛纹理。
- 复制草垛阴影，将其移动到文字下方以制作文字阴影。
- 用“画笔工具”添加细节。

3. 制作以瓷器为主题的字体设计作品，这种作品颇具复古风，可以瓷器的花纹为素材，用瓷器花纹替换文字的笔画进行设计，这样的字体具有较强的装饰性，笔画线条柔和，更具线条感且显得更生动有趣，最终效果如图 4.191 所示。

图 4.190　习题 2 最终效果

图 4.191　习题 3 最终效果

（1）设计思路

用瓷器花纹替换笔画，将文字融合到瓷器的花纹中，使文字生动有趣。

（2）涉及知识点

- 使用“钢笔工具”修改文字笔画。
- 通过剪切蒙版制作文字的线性阴影。
- 执行“滤镜”→“渲染”→“镜头光晕”命令制作高光。
- 用“画笔工具”制作雪花效果。

Chapter

05

第 5 章 网页设计

本章概述

网页设计是现代艺术设计中兼具广泛性和前沿性的新媒体艺术形式之一，属于视觉传达设计的范畴，主要包括版式设计、导航设计、色彩设计、内容设计等方面。一个优秀的网站能够给人一种吸引力，让用户在观赏的同时，不知不觉地接受网站传达的信息，所以网页设计的优劣在很大程度上决定着网站的成败。

网页设计在现今社会的应用十分广泛，它要求设计师们必须及时把握最新的设计趋势，不断推陈出新，从而确保自己不被行业所淘汰。

本章学习要点

- ✧ 了解网页设计的应用领域。
- ✧ 理解网页设计的要求与原则。
- ✧ 了解网页设计的构成和布局类型。
- ✧ 掌握网页设计的实际应用方法。

5.1 背景知识简介

当今时代，互联网逐渐深入人们生活中的每一个角落，网页就如同书本上的文字，传达着网络语言，网页中的每一条线、每一个色块、每一种版式、每一种组合都在向用户传递着信息。

实际上网页的表现形式已是互联网至关重要的元素，这些设计工作都是由网页设计师来做的，这是一种具有创造性的工作，网页设计师更是互联网领域内不可或缺的职业。

5.1.1 网页设计的应用领域

网页设计将计算机技术的应用、视觉艺术的表现紧密结合在一起，使两者相得益彰，从而达到技术与艺术相互融合的新高度。如今随着互联网技术的发展，网页设计的应用范围也变得越来越广泛，大多数的公司企业、政府机关、培训机构、学校等都拥有自己的网站。随着互联网信息变得越来越丰富多样，人们对于网页的设计要求也越来越高。

5.1.2 网页设计的要求与原则

（1）网页设计应针对网页的目标用户，结合要传达的信息及目标，设计出网页的架构。

（2）每页排版不要太疏松或用太大的字，尽量避免用户看网页时做大幅度的翻阅动作，要知道一页的上半部分是显眼而宝贵的地方，不要只放着几个过大的字或图片。

（3）最好不要用 800 像素 ×600 像素以上的分辨率设计网页。常用的分辨率是 640 像素 ×480 像素及 800 像素 ×600 像素。

（4）不要在每页中插入太多的广告，广告太多易喧宾夺主，导致网页内容重点不突出。

（5）不要每页都采用不同的背景图片，以免每次转页都要花时间去下载，要采用相同的底色或背景图片，使网页保持统一的风格。

（6）底色或背景图片必须与文字对比强烈，易于阅读，且能突出重点。

（7）合理设置导航，确保网站内容结构清晰，避免在一个页面上堆积过多内容，给用户造成阅读困惑。如果网页太长，则应使用内部链接，明智的网页设计者是不会让用户在浏览网页时做太大幅度的翻阅动作的。

（8）不要每页都加上不同的背景音乐或者多媒体视频等，要考虑不同用户网速不同、加载速度不同的问题。

（9）要重视每一页网页，把每一页都当成首页来制作，为各页加上公司或个人名称、联系方式，页面间设置恰当的链接，因为网页设计师无法确定每一个用户都只从首页进入网站。

（10）不要让一行或一段太长，特别是文字式网页，可以加上显眼的标题或适当的插图。

（11）一个简单明了的网站介绍，不仅能让用户快速了解网站的功能，还能引发用户共鸣或是表达设计师诚意。有效的导航条和搜索工具则能使用户很容易找到有用的信息，这对用户来说很重要。

5.2 本章重要知识点

网页设计所涉及的主要知识点包括网页的构成、网页布局类型、网页版式设计、网页导航设计、网页配色等，广义上还包含网页的内容设计。本节主要介绍网页的构成和网页布局类型。

5.2.1 网页的构成

对于不同性质和类别的网站，网页的构成是不同的，一般网页的基本构成内容包括标题、网页、Logo、页头、页脚、导航、主体内容、广告栏等。

1. 页面尺寸

由于页面尺寸和显示器的大小及分辨率有关系，网页的局限性就在于此，而且因为浏览器也将占去不少空间，留给网页的空间就更小了。一般来说，分辨率为 1024 像素 ×768 像素时，页面的显示尺寸为 1007 像素 ×600 像素；分辨率为 800 像素 ×600 像素时，页面的显示尺寸为 780 像素 ×428 像素；分辨率为 640 像素 ×480 像素时，页面的显示尺寸则为 620 像素 ×311 像素。

2. 整体造型

造型就是创造出来的物体形象。网页的造型应该是一个整体，图形与文本的结合应该层叠有序、有机统一。虽然显示器和浏览器都是矩形，但网页的整体造型，可以充分运用自然界中的其他形状及它们的组合，如矩形、圆形、三角形、菱形等，如图 5.1 所示。

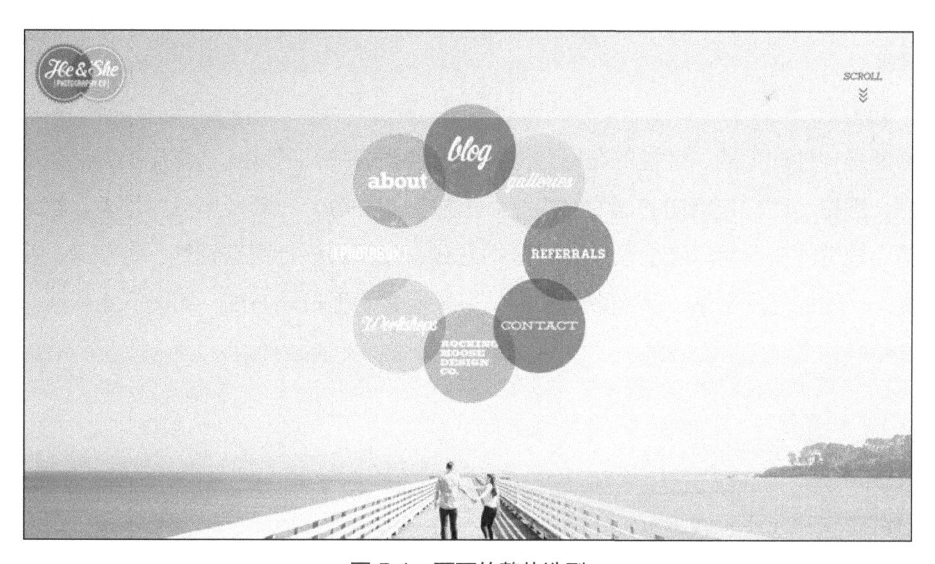

图 5.1 页面的整体造型

3. 页头

页头的作用是定义网页的主题。例如网站的名字多数都在页头显示。这样，用户能快速了解到这个网站的主题。页头是整个网页设计的关键，它涉及下面的更多设计和整个网页的协调性，如图 5.2 所示。

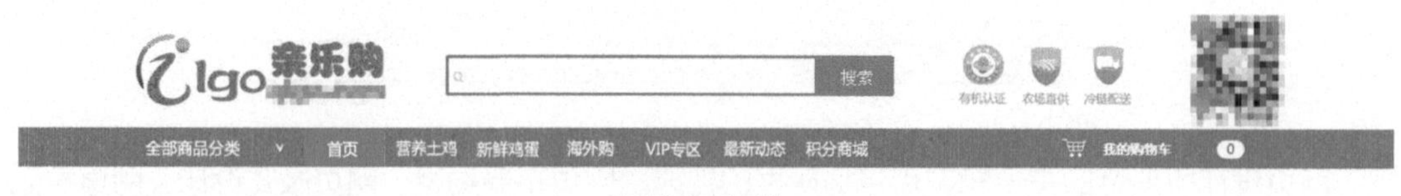

图 5.2　页头

4．页脚

页脚和页头相呼应。页头是放置网站主题的地方，而页脚则是放置制作者或者公司信息等版权信息的地方，如图 5.3 所示。

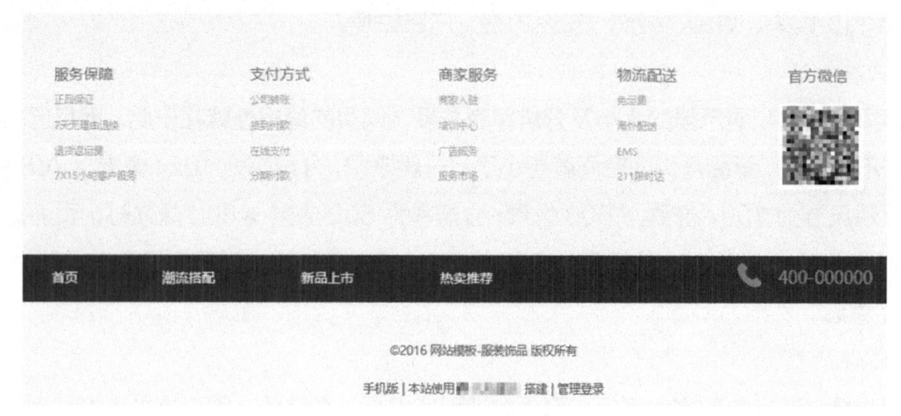

图 5.3　页脚

5.2.2　网页布局类型

网页布局类型主要有骨骼型、“国”字型、满版型、框架型、分割型、中轴型、焦点型、F 式布局等。

1．骨骼型

骨骼型是一种规范的、理性的布局方法，是一种类似报刊的版式。常见的骨骼型有竖向通栏、双栏、三栏、四栏与横向的通栏、双栏、三栏和四栏等。一般竖向分栏居多。这种版式给人以和谐、理性的美。可以结合使用几种分栏方式，让网页设计既有理性、有条理，又活泼而富有弹性。一般的门户网站、新闻媒体类网站多采用骨骼型布局方式，如图 5.4 所示。

图 5.4　骨骼型

2. “国”字型

“国”字型也可以称为“同”字型，是一些大型网站常用的布局类型，“国”字型即最上面是网站的标题及横幅广告，接下来就是网站的主要内容，左右分列一些小条内容，中间是主要部分，与左右一起罗列到底，最下面是网站的一些基本信息、联系方式、版权声明等。这种布局类型是用户在网上见得最多的一种布局类型，如图 5.5 所示。

图 5.5 “国”字型

3. 满版型

满版型在商业网站设计尤其是网络广告中比较常见，这种页面主要以图像为诉求点，常以图像充满整版，也常将部分文字置于图像之上，视觉传达效果直观而强烈。满版型会给用户带来舒展、大方的感觉，适合温馨和暖性思维的表达，如图 5.6 所示。

图 5.6 满版型

4．框架型

框架型布局常用于功能型的网站，如邮箱、论坛、博客等。框架型又分为上下框架型和左右框架型。

（1）上下框架型

上下框架型网页布局，并非如“国”字型一样由主栏和侧栏组成，而是一个整体性的或复杂的组合内容结构，因此通常应用于一些栏目较少或有整体背景图像的网站，如图 5.7 所示。

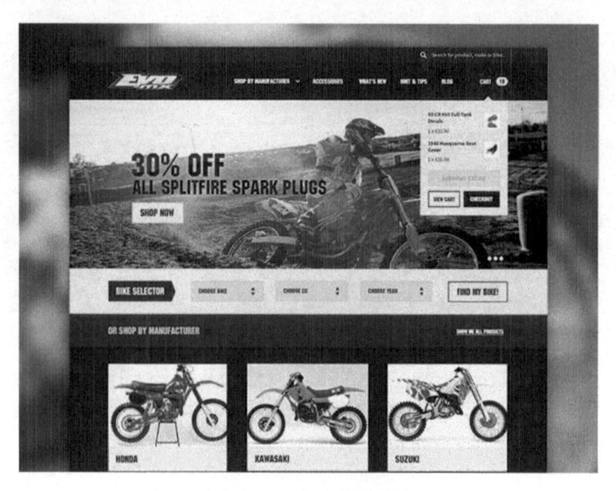

图 5.7　上下框架型

（2）左右框架型

这是一种将网页内容垂直划分为两个或更多个框架的网页布局结构，类似于将上下框架型布局旋转 90° 之后的效果。左右框架型网页布局通常会被应用于一些个性化的网页或大型论坛网页等，具有结构清晰、内容一目了然的优点，如图 5.8 所示。

图 5.8　左右框架型

5. 分割型

分割型又可分为水平分割型和垂直分割型，即把整个页面分成上下或左右两部分，并分别安排图片和文案。这样一来，两个部分会形成对比：图片部分感性而具有活力，文案部分则理性而平静。可以调整图片和文案所占的面积，来调节对比的强弱。例如，图片所占比例过大，文案使用的字体过于纤细，字距、行距、段落的安排又很疏落，则会造成用户视觉心理的不平衡而显得生硬；倘若通过分割线对文字或图片进行虚化处理，就会产生自然和谐的效果，如图 5.9 所示。

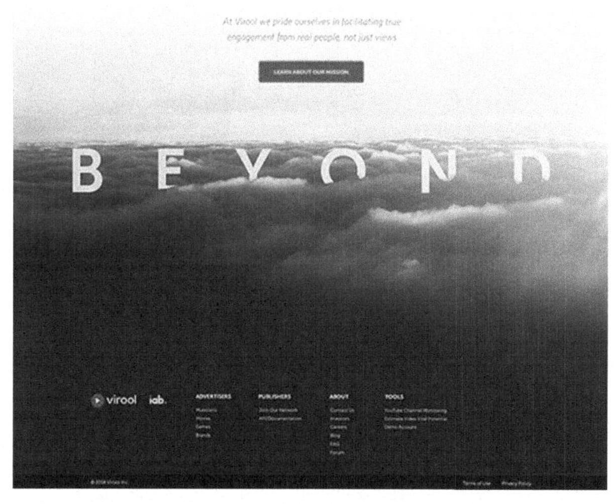

图 5.9　分割型

（1）水平分割型

水平分割的页面具有较强的视觉稳定性，给人平静、安定的感觉，如图 5.10 所示，用户的视线一般是从左至右、水平流动的，遵从人的视觉习惯。

图 5.10　水平分割型

（2）垂直分割型

垂直分割的页面强调的是垂线的视觉冲击力，体现坚强、理智与秩序，如图 5.11 所示。一般情况下，直线带给用户流畅、挺拔、规矩、整齐的感受，所以，直线和方正的形状在页面上的重复组合会给人秩序井然的视觉效果。

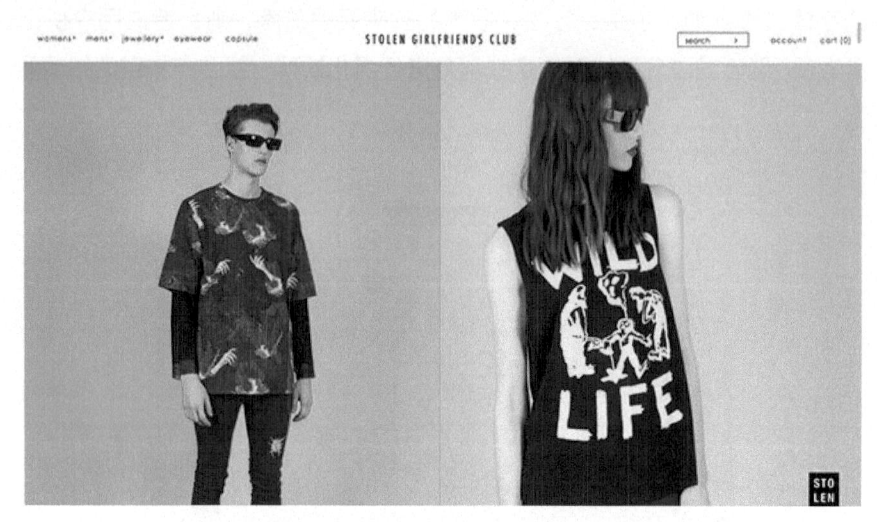

图 5.11　垂直分割型

6. 中轴型

中轴型指的是沿浏览器窗口的中轴将图片或文字进行水平或垂直方向的排列。水平排列的页面给人稳定、平静、含蓄的感觉。垂直排列的页面则给人以舒畅的感受，如图 5.12 所示。

图 5.12　中轴型

7. 焦点型

焦点型的网页版式通过对视线的诱导，使页面具有强烈的视觉效果。其常用方法有插画、图片及留白。一图胜千言，图像的信息量巨大。具有“行为召唤”效应的按钮和动画也很值得采用。周围的“无”衬托了中间的“有”，用户自然会注意到“有”。这种布局可以直截了当地让用户注意到焦点元素，如图 5.13 所示。

图 5.13 焦点型

8. F 式布局

F 式布局是一种科学的布局方法，它以大量的眼动研究所得出的结论为原理。一般来说，用户浏览网页的视觉轨迹是这样的：先看顶部，然后看左上角，然后沿着左边缘顺势直下……而用户往往不太注意右边的信息，这是不是有点像字母 F？据此，网页设计师习惯把重要的元素（如品牌 Logo、导航、具有“行为召唤”效应的按钮）放在左边，而右边一般放置一些对用户无关紧要的广告信息，如图 5.14 所示。

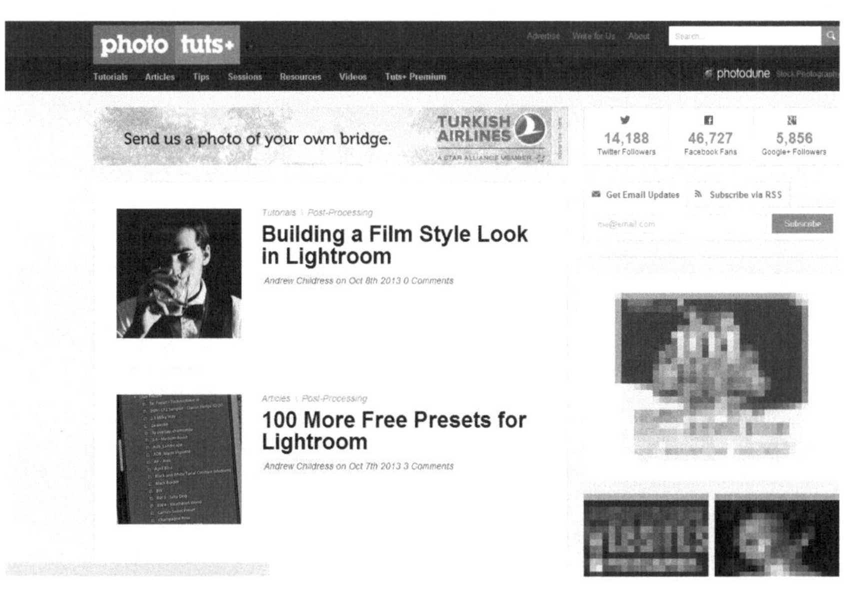

图 5.14 F 式布局

5.3 网页设计案例

5.3.1 宠物领养网站设计

网页的版式布局，就是指网页中图像和文字之间的位置关系，也可以称为网页排版。网页版式设计包括分割、组织和传达信息，以使网页易于阅读、界面具有亲和力和可用性。

宠物领养网站发布的信息主要与宠物有关，其服务性质为爱心公益，这类性质的网站在设计上主要采用温暖阳光的表达形式，网站前期界面设计均用 Photoshop CC 2020 完成。

1. 设计思路

宠物弃养一直是当今社会中热度居高不下的话题之一，针对此热点，本案例将对宠物领养网站进行设计。网站发布的主体信息多为被抛弃的或者残疾的小动物，用户浏览此网站的目的是领养这些小动物，因此网站的整体性质为爱心公益。针对此性质，整个网站的页面理应采用温暖可爱的风格，根据色彩对人们心理的影响，颜色以暖色为主色调，可以给观者安稳、阳光的感觉。

2. 常用方法

（1）如果设计者是新手，没有想法或者不知道如何下手的话，可以寻找一些类似的网页或者其他经典页面的色彩版式搭配进行参考。

（2）根据自己的初步的构思在纸上手绘草图，画出页面的大概轮廓，以便在 Photoshop 上制作时保持清晰的思路。

（3）页面的颜色搭配，要根据网站类型确定网站风格，然后选用冷暖色调，如果不确定如何搭配，可以参考色卡。

3. 操作步骤

根据以上对网站主体信息、性质、用户目的等方面的分析，选定页面风格为可爱风格，选用暖黄色作为主色调，导航部分采用浅黄色，以两种颜色综合呈现温暖阳光的视觉效果。

（1）首先制作背景，选用暖黄色作为页面的背景色，页面上方导航部分选用浅黄色作背景色，两种色调结合形成对比，同时利用蒙版及渐变工具制作页面上方左右两端渐变的效果，为浅黄色矩形添加“投影”图层样式，如图 5.15 所示。

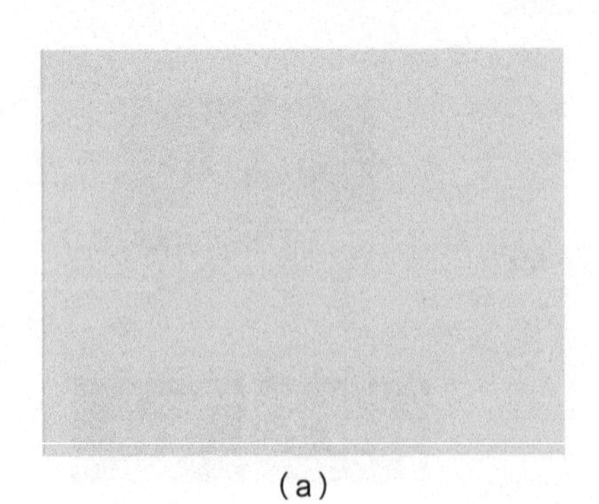

（a）　　　　（b）

图 5.15 制作背景

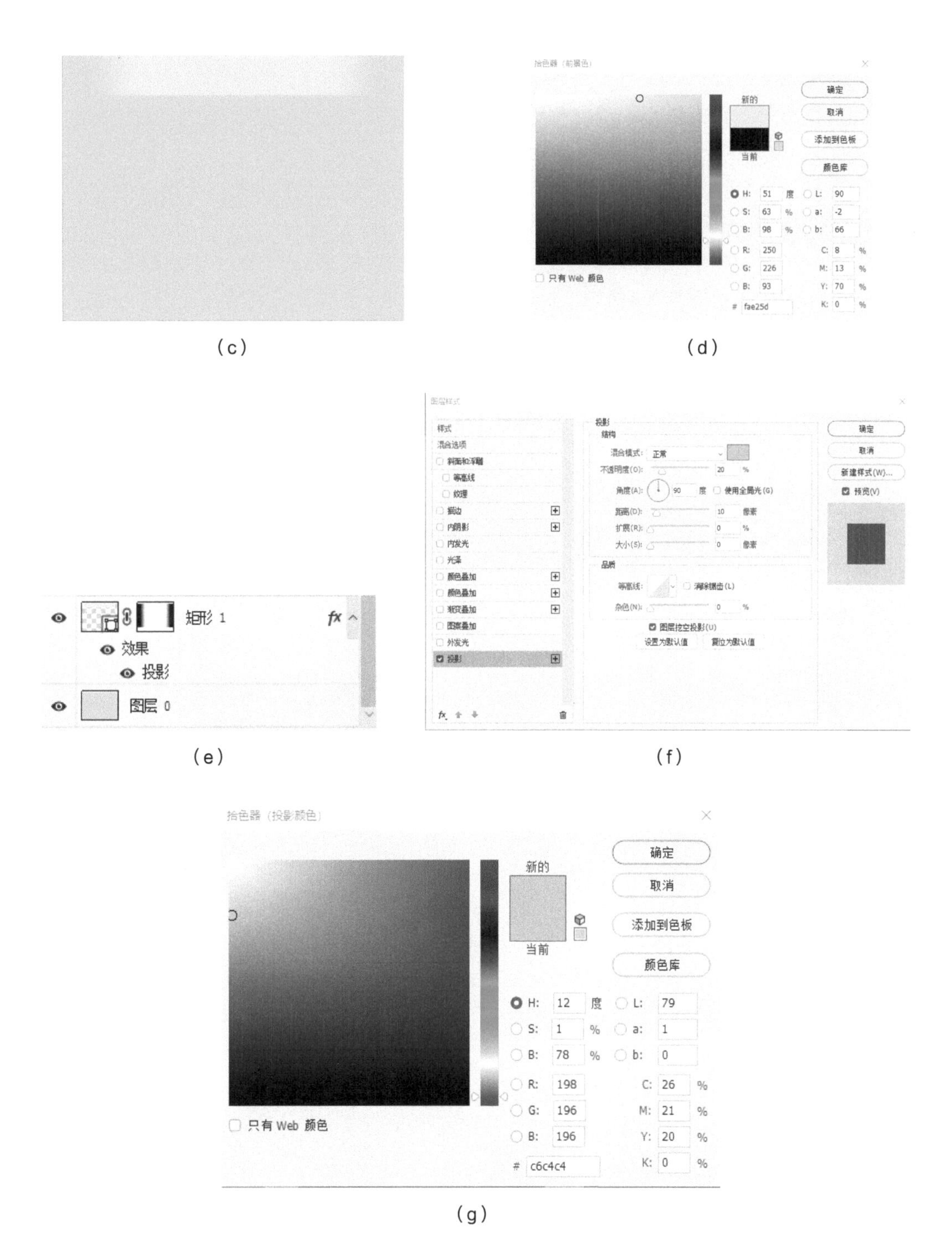

图 5.15　制作背景（续）

（2）背景制作完成后，利用网上寻找的素材及相应的工具对主题进行制作。在制作主题时要注意各素材的布局及颜色的搭配。

打开“第 5 章 / 案例素材 /01.jpg”，在背景图层中利用剪贴蒙版将其制作成圆形小狗头像的效果，并添加“内发光”“外发光”图层样式，如图 5.16 所示。

（a）

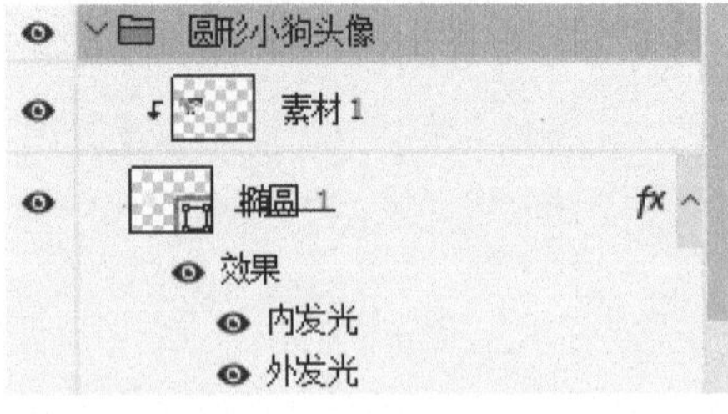

（b）

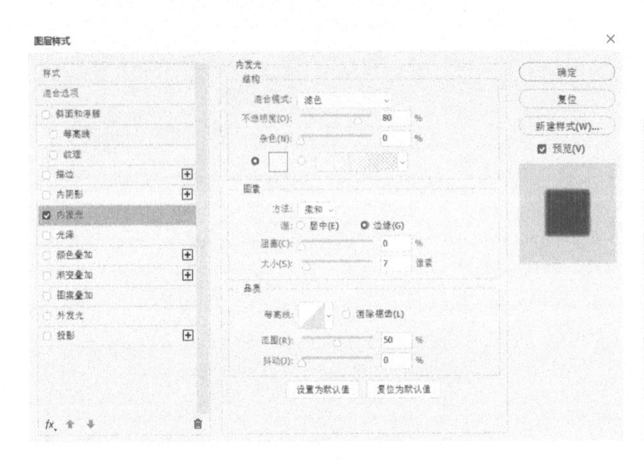

（c）

拾色器（内发光颜色）
确定
取消
添加到色板
颜色库
新的
当前
只有 Web 颜色
H: 201 度　S: 7 %　B: 98 %
L: 95　a: -3　b: -4
R: 233　G: 244　B: 250
C: 11 %　M: 2 %　Y: 2 %　K: 0 %
e9f4fa

（d）

图层样式
样式
混合选项
斜面和浮雕
等高线
纹理
描边
内阴影
内发光
光泽
颜色叠加
渐变叠加
图案叠加
外发光
投影
外发光
结构
混合模式：滤色
不透明度(O)：80 %
杂色(N)：0 %
图素
方法：柔和
扩展(P)：10 %
大小(S)：15 像素
品质
等高线：　消除锯齿(L)
范围(R)：50 %
抖动(J)：0 %
设置为默认值　复位为默认值
确定
复位
新建样式(W)...
预览(V)

（e）

图 5.16　制作圆形小狗头像

（3）在工具栏中选择“自定形状工具”，选择新月形状，绘制出月亮形状，按 Ctrl+T 组合键，单击鼠标右键，在弹出的快捷菜单中选择“变形”命令，对图像进行调整，如图 5.17 所示。

复制图层，重复上述操作，调整位置完成对云朵的绘制，选择“横排文字工具”，在云朵内输入文字，点明主题。这里呈现的宠物思考的画面形式可以很好地突出网站主题，如图 5.18 所示，同时能加强页面的画面感及趣味性。

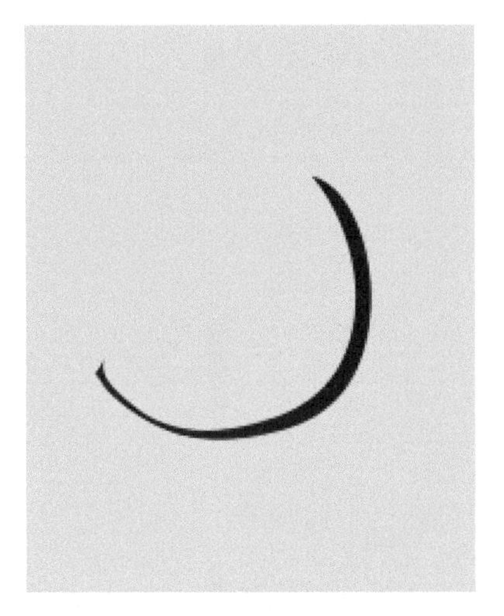

图 5.17　制作月亮形状

图 5.18　制作云朵并输入文字

（4）网页中还需要制作出一些关于宠物网站的具体内容，以便向用户直观地展示重要信息，这样用户在看到网页的时候，就可以尽快地了解网站的主要信息。

选择“矩形工具”，在页面上绘制 3 个一样大小的矩形，这样整个页面就变成了上下框架型的布局，即上中下 3 部分同时起到了平衡页面的作用。对 3 个矩形分别填充橙色、蓝色、绿色，要注意的是这里对于颜色的选择应该采用较为明亮的颜色。对矩形添加“外发光”图层样式及具体参数设置如图 5.19 所示。

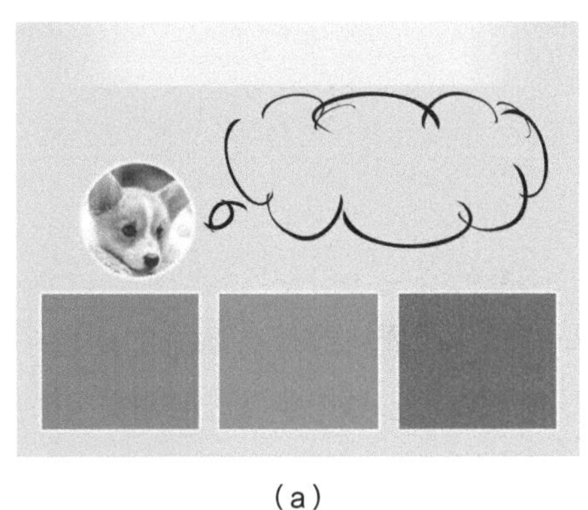

（a）

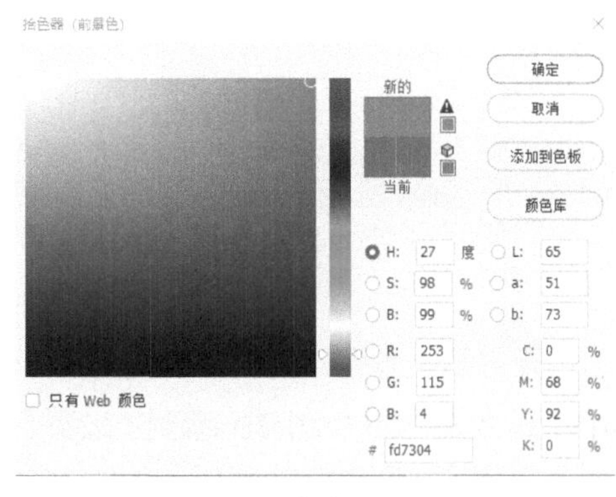

（b）

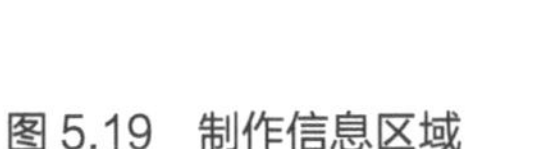

图 5.19　制作信息区域

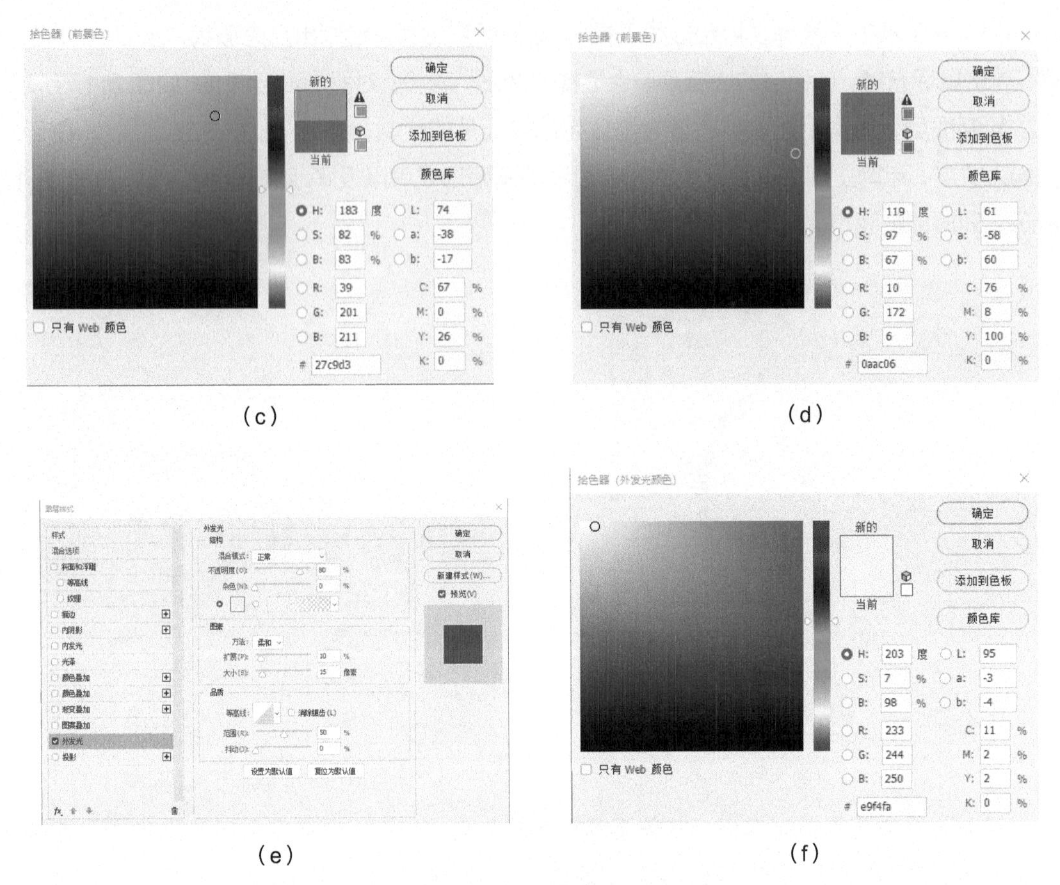

图 5.19　制作信息区域（续）

选择“直线工具”画出直线，这样可以很好地进行内容分割，区分栏目标题与内容，而不会导致信息内容主次不清晰，如图 5.20 所示。

图 5.20　制作信息内容框架

打开“第 5 章 / 案例素材 /02.jpg、03.jpg、04.jpg”，并分别放入绘制好的矩形中，按 Ctrl+T 组合键对素材大小进行调整，设置“不透明度”为“75%”。素材类型应与网页风格统一，利用素材突出网站主题，同时增加网页的活泼性，使网页的视觉效果更加生动，最后利用“横排文字工具”输入信息内容，字体颜色选择白色，在整个信息区域中突出内容的重要性，与背景色拉开层次，如图 5.21 所示。

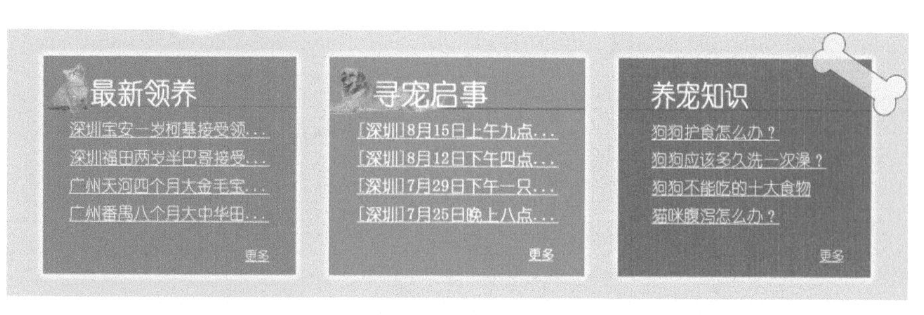

图 5.21　制作信息内容

（5）制作网页的时候，首页导航栏是必不可少的，设置导航栏的目的是方便用户浏览页面，引导用户准确找到需要的内容，因此导航栏越简单越好，文字导航比图片导航更加直接，选择“横排文字工具”及“矩形工具”完成对导航栏信息的绘制，如图 5.22 所示。另外，网站站名的设计应该与网页风格一致，选择“横排文字工具”输入“喵呜救助站”，设置字体颜色为橙色，将文字图层栅格化，按 Ctrl+T 组合键，单击鼠标右键，在弹出的快捷菜单中选择“斜切”命令对文字进行调整，添加“投影”图层样式，如图 5.23 所示。

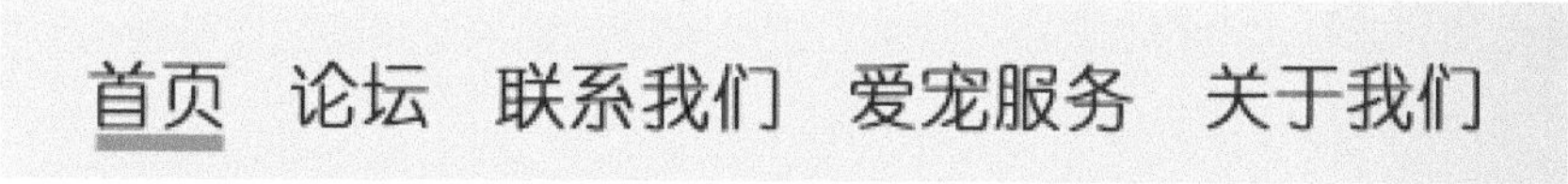

首页　论坛　联系我们　爱宠服务　关于我们

图 5.22　绘制导航栏

图 5.23　设计网站站名

（6）最后，选择“自定形状工具”，选择爪印（猫）形状，绘制猫爪形状，以符合网站初定的可爱风格，突出网站主题。调整猫爪形状的大小，设置“不透明度”为“50%”，效果如图 5.24 所示。

图 5.24　绘制猫爪形状

至此，整个宠物领养网站的首页已经设计完成，如图 5.25 所示。

图 5.25　网页首页

要注意的是，网站是由多个网页构成的，因此整个网站的风格和颜色要统一，并且不同级页面之间要存在一定的联系，如图 5.26 所示。

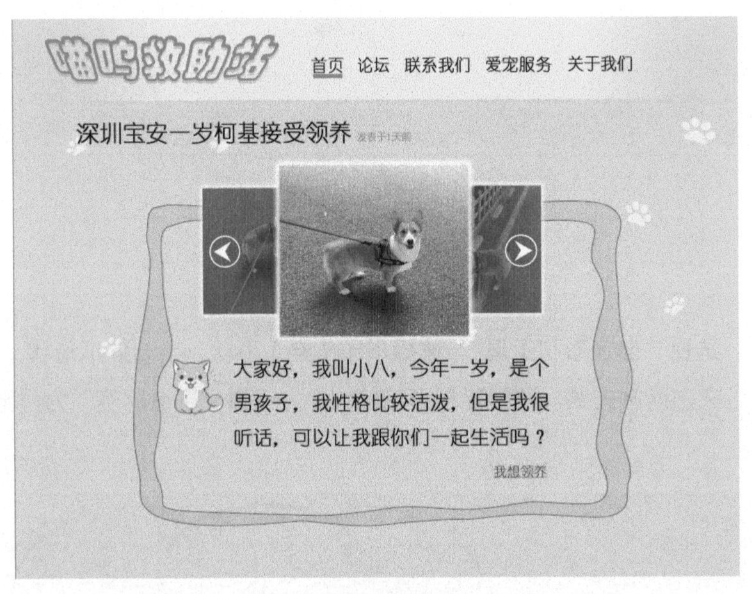

图 5.26　二级页面

网页设计并不是我们想象的那样容易，想设计出一个优秀的网站，还需要多多实践和创新，并且注意其中的细节。

5.3.2　书籍电商网站设计

电商网站是拥有者与用户进行沟通交流的窗口，是买卖双方传递信息的渠道，主要用来发布产品信息、提供商业服务等以交易方式完成的相关商业活动。网站前期界面设计均用

Photoshop CC 2020 完成。

1. 思路解析

电商网站不同于个人站点，个人站点是基于个人的目的而建设的。在电子商务中，网站是企业展示其产品和服务的舞台。商务网站就像是企业对外设立的一个门户，企业可以利用这个门户建立自己的网上品牌、宣传企业形象、开展商务活动、增强企业的竞争力。通过门户，企业可以为自己的合作伙伴、客户等提供访问企业内部各种资源并作为企业向外发布各种信息的窗口，能增加与客户的接触点，有助于企业提供更高水平的客户服务和提高用户忠诚度的个性化服务。

书籍电商网站的服务对象范围较广，并不具有针对性，而网站主题为书籍，因此可以针对这一网站主题来选择较为合适且适合大众的设计风格。整个页面可选用冷色调作为主色调，给用户以清新、安稳的感觉，应用扁平化设计，从配色到表现形式再到效果的输出，去除华而不实的特效，保留质感，突出主题。

2. 制作步骤

根据以上对网站目标、主题、用户等方面的分析，选定页面风格为简约风格；主页面为登录页面，选用左右框架型，颜色选用黄色及绿色作为主色调，根据色彩心理学，黄色给人以清新、有活力、快乐的感觉，绿色象征自由、新鲜舒适，这两种颜色的结合适合自由度较高、服务大众的书籍电商网站。考虑到书籍封面的多样性，这两种颜色的搭配还有助于增强页面的平衡感。

（1）首先制作背景，在工具栏中选择“渐变工具”，给背景添加渐变效果，用白色作为黄绿渐变的过渡色，可以适当增加页面的视觉效果，如图 5.27 和图 5.28 所示。

图 5.27　背景

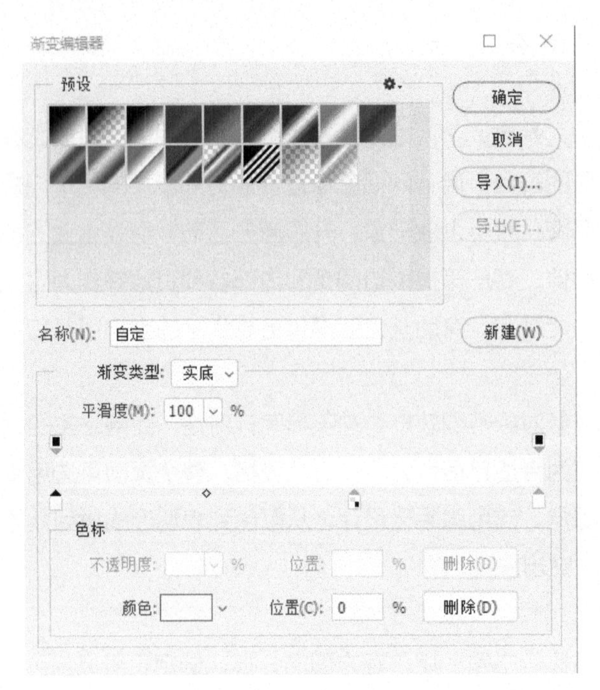

图 5.28　背景渐变色

（2）选择“自定形状工具”，选择雨滴形状，在页面左侧绘制雨滴形状。“细雨潇潇欲晓天，半床花影伴书眠。”雨天往往能给人带来静谧、安宁的感觉，雨水遮盖了车水马龙的声音，让浮躁的心得以安定，有利于营造读书的氛围，烘托书籍电商网站的主题，这样的形状可与背景色相映衬，能增加页面的清新感。为了增加雨滴图形的生动性，为其增加波纹效果，执行“滤镜”→“扭曲”→“波纹”命令，设置“数量”为“150%”，如图 5.29 所示。打开“第 5 章 / 案例素材 /05.jpg”，并将其拖曳至雨滴形状上方，调整至合适的位置，利用剪贴蒙版绘制雨滴形状素材，如图 5.30 所示。

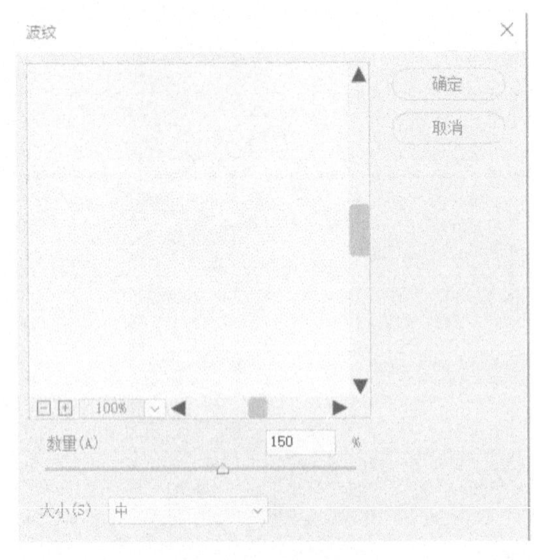

图 5.29　设置“波纹”

图 5.30　绘制雨滴形状素材

（3）雨滴形状素材绘制完成后开始绘制登录框，选择“圆角矩形工具”，在页面右侧绘制圆角矩形，填充颜色为白色，设置“不透明度”为“55%”，添加“外发光”“投影”图层样式，如图 5.31 所示。

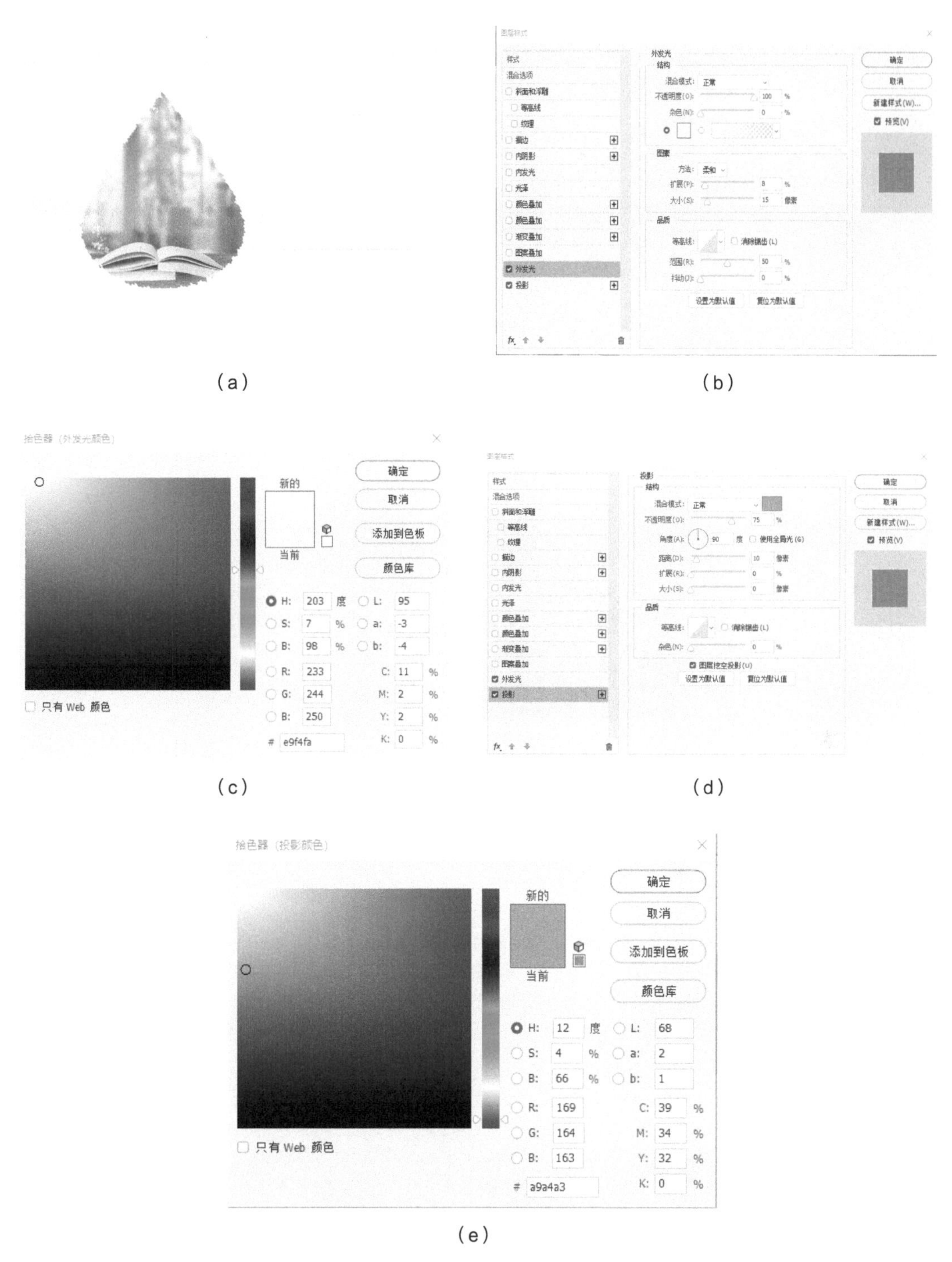

图 5.31　绘制登录框

（4）选择“矩形工具”，绘制输入框，导入用户名和密码图标素材，并将其拖至登录框中的适当位置，为用户名和密码图标添加“颜色叠加”图层样式，如图 5.32 所示。在输入框下面绘制两个小的矩形框作为“注册”键及“登录”键，添加“斜面和浮雕”“光泽”“渐变叠加”图层样式，如图 5.33 所示。

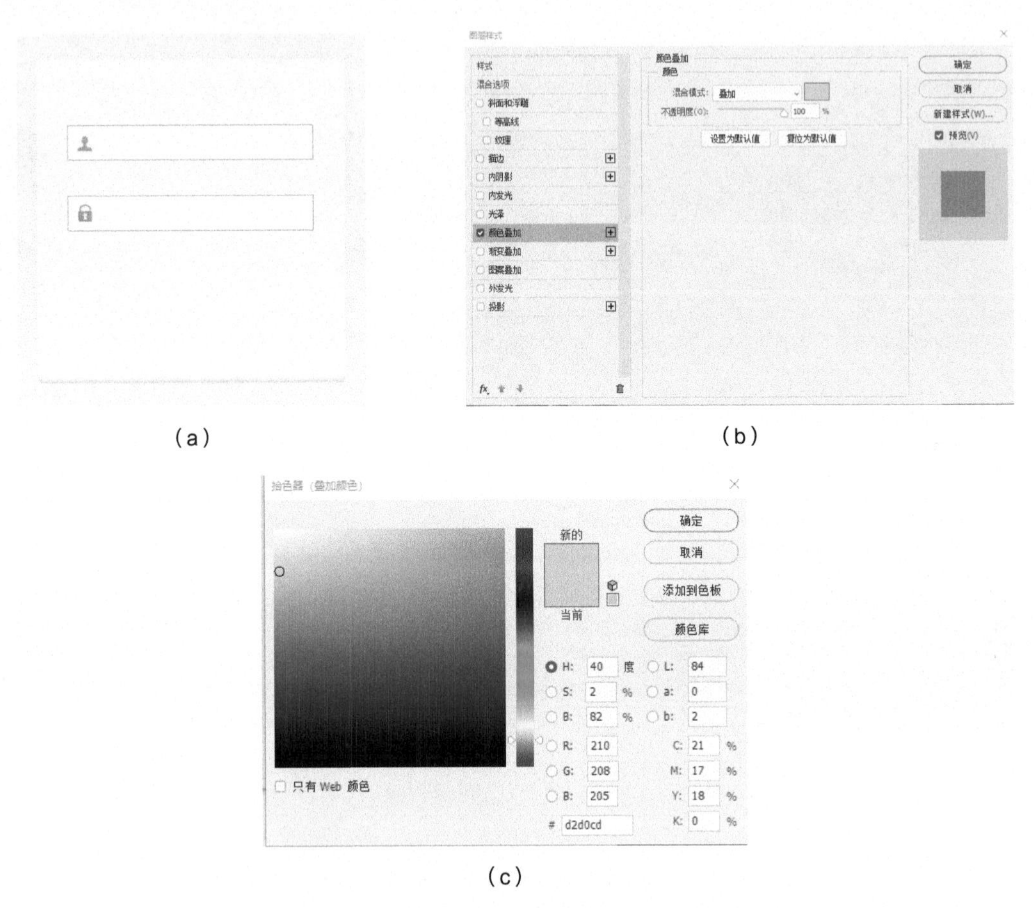

图 5.32　绘制输入框

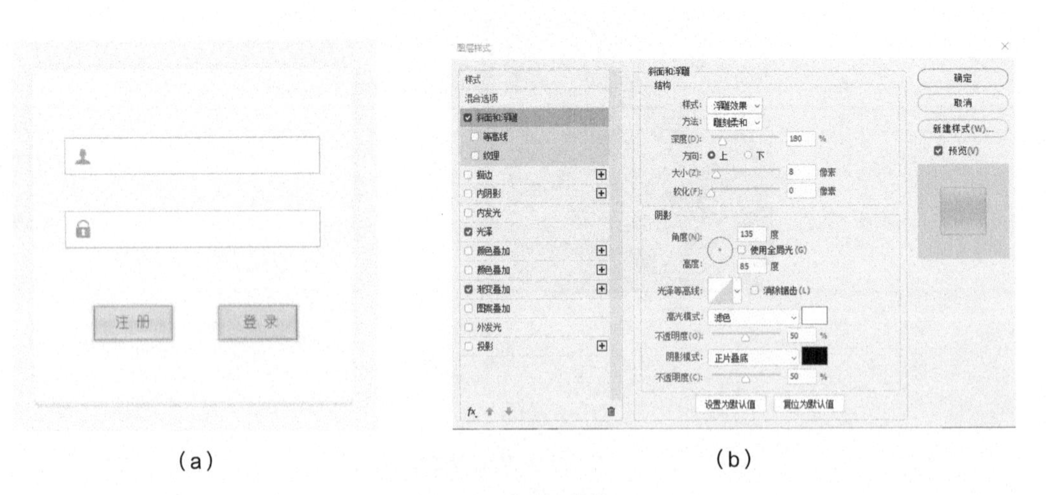

图 5.33　绘制功能键

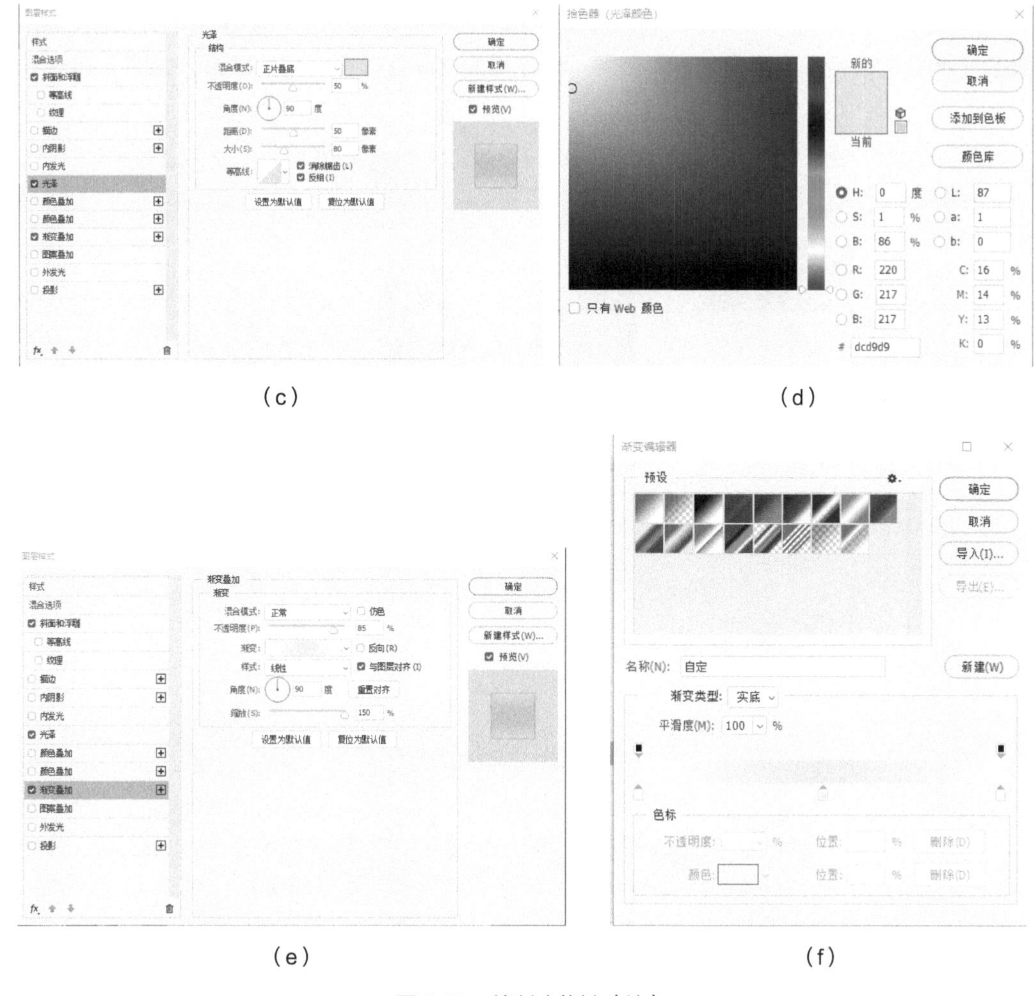

（c）　　　　（d）

（e）　　　　（f）

图 5.33　绘制功能键（续）

（5）最后，选择“横排文字工具”输入页面文字，网站站名的字体选用“叶根友毛笔行书简体”，以迎合书籍这一网站主题，登录框中文字字体选用“微软雅黑”，如图 5.34 所示。

图 5.34　首页

至此，整个书籍电商网站的首页已经设计完成。要注意的是，网站是由多个网页构成的，因此整个网站的风格和颜色要统一，并且不同级页面之间要存在一定的联系，如图 5.35 所示。

图 5.35　二级页面

5.4　本章小结

在网站的页面设计中使用合理的渐变效果虽好，但还是要注意以下几点。首先，渐变效果有很多种，通常情况下，不能制作像彩虹一样的渐变效果，这样会使整个页面看起来非常凌乱。其次，网站设计要懂得适当留白，留白并不是空白，留白可以让页面中多个元素合理安排，让页面的元素分散开来，这样用户浏览页面的时候会非常清晰、顺畅。最后，对于色彩丰富的网站，如果能巧妙处理渐变效果与背景的关系，把渐变效果和散景结合在一起，并且将渐变、投影、纹理等效果结合在一起，那么会在视觉上带来非常好的效果。

值得注意的是，网页设计虽然也是一门艺术，但和纯粹的艺术还是有非常大的区别，因此不可以完全用艺术的手法去设计与制作网页。在追求创新的同时不能忽视用户的体验，要在用户能接受的基础上进行创新，而抽象的创新会造成用户的浏览负担。新颖的字体也要少用，因为这会影响用户的阅读。

习题

打开素材文件，制作以多肉植物为主题的网页。网页设计要求：能体现时尚感和休闲感。参考效果如图 5.36 所示。（提示：注意网站页面的层次关系和页面的布局方式）

图 5.36 参考效果

Chapter 06

第 6 章 包装设计

▶ 本章概述

包装设计是艺术与产品的结合，它将艺术应用于产品的包装保护与美化宣传，以提升产品的外在附加价值，其基本任务是科学、经济地完成对产品包装的造型、结构和装潢的设计。包装设计是产品外在形象的灵魂，商品包装在产品销售过程中起着至关重要的作用。

▶ 本章学习要点

- ✧ 了解包装设计的应用领域及其要求与原则。
- ✧ 掌握包装设计的基础知识与包装设计技巧。
- ✧ 了解和熟练掌握几种不同类型产品的包装设计的设计思路与制作方法。

6.1 背景知识简介

包装与产品几乎是一对“孪生子”，有了产品就要有包装来保护产品。而与传统的包装相比，现代包装设计已经发展成为一种视觉信息的传达媒介。产品包装的理想境界是“最好的包装就是没有包装”，即优秀的包装应该和产品达成完美的统一，就像人穿的衣服和本人的外形、气质要一致一样。

6.1.1 包装设计的应用领域

包装设计的应用领域非常广泛，几乎是有产品的地方就有包装设计。

6.1.2 包装设计的要求与原则

1. 包装设计的要求

一个成功的包装设计能准确反映出产品的定位、消费者的心理需求，能够帮助企业在众多竞争品牌中脱颖而出。在进行产品包装设计时，一般需满足以下要求。

（1）要从消费者的角度出发。能否激发消费者的购买欲望是评价产品包装设计成败的最重要标准之一，所以在进行包装设计时需要从消费者的角度出发，本着“实践—设计—再实践—再设计”的原则，使产品的包装设计得到越来越多的消费者的认可。

（2）把握时代的脉搏。产品包装设计应当符合消费者日益成熟的消费观念，另外，包装设计需迎合当下环保、健康的理念，还应充分考虑当代人文因素。

2. 包装设计的原则

（1）醒目

产品的包装要起到促销作用，首先必须能吸引消费者的注意力，产品只有引起消费者的注意才有被购买的可能。所以，在设计产品的包装时，经常使用别出心裁的造型、鲜艳夺目的颜色、精美的图案等，如图 6.1 和图 6.2 所示。

图 6.1　包装示例 1

图 6.2　包装示例 2

（2）理解

一个成功的包装设计不仅能通过造型、颜色、图案等使消费者对产品产生兴趣，还要能使消费者通过包装精确地理解产品。想准确地向消费者传达产品信息，最有效的办法是采用全透明包装，或者在包装上开窗以展示产品，也可以在包装上绘制产品图形、印刷彩色产品照片，或者在包装上做简要文字说明等。如图 6.3 和图 6.4 所示。

图 6.3　包装示例 3

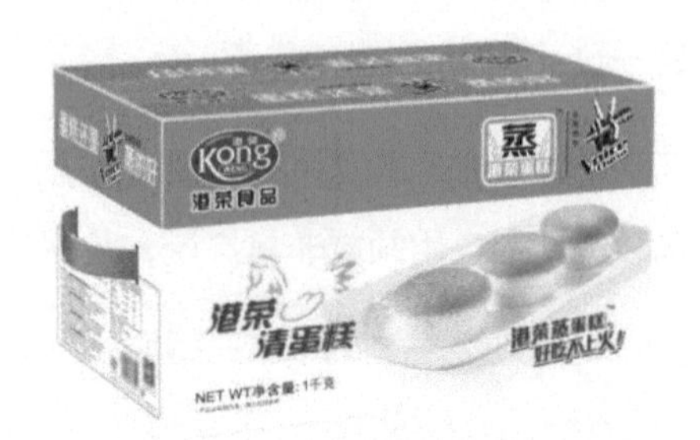

图 6.4　包装示例 4

（3）好感

消费者对产品包装的喜恶对能否引发其购买冲动起着极为重要的作用。包装的造型、颜色、图案、材质等要能引起消费者的喜爱之情，才能诱发购买行为。消费者对产品的好感通常首先来自其实用性，即能否满足消费者的需求，如包装的大小、精美度等。另外，消费者对产品的好感还与包装效果所产生的消费者心理效应、个人及个人生活的环境密切相关，如图 6.5 和图 6.6 所示。

图 6.5　包装示例 5

图 6.6　包装示例 6

6.2　本章重要知识点

6.2.1　基础知识

本章案例涉及 Photoshop CC 2020 中的蒙版、选区、图像变换、滤镜、色彩校正、钢笔工具、图层样式、图层混合模式等基础知识。有关知识点可扫描二维码查看。

6.2.2 包装设计的技巧

包装设计的技巧主要有 3 点：色彩技巧、构图技巧、对文化内涵的把握。

1. 色彩技巧

（1）色彩与产品的照应

色彩与产品的照应是指通过外在包装色彩揭示或照应内在产品，使消费者看到包装就基本能感知或联想到内在的产品。即使包装的主色调并非与产品完全一致，但在包装上一定有些点睛之笔，如象征性的色块、色点或以该色突出的集中内容，如图 6.7 和图 6.8 所示。

图 6.7 包装示例 7

图 6.8 包装示例 8

（2）色彩的对比

色彩的对比包括色彩的深浅对比、轻重对比、点面对比、繁简对比、雅俗对比、反差对比等。

色彩的深浅对比的常用手法是用大面积的浅色铺出底色，其上用深色构图，如用淡绿色铺出底色而用墨绿色构图，如图 6.9 所示。

图 6.9 包装示例 9

色彩的轻重对比是指用清淡素雅的底色衬托凝重深沉的主题图案，或在凝重深沉的主题图案中表现出清淡素雅的产品主题与名称、商标或广告语等，如图 6.10 和图 6.11 所示。

图 6.10 包装示例 10

图 6.11 包装示例 11

色彩的点面对比是指小范围和大范围画面间的对比，如整个包装袋上干干净净的什么都没有，只在中间很集中地出现一个非常明显的重色小区域，在这个小区域上体现产品的品牌与名称等，如图 6.12 和图 6.13 所示。

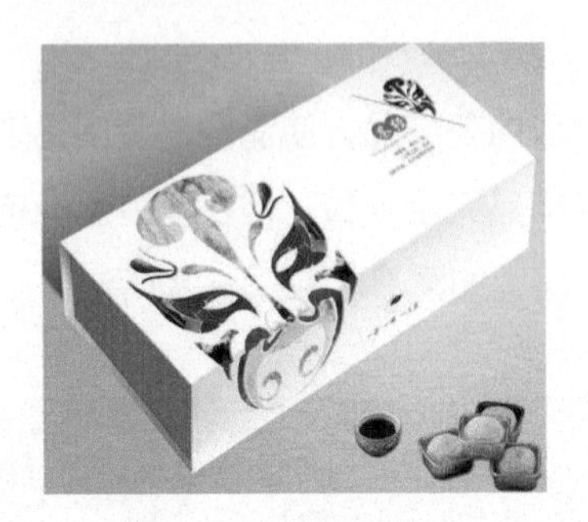

图 6.12　包装示例 12

图 6.13　包装示例 13

色彩的繁简对比是指用一个大面积的凌乱区域反衬整洁干净的部分，在整洁干净的部分呈现产品的主题或名称、广告语等，如图 6.14 和图 6.15 所示。

图 6.14　包装示例 14

图 6.15　包装示例 15

色彩的雅俗对比是指画面设计突出“俗”而反衬它的高雅，其中，“俗”通常是通过颜色的凌乱和无序表现出来的，如图 6.16 和图 6.17 所示。

图 6.16　包装示例 16

图 6.17　包装示例 17

色彩的反差对比是指用不同的色素形成反差效果，通常表现为明暗反差、冷暖反差、动静反差、轻重反差等，如图 6.18 ~图 6.21 所示。

图 6.18 包装示例 18

图 6.19 包装示例 19

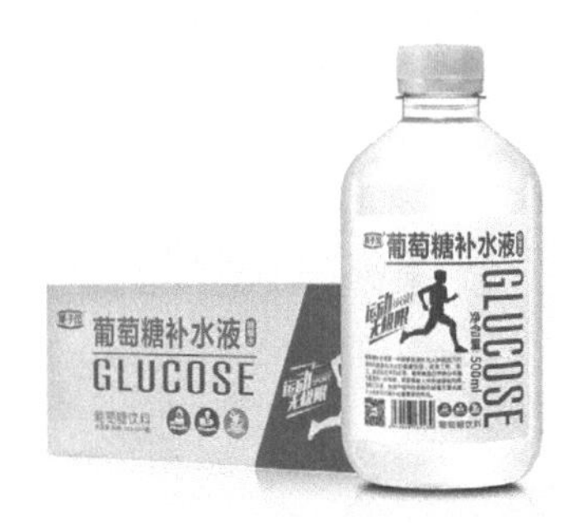

图 6.20 包装示例 20

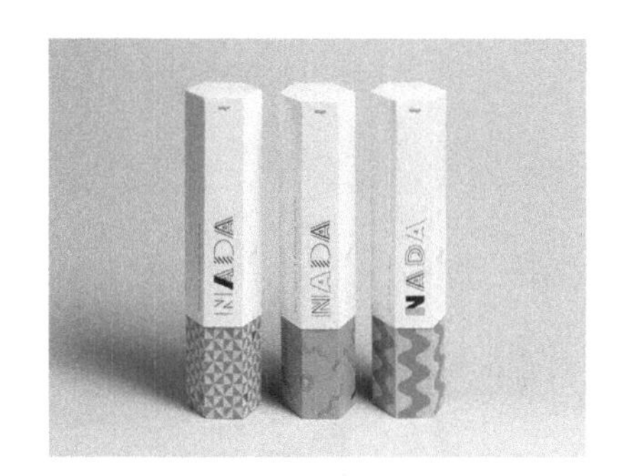

图 6.21 包装示例 21

2. 构图技巧

包装设计中的构图技巧是多种多样的，常用的包括粗细对比、远近对比、疏密对比、动静对比等。

构图技巧中的粗细对比通常是指主体图案与陪衬图案的对比、中心图案与背景图案的对比、粗犷与精美的对比等，如图 6.22 所示。

构图技巧中的远近对比是指包装图案的设计应分近景、中景、远景 3 种画面的构图层次。近景，就是在画面中最抢眼的那部分图案，也就是该包装图案最重要的表达内容。后面才是中景，通常用稍小一点的字体或图像表示。最后的远景，一般用较小的文字或图像等传递一些诸如广告语、性能说明、企业标志等信息，如图 6.23 所示。

图 6.22 包装示例 22

图 6.23 包装示例 23

构图技巧中的疏密对比是指在设计包装图案时，集中的内容就要有扩散内容的陪衬，不要全部集中或全部扩散，设计应体现一种疏密协调的美感，需节奏分明、有张有弛，同时突出主题，如图 6.24 所示。

构图技巧中的动静对比通常以这样的形式呈现：在产品包装的主题名称的背景中或周边添加爆炸性图案、故意涂抹的几笔凌乱的粗线条或者呈飘带形的文字或图案等，如图 6.25 和图 6.26 所示。

3. 对文化内涵的把握

好的包装设计需要注入一定的文化内涵，尤其要能代表企业文化的内涵或企业的理念追求，如图 6.27 所示。

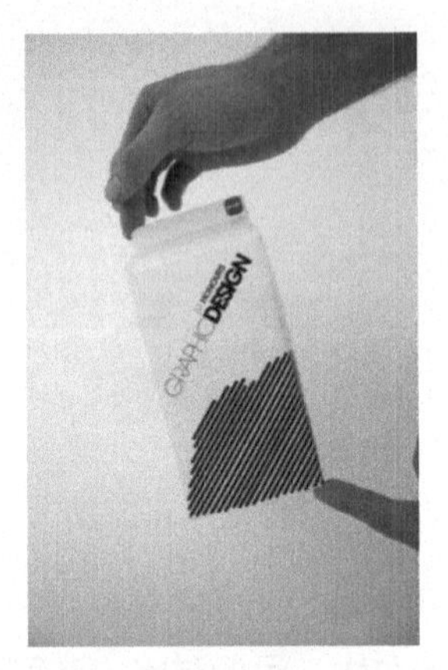

图 6.24　包装示例 24

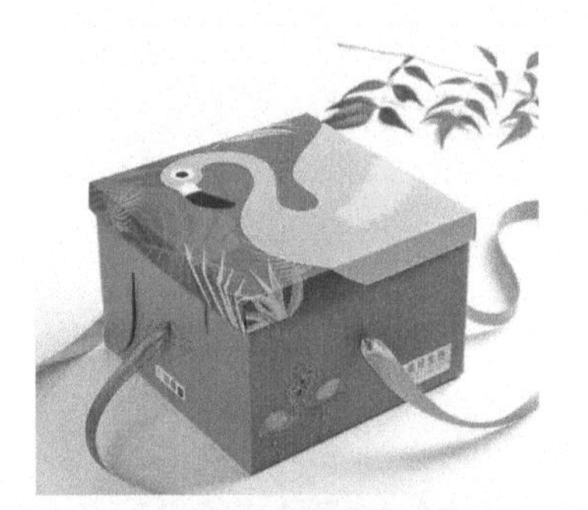

图 6.25　包装示例 25

图 6.26　包装示例 26

图 6.27　包装示例 27

6.3　包装设计案例

6.3.1　书籍封面设计

1. 任务描述

为书籍《日照印象》设计制作封面和立体效果图，该书内容包含日照的历史沿革、人文风俗、旅游攻略等。

2. 设计思路

书籍封面的设计风格需要根据书籍内容来确定，该书是一本介绍城市风景、文化等内容的书籍，即可在封面附上城市风景图片，使封面内容与书籍内容保持一致，同时附上城市的标志性 Logo，使封面设计与书籍内容相贴切。所选取的两幅风景图，分别是日照的海岸风景和高山风景，在布局上，将高山风景与海上风景相融合，采用曲线剪裁、羽化等手法，让海景的开阔与高山的挺拔相吻合。为让整体效果整洁、不凌乱，书籍背面应设计得尽量简洁，选取一幅海上帆船的风景图，呈现椭圆形图案的羽化效果，彰显该城市充满魅力的海滨风情。书籍封面效果如图 6.28 所示。

（a）平面效果

（b）立体效果

图 6.28 书籍封面效果

3. 操作步骤

（1）书籍封面平面设计

① 启动 Photoshop CC 2020 软件，按 Ctrl+N 组合键，在弹出的“新建文档”对话框中，设置文件名为“书籍封面平面设计”，“宽度”和“高度”分别为“1247 像素”和“842 像素”，“分辨率”为“72 像素 / 英寸”，如图 6.29 所示。

② 按 Ctrl+R 组合键，显示标尺，并使用“移动工具”从标尺处拖出参考线，将版面分为左右两部分。

③ 按 Ctrl+O 组合键，打开素材图片“第 6 章 / 案例素材 /01.jpg”，利用“移动工具”将素材图片直接拖曳复制到当前文档中。将新图层命名为“山”，按 Ctrl+T 组合键，单击选项栏中的“保持长宽比”按钮，将素材调整至合适的大小及位置，如图 6.30 所示。

④ 选中名称为“山”的图层，执行“图层”→“图层蒙版”→“显示全部”命令，创建图层蒙版。选择“渐变工具”，在蒙版上填充“由上至下”的“线性”“黑白”渐变，创建图像渐隐效果，如图 6.31 所示。

图 6.29 “新建文档”对话框

图 6.30 导入素材

图 6.31 添加图层蒙版

⑤ 按 Ctrl+O 组合键，打开素材图片“第 6 章 / 案例素材 /02.jpg”，将素材图片拖动复制到当前文档中，将新图层命名为“水运”按 Ctrl+T 组合键，将素材调整至合适的大小及位置，如图 6.32 所示。同步骤④，为该图层创建图层蒙版，并在蒙版上填充“由上至下”的“线性”“黑白”渐变，效果如图 6.33 所示。

图 6.32　导入素材

图 6.33　添加图层蒙版

⑥ 按 Ctrl+O 组合键，打开素材图片“第 6 章 / 案例素材 /03.psd”和“第 6 章 / 案例素材 /04.psd”，选择“移动工具”，分别将素材拖曳复制到当前文档中，将新图层分别命名为“印象”“日照”，按 Ctrl+T 组合键，将素材调整至合适的大小及位置。为“印象”图层添加“斜面和浮雕”“投影”图层样式，如图 6.34 和图 6.35 所示。

图 6.34　导入文字素材

⑦ 按 Ctrl+O 组合键，打开素材图片“第 6 章 / 案例素材 /05.psd”，将素材图片拖动复制到当前文件，按 Ctrl+T 组合键将素材调整至合适的大小及位置，如图 6.36 所示。选择“横排文字工具”，输入文字“韦金 著”“文艺出版社”，如图 6.37 所示。新建组，将以上内容所在图层归入该组，将新组命名为“正面”。

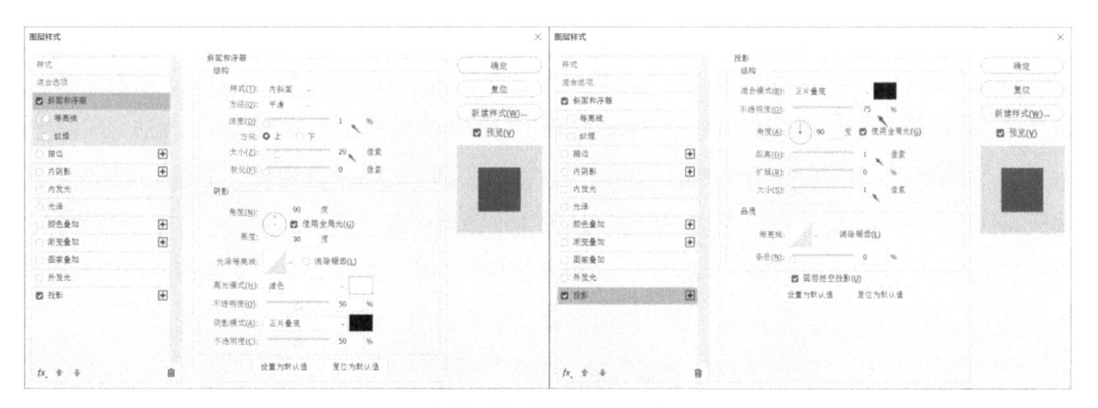

图 6.35　设置图层样式

图 6.36　导入 Logo 图像　　　　图 6.37　添加正面文字

⑧ 新建组，命名为“背面”，选择“横排文字工具”，输入文字“责任编辑：唐思启　封面设计：王　慧　文字校对：吴凯迪”，选中文字，打开“字符”面板，设置字体为“宋体”，字号“17 点”，行距“24 点”，如图 6.38 所示。封底添加文字后的效果如图 6.39 所示。

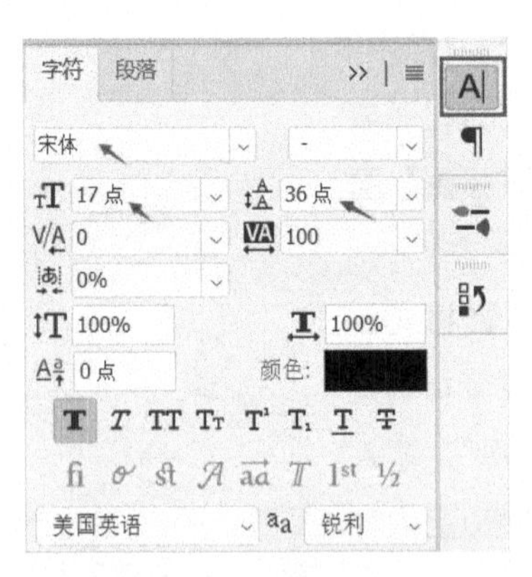

图 6.38　设置字符格式

图 6.39　封底添加文字后的效果

⑨ 在“背面”组内，继续选择“横排文字工具”，输入以下文字：“本书是专为日照自助游的读者量身定做的旅游指南书。全书内容分为五大模块，分别为：风土人情篇、旅游景点篇、美食篇、住宿篇、交通指南篇。风土人情篇介绍了日照特有的自然环境和风俗、礼节、习惯等；旅游景点篇介绍了万平口海滨风景区、海滨国家森林公园、刘家湾赶海园、五莲山风景区、竹洞天风景区、东夷小镇等众多景点；美食篇从养生学角度介绍了日照煎饼、豆沫子、海鲜美食等；住宿篇除了介绍日照的各大酒店外，还补充了日照海边民宿的特色；交通指南篇则为旅游者提供了全面的海陆空交通方案。全书内容全面，图文并茂，适合旅游爱好者阅读。”

选中文字，打开“字符”面板，设置字体“楷体”，字号“17 点”，行距“24 点”，如图 6.40 所示，添加导读文本效果如图 6.41 所示。

⑩ 新建图层，命名为“背面图”。打开素材图片“第 6 章 / 案例素材 /06.jpg”，选择“椭圆选框工具”，设置羽化值 20 像素，绘制椭圆形选区。将选区内图像复制到书籍封面文件中，

并调整大小、位置，如图 6.42 所示。

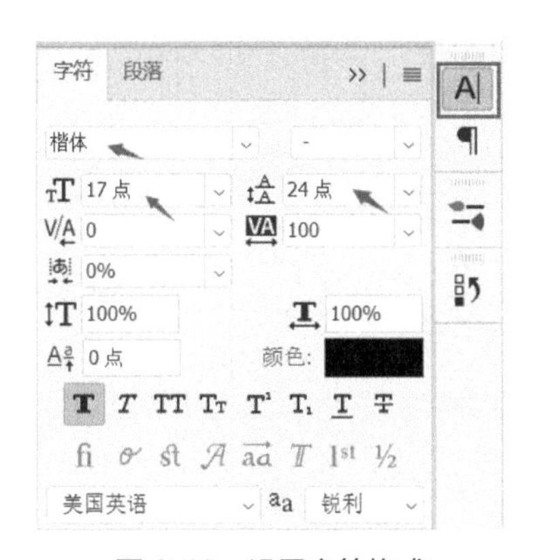

图 6.40　设置字符格式

图 6.41　添加导读文本

图 6.42　添加封底风景图

⑪ 在“背面”组内，新建图层，命名为“二维码”，打开素材图片“第 6 章 / 案例素材 /07.png”，将二维码图像复制到当前文件，并调整大小和位置。选择“横排文字工具”，输入“扫此二维码 了解更多详情”，设置字体“华文楷体”，字号“16 点”，行距“16 点”，如图 6.43 所示。添加二维码效果如图 6.44 所示。

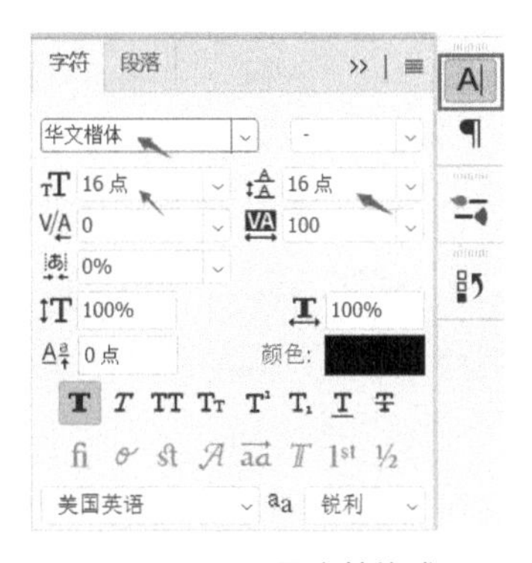

图 6.43　设置字符格式

图 6.44　添加二维码效果

⑫ 在“背面”组内，新建图层，命名为“ISBN 条形码”，打开素材图片“第 6 章 / 案例素材 /08.png”，将条形码图片复制到当前文件中，调整大小及位置。选择“横排文字工具”，输入文字“定价：39.00 元”，设置字体为“宋体”，字号“16 点”，如图 6.45 所示。

图 6.45　添加条形码

⑬ 新建组，命名为“书脊”。选择“直排文字工具”，输入文字“【游玩篇】”，设置字体“宋体”，字号“22 点”。继续选择“直排文字工具”，输入书名“日照印象”，选择文字并打开“字符”面板，如图 6.46 所示，设置字体“华文楷体”，字号“45 点”，字符间距“−100”。书脊添加书名后，效果如图 6.47 所示。

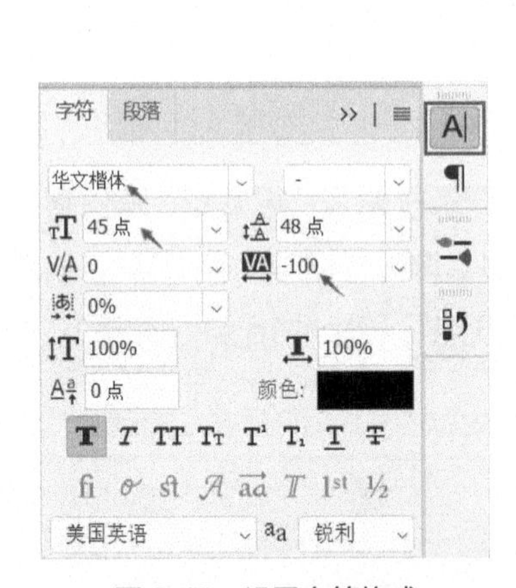

图 6.46　设置字符格式

图 6.47　书脊添加书名效果

⑭ 在“书脊”组内，继续选择“直排文字工具”，输入文字“韦金 著”，设置字体“楷体”，字号“24 点”。打开素材“第 6 章 / 案例素材 /05.psd”，选择“移动工具”，将素材图像拖动到当前文档，关闭素材文件，将新图层命名为“书脊中的 Logo”。调整 Logo 图像大小，并放到合适位置，如图 6.48 所示。

图 6.48　添加作者和出版社 Logo

⑮ 在“书脊”组内，选择“直排文字工具”，输入“文艺出版社”，设置字体为“楷体”，字号“24 号”。继续输入“Art Publishing House”，选中文字，打开“字符”面板，字体设为“等线”，字号为“15 点”。适当调整两列文字的位置，如图 6.49 所示。添加出版社效果，如图 6.50 所示。

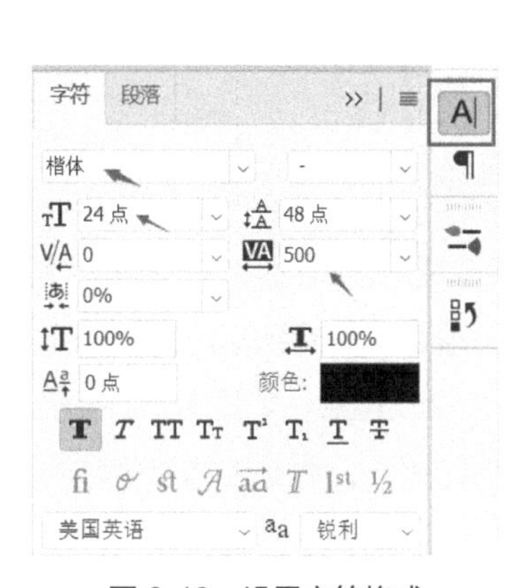

图 6.49　设置字符格式

图 6.50　添加出版社效果

⑯ 在“书脊”组内新建图层，命名为“书脊分割线”，在工具栏中选择“直线工具”，在上方的直线工具选项栏设置绘图模式为“像素”，粗线为“2 像素”，按 Shift 键绘制直线，如图 6.51 所示。

（2）书籍封面立体效果制作

① 按 Ctrl+N 组合键，在弹出的“新建文档”对话框中，设置文件名为“书籍封面立体设计”，文件的“宽度”和“高度”分别为“1247 像素”和“842 像素”，“分辨率”为“72 像素 / 英寸”，如图 6.52 所示。

图 6.51　添加竖线

图 6.52　“新建文档”对话框

② 将前景色设置为灰色（#7a7a7a），按 Alt+Delete 组合键用前景色填充“背景”图层，如图 6.53 所示。选中“书籍封面平面设计 .psd”文档，将书籍正面复制到当前文档中（可先盖印图层再复制），并按 Ctrl+T 组合键，将其调整至合适的大小及位置，如图 6.54 所示。盖印图层操作：按 Ctrl+Alt+Shift+E 组合键，完成相应图层的盖印操作。为方便选择区域，可按 Ctrl+H 组合键隐藏参考线。

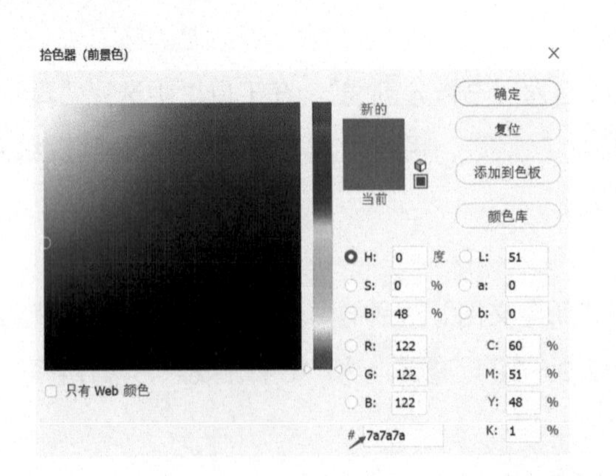

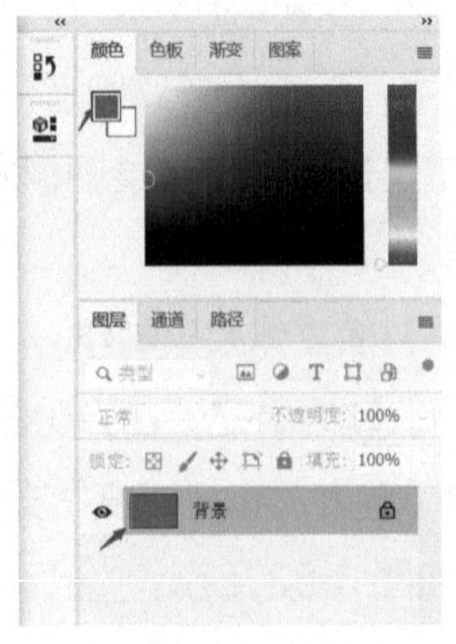

图 6.53　设置背景色

图 6.54　导入书籍正面图片

③ 继续从“书籍封面平面设计 .psd”文档复制“中线”图像，将其复制到当前文档，按 Ctrl+T 组合键将其调整至合适的大小及位置，如图 6.55 所示。

④ 在“图层”面板中，选中“书籍正面”所在图层，执行“编辑”→“变换”→“透视”命令，将图像斜切一个小角度，做出立体效果。继续选择“中线”所在图层，进行相同的操作，效果如图 6.56 所示。

图 6.55　复制“中线”图像

图 6.56　图像透视变形

⑤ 在“图层”面板中，同时选中正面和侧面所在图层，按 Ctrl+J 组合键复制图层，合并两个副本图层后，对其进行垂直翻转（执行“编辑”→“变换”→“垂直翻转”命令），将其调整至合适的大小及位置，将该图层命名为“倒影”，如图 6.57 所示。

⑥ 为“倒影”图层添加白色图层蒙版（操作提示：分别选中两个图层，单击“图层”面板下方的“添加图层蒙版”按钮，或执行“图层”→“图层蒙版”→“显示全部”命令）。选择“画笔工具”，设置前景色为黑色，在选项栏中设置“流量”“不透明度”都为“35%”，设置合适的画笔大小，在蒙版上绘制倒影效果，如图 6.58 所示。

图 6.57　制作“倒影”图层

图 6.58　制作倒影效果

⑦ 新建图层，将新图层命名为“影子”，选择“多边形套索工具”，绘制三角形选区，填充深灰色（#727272），按 Ctrl+D 组合键取消选区，如图 6.59 所示。

图 6.59　绘制影子

6.3.2　包装纸袋设计

1. 任务描述

某地区新开一家宠物店，正在做宣传筹备工作，利用 Photoshop CC 2020 为该宠物店设计一个创意手提袋效果图。

2. 设计思路

手提袋是宣传企业形象的好方式，优质的手提袋可以反映出企业的良好形象，提升企业的品牌价值。

手提袋的设计要简洁大方，以公司的标志形象为主，可以含有企业理念，但要避免复杂的设计。本案例要求为某宠物店设计一款手提袋，考虑到宠物店的服务对象，手提袋上将突出呈现一条小狗的形象及宠物店的名字；为了给手提袋在视觉上添加一点新意，在小狗的脖子与手提绳之间设计一条绳子，这样顾客在手提该袋子时，看起来像是牵着一条小狗。这样的设计总体简洁、突出主题，且富有一定的创意，能够吸引路人注意，从而达到宣传效果。手提袋效果如图 6.60 所示。

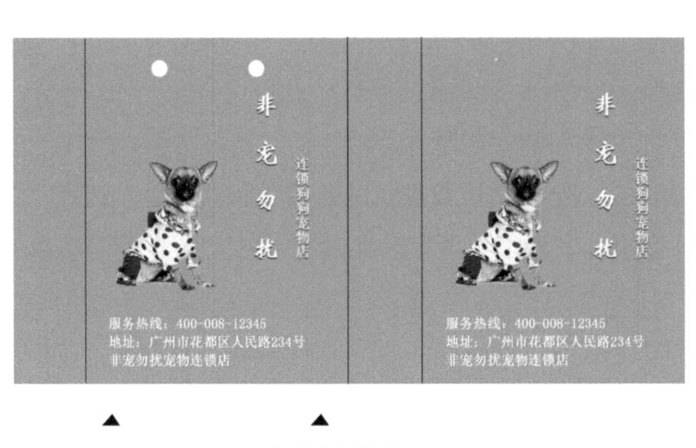

（a）平面效果　　（b）立体效果

图 6.60　手提袋效果图

3. 操作步骤

（1）平面手提袋包装设计

① 启动 Photoshop CC 2020 软件，按 Ctrl+N 组合键，在弹出的“新建文档”对话框中，设置文件名为“手提袋包装平面设计”，“宽度”和“高度”分别为“80 厘米”“40 厘米”，“分辨率”为“72 像素 / 英寸”，如图 6.61 所示。

图 6.61　“新建文档”对话框

按 Ctrl+S 组合键，存储为“手提袋包装平面设计 .psd”。（在实际工作中，印刷品的分辨率通常设置为 300 像素 / 英寸以上，色彩模式为 CMYK 色彩模式）

② 新建图层，将新图层命名为“底纹”，设置前景色“#41b7c5”，按 Ctrl+Delete 组合

键用前景色填充“底纹”图层。按 Ctrl+R 组合键显示标尺，选择“移动工具”，从标尺处拖出几条参考线，如图 6.62 所示。

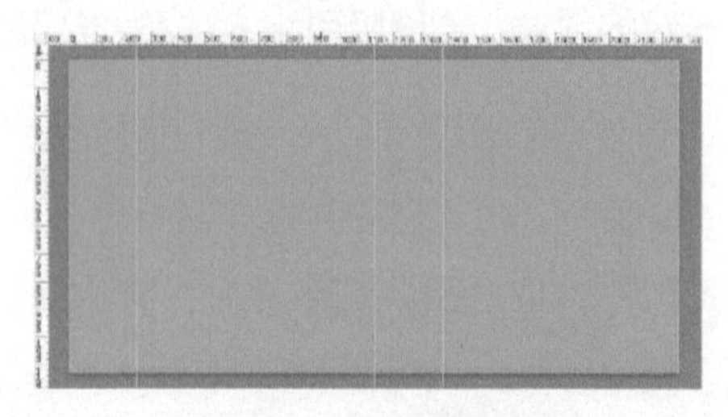

图 6.62　新建“底纹”图层

③ 新建图层，将新图层命名为“分割线”，按 D 键设置默认的前景色和背景色。选择“直线工具”，在选项栏中设置工具模式为“像素”，“粗细”为“2 像素”，按住 Shift 键沿着参考线从上向下绘制直线，如图 6.63 所示。

图 6.63　绘制直线

④ 新建图层，将新图层命名为“left dog”。打开素材图片“宠物狗 .psd”，如图 6.64 所示。将素材图像拖动复制到当前文档中，按 Ctrl+T 组合键将其调整至合适的大小及位置，执行“编辑”→“变换”→“水平翻转”命令，对小狗图像进行水平调整，如图 6.65 所示。

图 6.64　素材图像

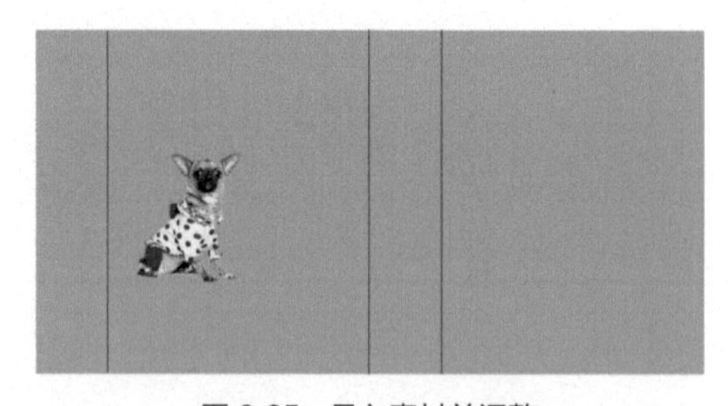

图 6.65　导入素材并调整

⑤ 选择“直排文字工具”，设置字体为“华文新魏”，字号为“90 点”，颜色为白色，输入文字“非宠勿扰”；设置字体为“宋体”，字号为“45 点”，输入文字“连锁狗狗宠物店”。再选择“横排文字工具”，设置字体为“宋体”，字号为“45 点”，在相应位置分别输入文字“非宠勿扰宠物连锁店”“地址：广州市花都区人民路 234 号”“服务热线：400-008-12345”。继续为竖排文字所在图层添加“斜面和浮雕”图层样式，如图 6.66 和图 6.67 所示。

图 6.66　添加文字后的效果

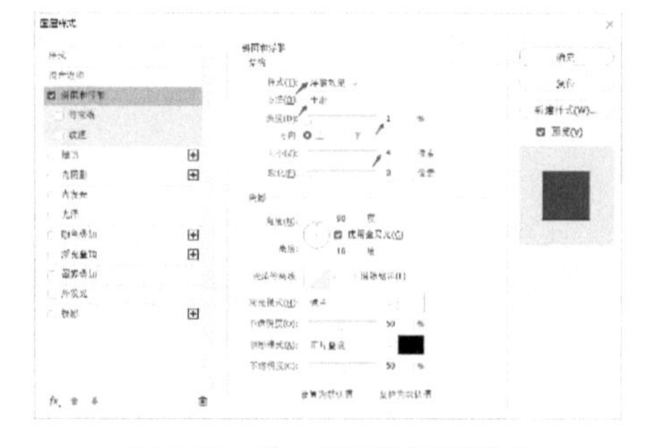

图 6.67　为文字添加图层样式

⑥ 单击“图层”面板下方的“创建新组”按钮 ，将新组命名为“正面文字”，将正面文字所在的 3 个文字图层放入该组。在“图层”面板上，选中该组，单击鼠标右键，在弹出的快捷菜单中选择“复制组”命令，利用“移动工具”或配合使用方向键，将复制的文字移动到右侧页面上。同时复制“left dog”图层，将副本图层移动到右侧页面的相应位置，如图 6.68 所示。

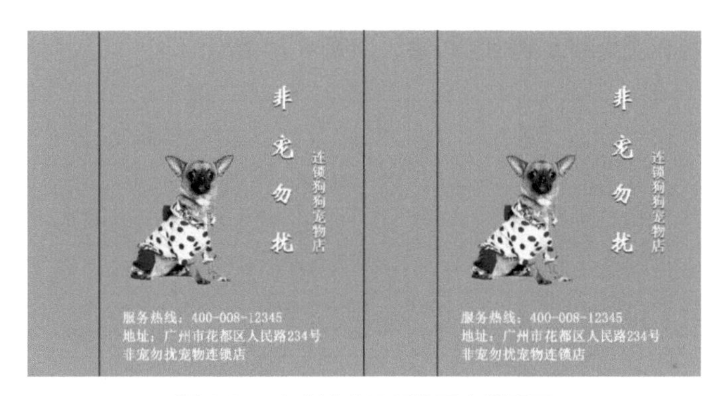

图 6.68　复制文字及图像至右侧页面

⑦ 执行“图像”→“画布大小”，在弹出的“画布大小”对话框中设置画布“宽度”为“82 厘米”，“高度”为“50 厘米”，设置“定位”，如图 6.69 所示。

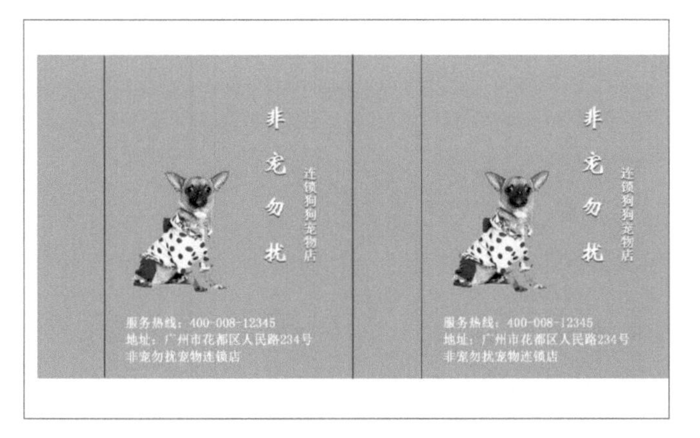

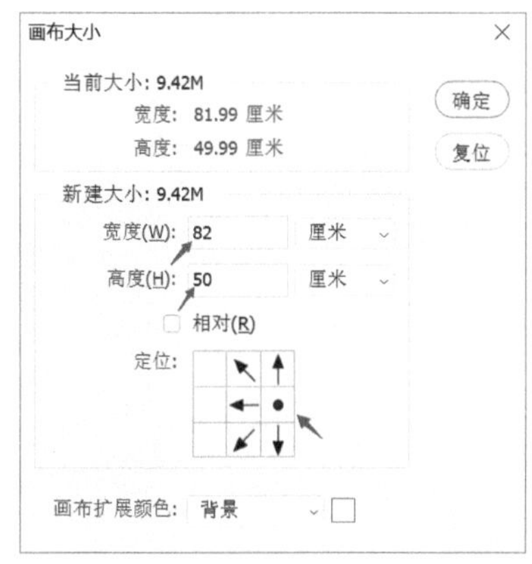

图 6.69　扩展画布

⑧ 新建图层，将新图层命名为“圆孔”，选择“椭圆选框工具”，按住 Shift 键绘制圆形选

区，填充为白色。按 Ctrl+D 组合键取消选区，按 Ctrl+J 组合键复制图层，并将副本移动到右侧相应位置，如图 6.70 所示。

图 6.70　绘制“圆孔”

⑨ 在“图层”面板中选中“圆孔 拷贝”图层，单击鼠标右键，在弹出的快捷菜单中选择“向下合并”命令，合并图层。按 Ctrl+J 组合键，复制图层，选择“移动工具”，利用 Shift+方向键的组合键，将该图层移动到相应位置，如图 6.71 所示。

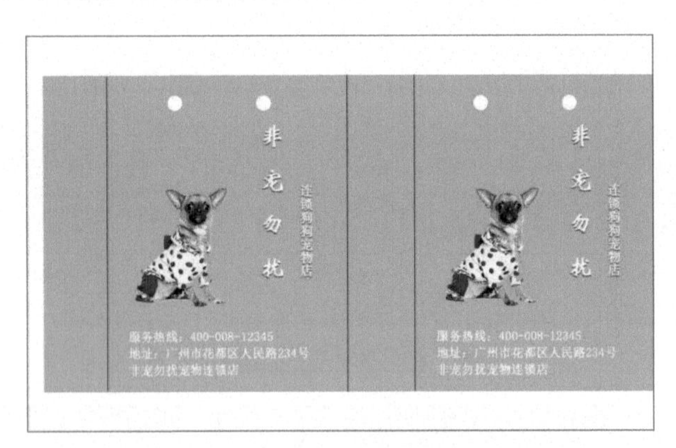

图 6.71　在另一面绘制“圆孔”

⑩ 新建图层，将新图层命名为“角边”，利用“多边形套索工具”绘制三角形选区，填充为黑色，并复制图层，得到第二个边角，如图 6.72 所示。

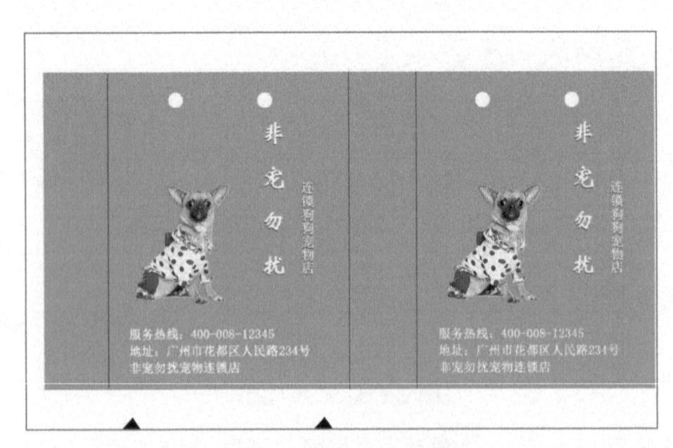

图 6.72　绘制三角形选区

（2）立体手提袋包装设计

① 打开文件“手提袋包装平面设计 .psd”，单击“图层”面板中的“指示图层可见性”按钮👁，隐藏部分图层，然后按 Ctrl+Alt+Shift+E 组合键盖印可见图层，分别得到“背景盖印”“正面文字盖印”图层，如图 6.73 所示。

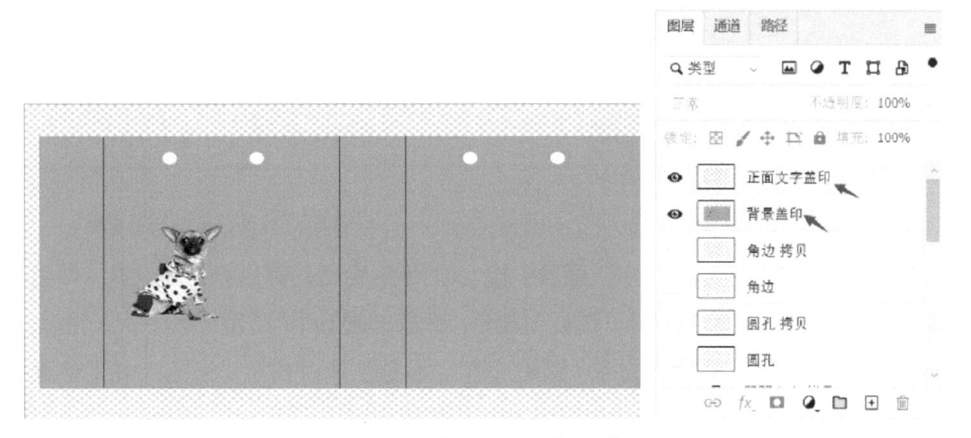

图 6.73　背景盖印图层及“图层”面板

② 按 Ctrl+N 组合键，在弹出的“新建文档”对话框中，设置文件名为“手提袋包装立体设计”，“宽度”和“高度”分别为“82 厘米”“50 厘米”，“分辨率”为“72 像素 / 英寸”，存储为“手提袋包装立体设计 .psd”。

③ 利用“移动工具”，将“手提袋包装平面设计 .psd”中“背景盖印”“正面文字盖印”图层中的内容拖到“手提袋包装立体设计 .psd”文档中，分别命名为“图层 1”“图层 2”。如图 6.74 所示。选择“矩形选框工具”创建选区，删除多余部分。如图 6.75 所示。

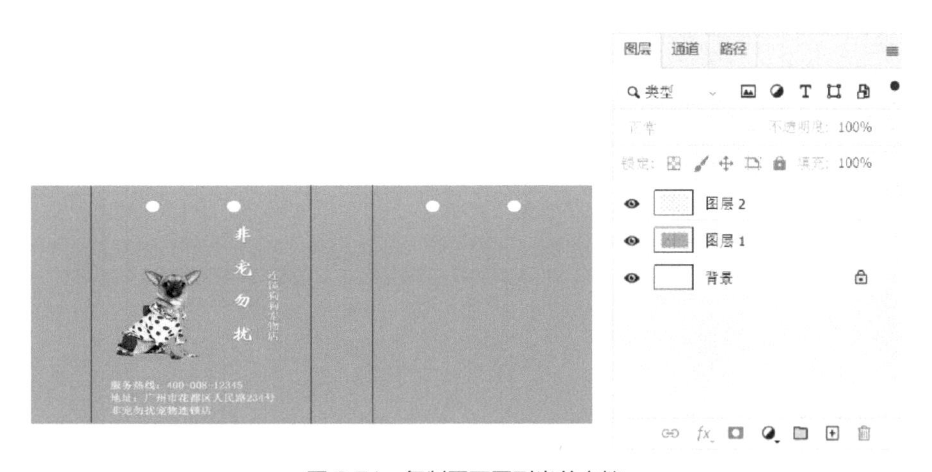

图 6.74　复制平面图到当前文档

④ 在“图层”面板中选择“图层 1”，利用“矩形选框工具”创建矩形选区，按 Ctrl+Shift+J 组合键将侧面背景剪切到新图层，并将“图层 1”和新图层分别命名为“正面背景”“侧面背景”。将“图层 2”命名为“文字”，如图 6.76 所示。

图 6.75　裁剪图像

图 6.76　剪切侧面到新图层

⑤ 选中“正面背景”和“文字”图层，按 Ctrl+T 组合键对其进行自由变换，然后单击鼠标右键，在弹出的快捷菜单中选择“透视”命令，调整如图 6.77 所示。

⑥ 选中“侧面背景”图层，选择“钢笔工具”，设置工具模式为“路径”，绘制侧面阴影区域，如图 6.78 所示。

图 6.77　透视变换

图 6.78　绘制阴影区域

⑦ 按 Ctrl+Enter 组合键将路径转换为选区，选中“侧面背景”图层，按 Ctrl+J 组合键复制该选区。按 Ctrl+M 组合键打开“曲线”对话框，具体设置参数如图 6.79 所示。

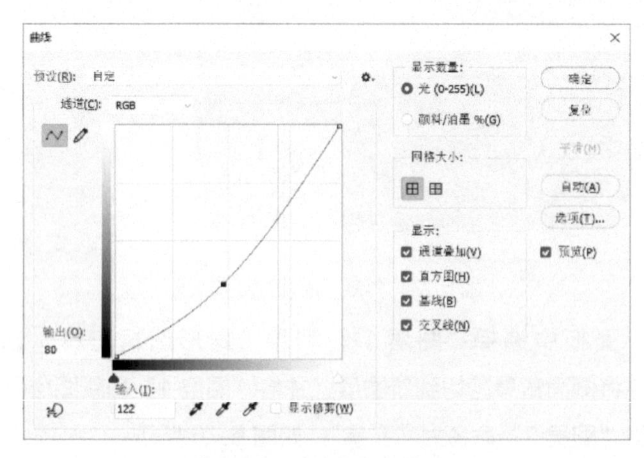

图 6.79　“曲线”对话框

⑧ 选择“矩形选框工具”，在侧面背景的左半部分绘制矩形选区，在选区内单击鼠标右键，在弹出的快捷菜单中选择“变换选区”命令，再次在选区内单击鼠标右键，在弹出的快捷菜单中选择“变形”命令，拖曳控制点，调整选区形状，按 Enter 键应用变换，如图 6.80 所示。

⑨ 选中“侧面背景”图层，按 Ctrl+J 组合键复制该选区，按 Ctrl+M 组合键调整曲线，如图 6.81 所示。

⑩ 新建图层，将新图层命名为“绳子”。选择“钢笔工具”，绘制路径，如图 6.82 所示。

图 6.80　选区变形操作

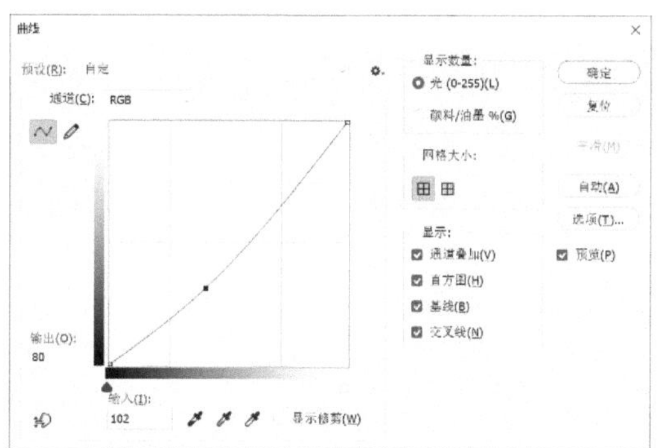

图 6.81　调整曲线

图 6.82　绘制路径

⑪ 选择“画笔工具”，在选项栏中设置“画笔预设”为“硬边圆”，“大小”为“30 像素”，“硬度”为“100%”，如图 6.83 所示。设置前景色为白色。打开“路径”面板，单击“用画笔描边路径”按钮○，然后单击面板右下角的“删除当前路径”按钮，将路径删除，如图 6.84 所示。调整绳子的显示效果，在“图层”面板中，将“绳子”图层移动到“正面背景”图层的下方。

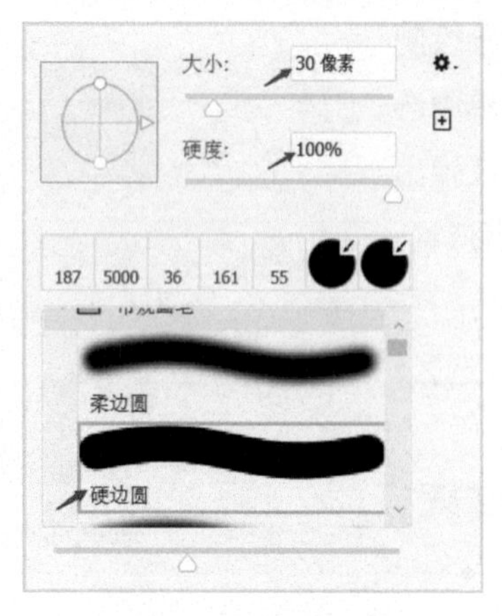

图 6.83　设置画笔

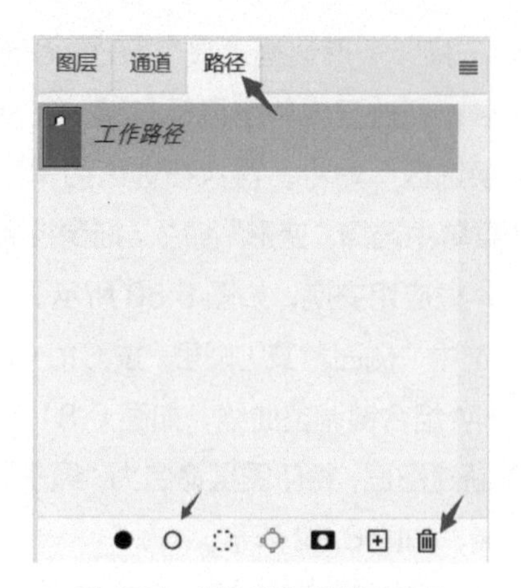

图 6.84　描边路径并删除路径

⑫ 在“图层”面板中，在“绳子”图层的名称右侧空白处双击，弹出“图层样式”对话框，单击左侧的“样式”，选择“织物”类别中的“亚麻纸”，如图 6.85 所示，然后单击“斜面和浮雕”，设置“软化”为“16 像素”，如图 6.86 所示。

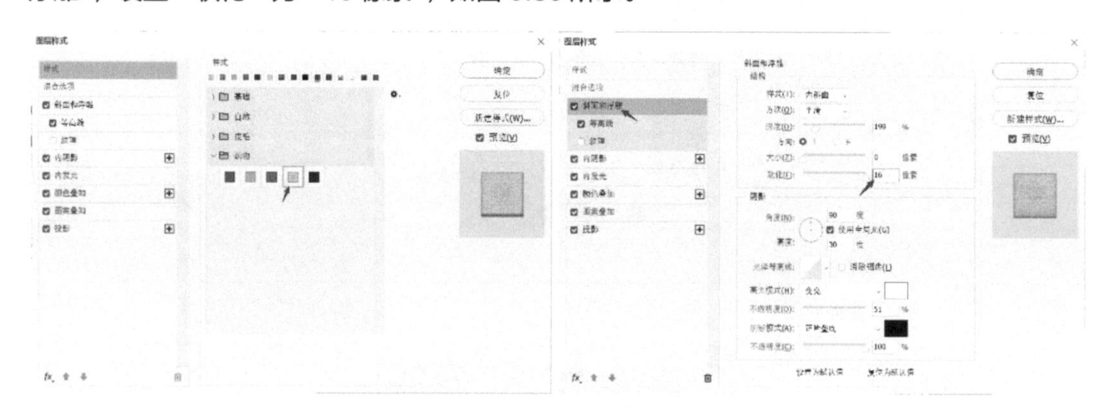

图 6.85　设置图层样式

⑬ 使用“钢笔工具”绘制路径，制作拴小狗的绳子，设置画笔“大小”为“20 像素”，重复⑩ ~ ⑫步的操作，最终效果如图 6.87 所示。

图 6.86　绳子效果

图 6.87　最终效果

6.3.3 瓶子包装设计

1．任务描述

某化妆品公司推出一款葡萄籽精华护肤系列产品，请为该产品设计制作包装瓶，要求包装瓶符合葡萄籽精华护肤系列产品的健康、自然理念，设计需精致美观、富有吸引力。

2．设计思路

就目前的化妆品市场而言，消费群体以年轻女性为主。因此，具有欣赏价值的、美的产品往往能够对她们产生强烈的刺激，激发她们的购物冲动，进而产生某种购买或占有的欲望。本产品包装瓶在设计上应突出葡萄籽精华的健康、自然的理念。瓶身色彩上采用与葡萄颜色相近的淡紫色，紫色代表浪漫、神秘、高贵，有皇家气质，故紫色又称帝王紫，加上瓶身适当的尺寸比例，能够很好地满足消费者对化妆品外观的需求。

3．操作步骤

（1）启动 Photoshop CC 2020 软件，按 Ctrl+N 组合键，在弹出的“新建文档”对话框中，设置文件名为“瓶子包装设计”，“宽度”和“高度”分别为“800 像素”“600 像素”，“分辨率”为“72 像素 / 英寸”，如图 6.88 所示。新建图层，将新图层命名为“瓶身”。

图 6.88 “新建文档”对话框

（2）选择“矩形选框工具”，创建一个矩形选区，然后选择“渐变工具”，在选项栏中打开“渐变编辑器”，在位置 25% 处，设置颜色为淡紫色（#ddd8fb），0% 和 100% 处设置颜色为白色（#ffffff），如图 6.89 所示，单击“确定”按钮，为选区填充从左到右的线性渐变。

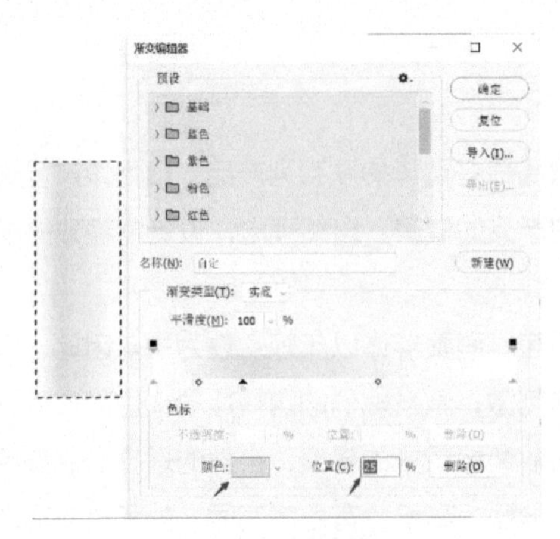

图 6.89　设置渐变

（3）按 Ctrl+D 组合键，取消选区。按 Ctrl+T 组合键，在选项栏中单击“在自由变换和变形模式之间切换”按钮进行自由变形，选择“变形”为“拱形”，参数可以自己调整，如设置“弯曲”为“-10.0%”，变形之后如图 6.90 所示。

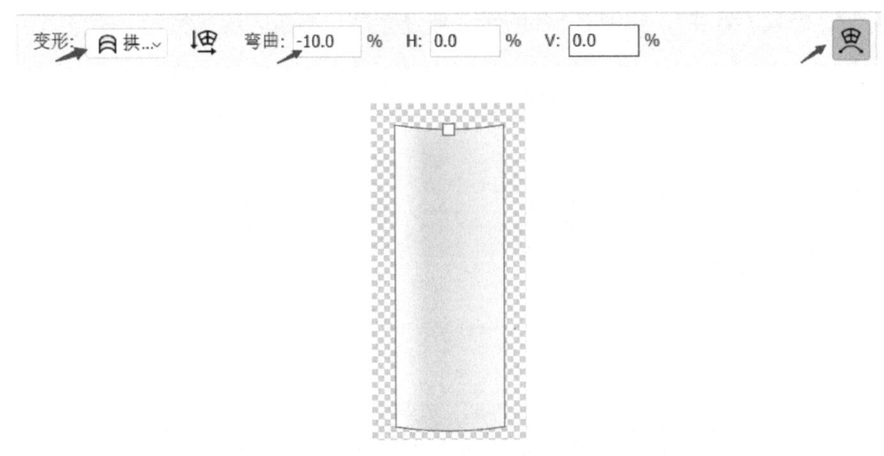

图 6.90　变形操作

（4）新建图层，将新图层命名为“瓶盖”。选择“矩形选框工具”，在图上绘制选区（也可以按住 Ctrl 键，在“瓶身”图层的缩略图处单击，然后按住 Alt 键使用“矩形选框工具”对选区进行减去选区操作），如图 6.91 所示。

图 6.91　绘制瓶盖选区

（5）选择“渐变工具”，在选项栏中打开“渐变编辑器”对话框，设置白色（#ffffff）与灰色（#343434）交替的渐变颜色，如图 6.92 所示。单击“确定”按钮，为选区填充从左到右的线性渐变。按 Ctrl+T 组合键，在选项栏中单击“在自由变换和变形模式之间切换”按钮对选区进行自由变形，效果如图 6.93 所示。

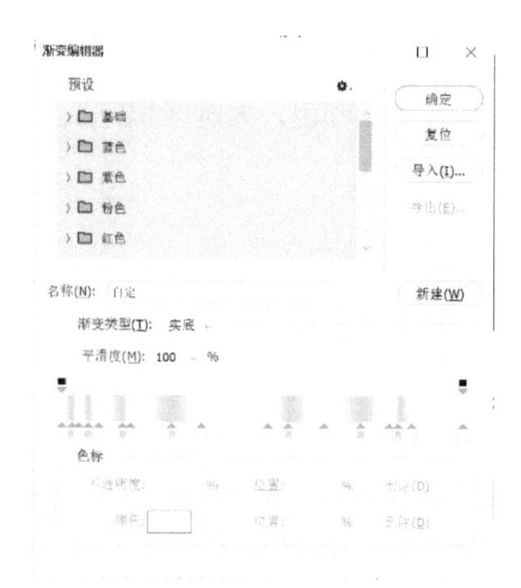

图 6.92　设置渐变

图 6.93　瓶盖变形

（6）填充渐变之后，如果觉得渐变效果生硬，可以执行“滤镜→模糊→高斯模糊”命令进行模糊操作，可根据实际选区调整“半径”，如图 6.94 所示。

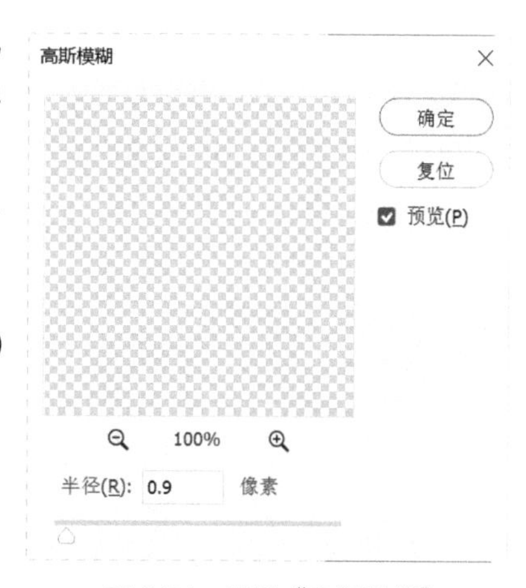

图 6.94　设置“高斯模糊”

（7）新建图层，将新图层命名为“盖面”。选择“椭圆工具”，绘制椭圆选区，选择“渐变工具”，在选项栏中打开“渐变编辑器”，设置灰色（#ededed）与白色（#ffffff）交替的渐变颜色，单击“确定”按钮，为选区填充从上到下的线性渐变。

（8）按 Ctrl+T 组合键，在选项栏中单击“在自由变换和变形模式之间切换”按钮对选区进行自由变形，适当调节图形，效果如图 6.95 所示。

（9）新建图层，将新图层命名为“瓶底”。绘制矩形选区，按 Ctrl+T 组合键，在选项栏中单击“在自由变换和变形模式之间切换”按钮对选区进行自由变形，适当调节图形，效果如图 6.96 所示。

图 6.95　绘制瓶盖上面部分

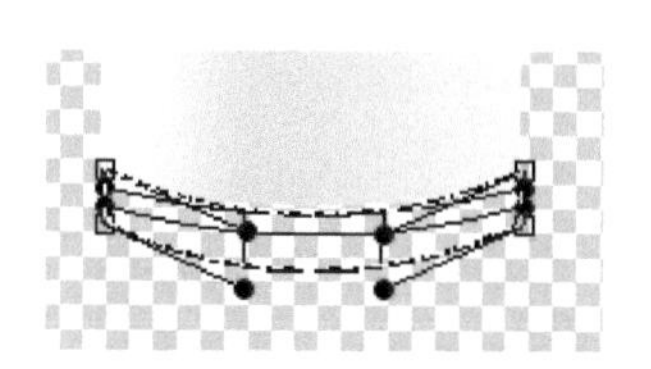

图 6.96　绘制瓶底选区

（10）选择“渐变工具”，在选项栏中打开“渐变编辑器”，设置“#a4a4a4”与“#ededed”的渐变颜色，如图 6.97 所示。也可以凭自己的感觉来调整渐变颜色。为选区填充从左到右的线性渐变。按 Ctrl+T 组合键对选区进行自由变换。

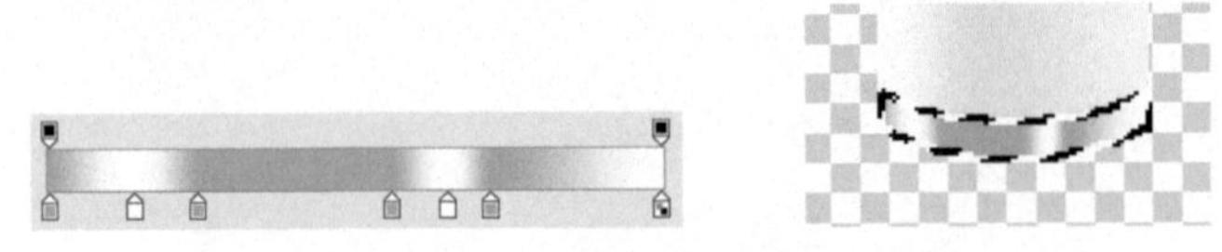

图 6.97　设置渐变并变形

（11）新建图层，将新图层命名为“瓶底反光”，选择“钢笔工具”，在选项栏中设置工具模式为“形状”，绘制出形状。按 Ctrl+Enter 组合键，将形状转化为选区，再填充颜色“#e4e3e2”，如图 6.98 所示。

（12）新建图层，将新图层命名为“装饰条”。选择“矩形选框工具”，创建一个矩形选区，将选区填充为白色，再按 Ctrl+T 组合键，在选项栏中单击“在自由变换和变换模式之间切换”按钮对选区进行自由变形，可以拖曳节点对形状进行变换，效果如图 6.99 所示。

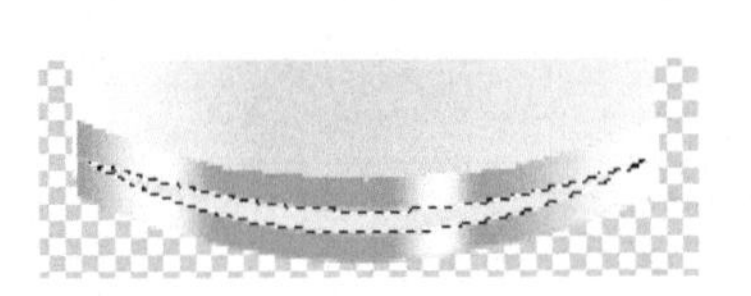

图 6.98　绘制瓶底反光效果

图 6.99　绘制装饰条

（13）新建图层，将新图层命名为“瓶身装饰”，绘制矩形选区，填充紫色（#d6d2fa），如图 6.100 所示。参照上一步的变形方法，对紫色矩形进行变形，效果如图 6.101 所示。

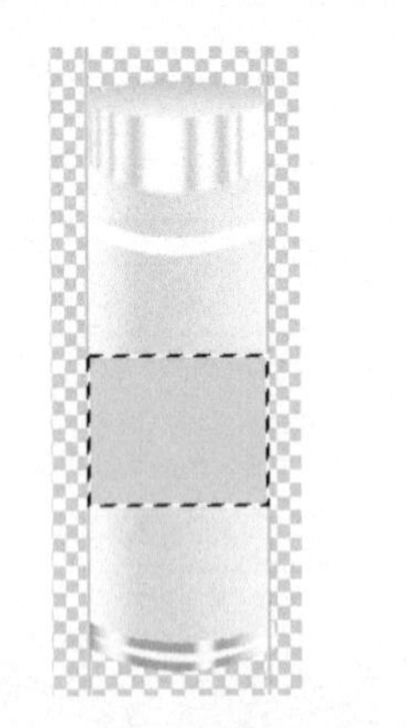

图 6.100　绘制瓶身装饰

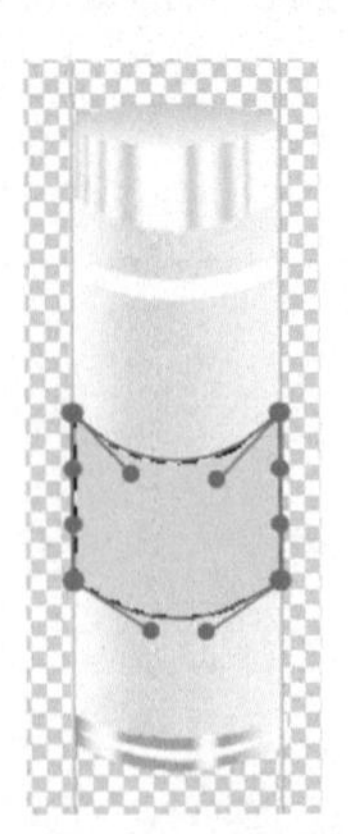

图 6.101　图像变形

（14）选择“横排文字工具”，设置字体颜色为白色，分行输入文字“NATURE

REPUBLIC”“SUPER GRAPE”“SEED”“TONER”“nourishing&”“moisturizing for skin”“155ml/5.23 fl.oz.”，并调整文字大小及位置等，其中设置“SUPER GRAPE”“SEED”的行距、字体和字号。如图 6.102 所示。

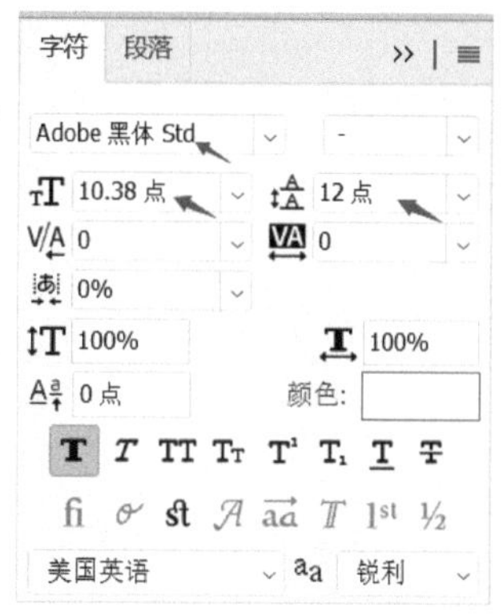

图 6.102 设置瓶身上的文字

（15）在“图层”面板中，选中以上几个文字图层，单击鼠标右键，在弹出的快捷菜单中选择“合并图层”命令，将图层合并，继续在合并的图层上单击鼠标右键，在弹出的快捷菜单中选择“栅格化文字”命令，将文字栅格化。再按 Ctrl+T 组合键对其进行自由变形，在选项栏中单击“在自由变换和变换模式之间切换”按钮，具体参数设置如图 6.103 所示。

图 6.103 将文字变形

（16）打开素材图片“葡萄 .jpg”，如图 6.104 所示。使用“魔棒工具”将白色背景选中，按 Shift+Ctrl+I 组合键进行反选。利用“移动工具”将葡萄拖入当前文档。按 Ctrl+T 组合键对其进行自由变形，调整葡萄的大小、位置及方向等，如图 6.105 所示，将该图层命名为“葡萄”。

图 6.104 葡萄图片素材

图 6.105 添加葡萄素材到文档

（17）在“图层”面板中，选中“葡萄”图层，设置图层的“不透明度”为“54%”，设置图层的混合模式为“柔光”，如图 6.106 所示。

图 6.106　修改图层的属性

（18）对瓶子进行总体效果调整，将组成瓶子的所有图层设为可见，其他图层都设置为不可见，按 Ctrl+Shift+Alt+E 组合键盖印可见图层，如图 6.107 所示，将新图层命名为“盖印图层”。

（19）选中“盖印图层”，按 Ctrl+J 组合键复制图层，将副本图层命名为“小瓶子”，按 Ctrl+T 组合键对其进行自由变形调整瓶子大小，效果如图 6.108 所示。

图 6.107　盖印图层

图 6.108　复制第二个瓶子

（20）在“背景”图层上方新建一个图层，将新图层命名为“渐变背景”。选择“渐变工具”，在选项栏中打开“渐变编辑器”，设置由蓝色（#4598d3）到白色（#ffffff）的渐变颜色，为图层填充由内到外的径向渐变，如图 6.109 所示。

（21）打开素材“线条 .psd”，将其导入当前文档，并按 Ctrl+T 组合键将其调整至合适的大小和位置，将新图层命名为“线条”，如图 6.110 所示。

（22）按住 Ctrl 键的同时单击“盖印图层”和“小瓶子”图层，将其同时选中，按 Ctrl+J 组合键复制图层，将新图层分别命名为“大瓶倒影”“小瓶倒影”。

（23）分别选中两个图层，单击图层面板下方的“添加图层蒙版”按钮；或执行“图层”→“图层蒙版”→“显示全部”命令，为以上两个倒影图层添加白色图层蒙版。选择“画笔工具”，设置前景色为黑色，在选项栏中设置“流量”“不透明度”都为“35%”，选择适当的画笔，在蒙版上绘制倒影效果，如图 6.111 所示。

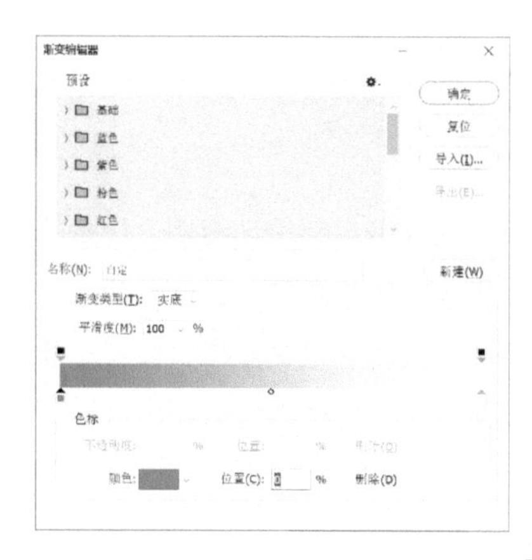

图 6.109　填充渐变背景

图 6.110　导入线条素材

图 6.111　绘制倒影效果

（24）选择“直排文字工具”，设置字体为“华文新魏”，字号为“9 点”，字体颜色为黄色（#fcfe6d），输入文字“葡萄籽精华护肤”。将字号修改为“8 点”，再次输入文字“自然 健康”，调整文字位置，如图 6.112 所示。

图 6.112　添加文字

以上是 3 种类型的包装设计案例，为了练习方便，文件分辨率可设置为 72 像素 / 英寸，但在实际需交付印刷的作品中，文件分辨率需达到 300 像素 / 英寸。

6.4 本章小结

本章讲解了包装设计的相关知识，包括包装设计基础理论和典型包装设计案例。优秀的包装设计作品需要扎实的理论知识作指导，所以读者需要深入领会学习相关的包装设计理论。本章案例的制作涉及图形绘制、图像变形、图层样式、图像合成、滤镜等相关操作，读者需要在广泛欣赏优秀包装设计作品的基础上，多思考、多动手，提高自己的设计能力与制作水平。

习题

利用素材文件，制作“蓝箭口香糖”的包装盒子，在设计上需要体现该产品的绿色、健康特点，同时迅速向消费者传递诸如“产品名称”“口味”等重要产品信息。参考效果图如图 6.113 所示。

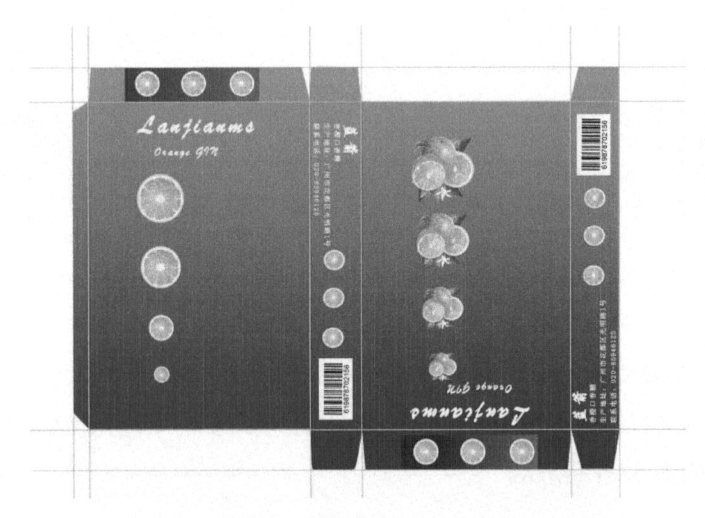

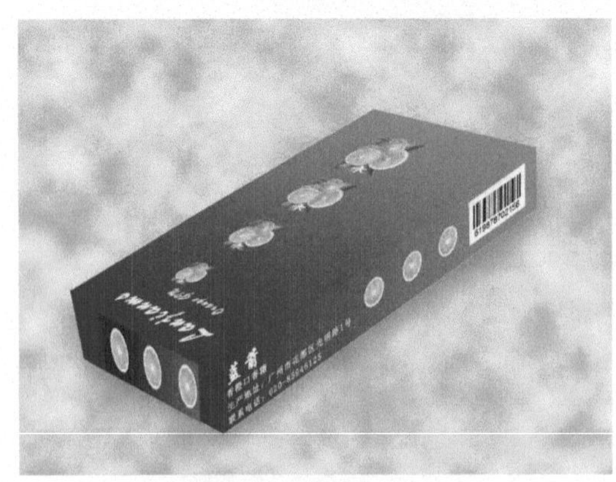

图 6.113　参考效果图

（1）设计思路

将盒子背景颜色设置为绿色，体现产品的绿色健康理念，通过深绿到浅绿的颜色渐变增加盒子的视觉效果。在盒子最显眼的部位呈现产品品牌，让消费者快速读取到有用信息，盒子正面及侧面放置大小不一的橙子图片，这样做除了能增加画面节奏感和美化盒子之外，更重要的是能让消费者迅速了解到该产品的口味，以起到迅速传递信息的作用。

（2）涉及知识点

- 用“钢笔工具”绘制路径。
- 用“渐变工具”制造色彩的立体感。
- 图像变形。
- 图层样式的使用。

Chapter 07

第 7 章 广告设计

本章概述

广告是一门综合性很强的专业，广告设计不是纯粹的艺术活动。广告设计必须经历市场调查、总体策划、确定主题、开发创意和艺术表现等过程。就学科特点而言，广告设计知识涵盖面广，媒体应用广泛，具有时效性强、受众广泛、宣传力度大的特点。

学好广告设计必须具备一定的审美能力、创新能力和沟通能力。本章将通过分析 4 种不同类型的广告设计实例，详细讲述常见的户外广告、易拉宝广告、折页广告和公益海报的制作技能和设计理念。

本章学习要点

- 掌握广告设计的基础知识。
- 了解户外广告的设计方法。
- 了解易拉宝的设计方法。
- 了解折页广告的设计方法。
- 了解公益海报的设计方法。

7.1 背景知识简介

7.1.1 广告设计的应用领域

平面广告设计是现代商业活动中的一个重要环节和组成部分，平面广告的历史源远流长，随着经济、文化日趋繁荣，平面广告逐步走向辉煌。平面广告设计可分为两大领域：一是传统的书籍广告设计，包括书籍封面设计、版面设计、招贴广告设计等；二是产品包装的广告设计，包括产品装潢系列广告设计和标志系列广告设计等。

7.1.2 广告设计的要求与原则

1. 广告设计的要求

设计是有目的的策划，平面广告设计是利用视觉元素（文字、图片、色彩等）来传播广告项目的设想和计划，并通过视觉元素向目标客户表达广告主的诉求点。现代广告设计的任务是根据企业营销目标和广告战略的要求，通过引人入胜的艺术表现，清晰准确地传递产品或服务的信息，树立有助于产品销售的品牌形象与企业形象。所以，平面广告设计的好坏除了有无灵感之外，更重要的是能否准确地将诉求点表达出来，是否符合商业活动的需要。一幅优秀的平面广告设计作品要求充满时代意识的新奇感，并在设计上具有独特的表现手法和情感，表现手段浓缩化且具有象征性。

2. 广告设计的原则

（1）真实性原则

真实性是指广告内容应与所宣传的产品或服务本身具有的质量、数量及功能相吻合，不能夸大和弄虚作假，这是设计制作所有广告的前提。要增加广告的真实性，可以通过在广告中加入实拍的影像，也可以运用权威的数据对广告进行佐证。

（2）创新性原则

没有创意的广告，很难在信息量巨大的社会中引起人们的注意，只会在社会中平庸地传播，不可能有太好的广告效果。要保证广告的创新性，则需要广告设计人员具有独特的创意。

（3）科学性原则

广告设计与实施的整个活动都体现出严密的科学性。从广告设计的前期调查准备、创意视觉化的表现，到后期的设计制作、完成后的广告媒体选择、广告发布后的效果测定，每个阶段都要综合运用各种学科的知识。

（4）艺术性原则

广告所表现出来的艺术审美价值，是为了更好地吸引消费者的注意，给广大消费者以强烈鲜明的美的感受，同时也是为了激发消费者对广告产品的兴趣和消费欲望。广告设计中要注意艺术表达，可以塑造富有艺术感染力的广告形象，从而达到广告的最终目标。

7.2 本章重要知识点

7.2.1 基础知识

1. 广告的概念和分类

广告，从字面上看即“广而告之”，也就是向大众传播信息的活动。广告具有很强的目的性和针对性，根据广告的特点，可将广告划分为多种类型。

根据功能、用途和性质，广告可分为广义广告和狭义广告。凡是用于宣传某一对象、事物或事情的方式都是广义广告；狭义广告指的则是以盈利为主要目的的广告，也称商业广告，是指广告主以付费的方式，通过公共媒介对产品或服务进行宣传，借以向消费者有计划地传递信息，促使消费者产生购买行为，使广告主得到利益的活动。

按传播媒介分，广告大致可分为印刷广告、电子广告、实体广告等。其中，印刷广告又有多种表现形式，例如报纸广告、杂志广告、招贴广告、直邮广告等。电子广告又可以分为网络广告、广播广告、电视广告、电影广告、电子显示屏幕广告、霓虹灯广告等。

2. 广告设计的基本元素

广告设计的视觉语言离不开文字、图形、色彩诸要素。它们不仅是广告信息的载体，也是视觉传达的一种艺术形式，在广告设计中，它们分别承担着不同的角色，为形成统一的广告整体而共同协作、相互呼应。

（1）广告中的文字

广告中的文字的设计要符合广告内容的整体需要，良好的文字选择与色彩运用都有助于增强广告的整体效果，增强其感染力。广告中的文字的设计应该把握以下几个重点。首先，在内容上，注重文字的客观性和文案创意。文字要能够客观、准确、重点突出地将广告内容呈现给消费者，并富有一定韵味。其次，在形式上，设计者应赋予文字鲜明的个性，即字体设计。广告中文字个性的良好体现，与宣传主题、字体样式及色彩运用有着极其密切的关系。文字自身形态的变化（艺术化处理），文字色彩与背景色的搭配以及文字与图形、图像的和谐统一的关系都是表现文字个性时所要考虑的重点。

（2）广告中的图形

图形是构成广告的重要元素之一，在信息传播过程中，图形包含的信息相比文字更多，具有强烈的视觉说服力，而且更易于记忆。它能更好地表达设计者的情感和张力，给消费者带来强烈的视觉冲击，丰富产品的自我魅力。广告中图形设计的创意要以产品或服务为主，将有关产品或服务的各种元素进行浓缩，以具有张力的整体形式传递出视觉信息，使之更具视觉冲击力和艺术感染力，从而突出传达作品的主题信息，使消费者更容易辨识并且记忆广告作品的内容信息。

（3）广告中的色彩

色彩是广告表现的一个重要元素，色彩具有一定的象征意义，通过色彩的装饰，一些广告能让消费者产生丰富的联想，甚至能影响消费者的情绪。因此，广告色彩与消费者的心理及生理反应有着密切的联系，广告色彩的应用要以消费者的心理感受为前提，使消费者理解并接受画面中的色彩搭配。设计者还必须注意生活中的色彩语言，避免某些色彩表达与广告主题不一致的情况出现。广告色彩的运用要敢于突破一般的配色组合，同时要还原产品的真实色彩。

7.2.2 广告设计的技巧

我们如何能够在短时间内制作一个出彩且效果又好的广告设计作品呢？这就需要了解广告设计的技巧，下面将以平面广告为例介绍广告设计的技巧。

1. 主题明确

广告要能突出产品主题，让消费者一眼就能识别广告的含义，减少过多的辅助元素的干扰，如图 7.1 所示。切忌广告设计被切割得太细碎，导致内容繁多，没有浏览重心。很多广告主往往会认为广告传达的信息越多，消费者越有兴趣，其实并不是，什么都想说的广告，反而什么都说不好。

图 7.1　主题明确的广告

2. 重点文字突出

广告应用文字进一步地告诉消费者广告宣传的是打折产品的信息还是新货上市的信息。如果产品的最大卖点就是“5.1 折”，那么毫无疑问，“5.1 折”的字样一定要大、要醒目，其余的信息则需要被适当地弱化。重点文字突出的广告如图 7.2 和图 7.3 所示。

图 7.2　手电筒广告

图 7.3　插座广告

3. 符合浏览习惯

广告的设计要符合消费者从左到右、从上到下的浏览习惯，如图 7.4 所示。而图 7.5 中所展示的就是不符合消费者浏览习惯的设计。

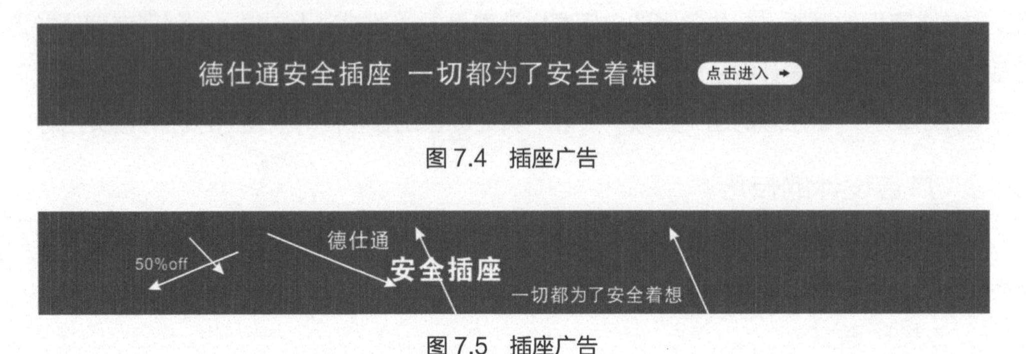

图 7.4　插座广告

图 7.5　插座广告

4. 用最短的时间吸引消费者的注意力

消费者集中注意力浏览广告的时间一般只有几秒，根据广告心理学的知识，要吸引消费者的注意力，就要在创意上下功夫，如通过夸张、滑稽、幽默等表现手法，将原本平凡的商品变得富有意义，或者在广告中加入一些新鲜、奇特的想法和构思，使消费者产生好奇心，如图 7.6 和图 7.7 所示。

图 7.6　牙刷创意广告

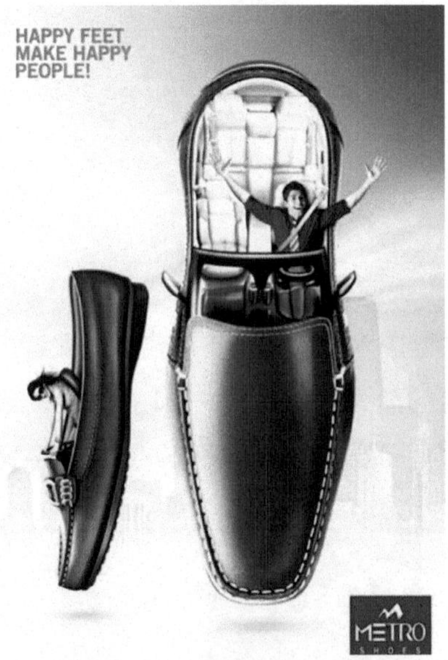

图 7.7　鞋子创意广告

5. 色彩不要过于醒目

有些广告主要求使用比较夸张的色彩来吸引消费者的眼球，希望以此提升广告设计的关注度。实际上，“亮”色虽然能吸引眼球，但往往会让消费者感觉刺眼、不友好甚至产生反感。所以，过于醒目的色彩是不可取的。

6. 产品数量不宜过多

很多广告主总是想展示更多的产品，少则 4~5 个，多则 8~10 个，使得整个广告设计变成产品的堆砌。广告设计的显示尺寸非常有限，摆放太多产品，反而会让消费者忽视产品，使广告的视觉效果大打折扣。所以，产品图片不是越多越好，易于识别是关键。

下面不妨对比一下图 7.8 和图 7.9 中两款广告设计图，哪一款更易于识别和引起关注呢?

图 7.8　插座广告产品展示 A

图 7.9　插座广告产品展示 B

展示 A：取产品局部的特征图，同时配合宣传语，简洁明确，易于识别。

展示 B：产品数量过多，没有亮点，画面堆得太满。

7. 信息数量要平衡

很多广告主认为所有信息都很重要，都要求突出，结果却适得其反。如果广告上满是吸引点，那消费者的注意力就会被分散，所以在广告画面的有限空间内做好各种信息的平衡和协调非常重要。

8. 编排时要留白

在画面中留白可以虚化局部以突出广告的主体，虚实结合的画面能给消费者留有联想的余地，同时也可以使图形和文字有“呼吸”的空间，如图 7.10 所示。

图 7.10　摩托车广告

7.3 广告设计案例

7.3.1 易拉宝设计

易拉宝或称海报架、展示架，也叫易拉架、易拉得、易拉卷等，是树立式宣传海报，常见于人流多的街头，协助进行路演和推销活动，或是放置在临时摊位旁。概括来说，易拉宝适合各种展销、展览、促销活动。设计易拉宝时，不要让它承载过多信息，尽量做到重点突出，层次清晰，应根据受众群体的偏好和广告主题准确定位设计风格。制作时，选择 CMYK 色彩模式，不要选 RGB 色彩模式，否则印刷出来会有色差。

1. 设计思路

本案例是设计一款健身房易拉宝。在配色上采用比较醒目的黄色，黄色辨识度高，能给人一种活泼、激情的感觉。画面中呈跑步姿态的人物形象具有向前冲刺的动感和力量，再配上健身图片和详细的文字叙述，将健身房这一主题表现得淋漓尽致。健身房易拉宝效果图如图 7.11 所示。

2. 案例知识点

（1）使用滤镜制作图像的艺术风格。

（2）使用“钢笔工具”与图层蒙版，控制图像显示效果。

（3）使用蒙版制作剪贴画效果。

3. 操作步骤

（1）制作背景

① 启动 Photoshop 软件，按 Ctrl+N 组合键，在弹出的“新建文档”对话框中，设置“宽度”为“80 厘米”，“高度”为“200 厘米”，“分辨率”为“72 像素 / 英寸”，“色彩模式”为 CMYK。

② 设置前景色为黄色（C：10；M：11；Y：86；K：0），将背景图层填充为前景色。

③ 选择“矩形工具”，绘制矩形，宽为 80 厘米，高为 20 厘米，颜色填充为黑色，将矩形对齐到画布的底端，在水平方向上居中对齐。

（2）制作人物效果

① 导入素材“人物”，按 Ctrl+T 组合键，保持长宽比，将其调整至合适的大小，并移动到合适的位置。

② 执行“图像”→“模式”→“RGB”命令，在弹出的对话框中选择“不拼合”。

③ 执行“滤镜”→“滤镜库”命令，在弹出的对话框中选择“艺术效果”→“涂抹棒”，设置相应的参数，产生使用粗糙物体在图像上涂抹的效果。用同样的方法，继续给图像添加“海报边缘”滤镜，设置相应的参数，可以增加图像的对比度。沿图像边缘的细微层次给其加上黑色，可以产生类似招贴画边缘的效果，如图 7.12 所示。

图 7.11 健身房易拉宝效果图

图 7.12 人物图像滤镜效果

④ 执行“图像”→“模式”→“CMYK”颜色命令。

⑤ 拖入“图片 1”素材，按 Ctrl+T 组合键将其调整至合适的大小，移动到人物素材上方，设置图层的混合模式为“变亮”，为“人物”图层建立剪贴蒙版。然后为“图片 1”图层创建图层蒙版，利用“画笔工具”，设置前景色为黑色，在图层蒙版上涂抹，隐藏“图片 1”图层的边缘部分，如图 7.13 所示。

（3）制作主题文案

① 选择“横排文字工具”，分别输入标题文字“全民健身”“运动不止”，字体设置为“造字工房劲黑”，字体颜色为黑色。将标题文字放在人物的脚下，制作出人踩在字上向前冲刺的感觉。调整两行文字的大小，使下方一行的文字稍大一些，让画面的重心更稳。

② 导入素材“光”，按 Ctrl+J 组合键复制一层，设置两个图层的混合模式都为“滤色”。按 Ctrl+T 组合键分别将其调整至合适的大小，放置在“身”和“运”字中，点缀文字效果。

③ 导入素材“图片 2”，按 Ctrl+T 组合键将其调整至合适的大小，排列在“运动不止”图层上方，按 Alt 键建立剪贴蒙版。按 Ctrl+L 组合键打开“色阶”对话框，然后向右移动“输入色阶”中的黑色滑块，将图片 2 调暗一些。

④ 选中“图片 1”图层，按 Ctrl+J 组合键复制一层，将“图片 1 拷贝”图层排列到“全民健身”文字图层上方，按 Alt 键建立剪贴蒙版。

⑤ 选择文字工具，输入“KEEP EXERCISING”，设置字体为“Blade Runner Movie

Font”，颜色为黑色。

⑥ 选择“横排文字工具”，在画布中拖曳，拉出段落文本框，输入英文文字内容，设置字体为“造字工房力黑”，字体颜色为黑色，字体大小为“28 点”，文本右对齐，并且与标题文字右对齐。按 Alt+ ↑组合键和 Alt+ ↓组合键调整文字间距，并手动调整断行效果，如图 7.14 所示。

图 7.13　人物图像效果图

图 7.14　标题文案效果

（4）添加品牌营销信息

① 导入素材“Logo”，将其移动到画布左上角的位置。

② 导入素材“二维码”，按 Ctrl+T 组合键将其调整至合适的大小，并将其移动到英文文字上方，与主题文字右对齐。

③ 选择文字工具，输入文字“50%”，设置字体为“方正大黑简体”，调整“50”和“%”的大小，使“%”小一些，突出数字部分。双击该图层，给“50%”图层添加“颜色叠加”图层样式，设置叠加颜色为背景中的黄色（C：10；M：11；Y：86；K：0），再添加“描边”图层样式，描边大小为 1 像素，描边颜色为黑色。

④ 按 Ctrl+J 组合键复制“50%”图层，将文字内容更改为“OFF”，调整文字大小和位置，并将图层排列至“人物”图层下方，如图 7.15 所示。

（5）制作图片展示等辅助信息

① 选择“横排文字工具”，在画布底部的黑色矩形区域内分别输入“健身热线：”、电话号码和地址信息，字体颜色选择背景中的黄色，保持统一性。其中，设置电话号码的字体为“Impact”，“健身热线：”和地址信息的字体为“黑体”。最后调整 3 个文字图层的字体大小和间距，使电话号码更加突出，按 Ctrl+G 组合键编组。

② 导入素材“图片 3”“图片 4”“图片 5”“图片 6”，调整图片的顺序和大小，使 4 张图片沿着水平方向依次排列填满画布。选中 4 张图片，设置顶部对齐，按 Ctrl+G 组合键编组，将新组命名为“图片展示”。将该组排列至底部黑色矩形图层的下方。

③ 选择组“图片展示”为其添加图层蒙版，选中图层蒙版，然后用“钢笔工具”绘制切角路径，绘制完成后单击鼠标右键，在弹出的快捷菜单中选择“建立选区”命令，将选区填充

为黑色，即可隐藏选区范围内的图片内容，如图 7.16 所示。至此，健身房易拉宝制作完成。

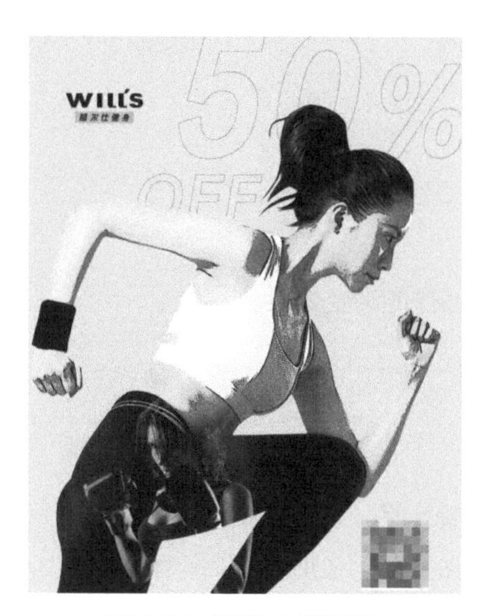

图 7.15 复制图层并调整

图 7.16 添加辅助信息

7.3.2 折页广告设计

宣传册主要用于企业的对外宣传、招商引资、企业周年庆等，多以小册子或折页广告等形式呈现，从而有针对性地对企业或产品进行介绍，是目前较流行的广告宣传品。下面主要介绍折页广告，折页广告的整体设计要抓住商品的特点，以定位的方式、艺术的表现吸引消费者，内页设计要做到图文并茂。封面色彩要强烈而醒目，内页色彩应相对柔和、便于阅读。复杂的图文要求讲究排列的秩序性，并突出重点。封面、内页要在形式和内容上保持连贯性和整体性，统一风格，围绕一个主题进行表达。三折页广告效果图如图 7.17 所示。

图 7.17 三折页广告效果图

1. 设计思路

本案例是以“弥尚咖啡”为主题设计的折页广告作品。广告设计要求：体现时尚休闲的购物气氛和超值的购物优惠。

2. 案例知识点

（1）使用“钢笔工具”和“椭圆选框工具”绘制卡通图形。

（2）设置图层的混合模式，融合图像。

（3）绘制路径并使用“渐变工具”填充图层，制作图像的渐变效果。

（4）利用蒙版控制图像的显示范围。

3. 操作步骤

（1）制作背景底色

① 启动 Photoshop 软件，按 Ctrl+N 组合键，在弹出的“新建文档”对话框中，设置“宽度”为“28.5 厘米”，“高度”为“21 厘米”，“分辨率”为“300 像素 / 英寸”。按 Ctrl+R 组合键打开标尺，拖曳标尺以在画面上创建参考线，设置“出血位”为 3 毫米，如图 7.18 所示。

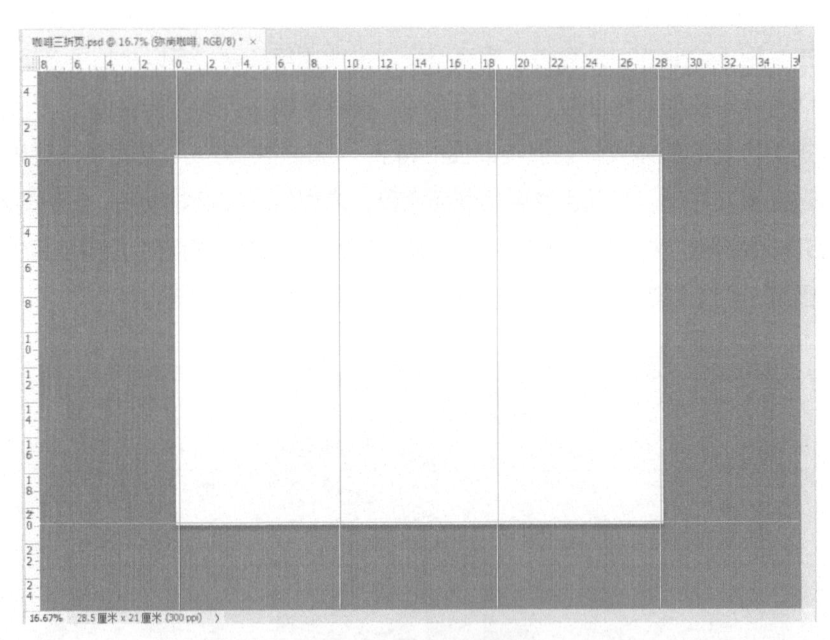

图 7.18 文件工作区效果

② 新建图层，选择“矩形选框工具”，在画面的中间位置创建选区，选择“渐变工具”，在选项栏中单击“渐变编辑器”，在弹出的“渐变编辑器”对话框中，设置从“#96592d”到“#ae8037”的渐变颜色，为选区应用从上到下的线性渐变效果，如图 7.19 所示。

③ 新建图层，继续使用“矩形选框工具”分别创建左右两个矩形选区，设置前景色为“#c79b54”，为两个选区分别填充颜色，按 Ctrl+D 组合键取消选区，如图 7.20 所示。

图 7.19　中间页面背景

图 7.20　整个背景效果

（2）制作折页的中间部分

① 打开 Logo 图片，使用“移动工具”将其拖曳到当前文件中，按 Ctrl+T 组合键将其调整到合适的大小和位置。将 Logo 图层的混合模式设置为“滤色”，并在 Logo 下方输入文字“云南省商标”，如图 7.21 和图 7.22 所示。

图 7.21　导入 Logo 图片

图 7.22　设置 Logo 图层的图层混合模式

② 单击“横排文字工具”，在选项栏中设置字体为“汉仪菱心体简”，设置字体颜色为白色，字体大小为 58 号，在画面中输入“弥尚咖啡”，并为该文字添加“下弧”文字变形效果、“投影”图层样式。

③ 使用“钢笔工具”在“弥”和“啡”字下方创建路径，并添加“纯色填充”调整图层，如图 7.23 所示。复制“弥尚咖啡”图层的图层样式，并粘贴到两个填充图层，效果如图 7.24 所示。

图 7.23　绘制文字下方路径

图 7.24　添加图层样式效果

④ 选择“横排文字工具”，使用相应的文字样式，并设置好颜色和字号属性，继续输入其他文字：“夏威夷可娜式”“HAWAII KONA”“MISHANG COFFEE”。其中，将“MISHANG

COFFEE”图层复制两次，按 Ctrl+T 组合键分别将其调整至合适的大小和位置，并设置图层的“不透明度”为“45%”。效果分别如图 7.25 和图 7.26 所示。

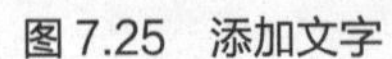

图 7.25　添加文字

图 7.26　添加英文文案效果

⑤ 导入素材“咖啡豆”，为图像添加图层蒙版，用“渐变工具”对蒙版应用从黑色到透明色的线性渐变，设置其“不透明度”为“60%”，如图 7.27 所示。导入素材“白色咖啡杯”，对其进行水平翻转、旋转、缩放等变换，并将其移到合适的位置，如图 7.28 所示。

图 7.27　咖啡豆图像处理效果

图 7.28　白色咖啡杯图像处理效果

⑥ 新建图层，命名为“咖啡杯形状”。使用“钢笔工具”在画面上绘制咖啡杯的形状路径，如图 7.29 所示，使用“直接选择工具”和“转换点工具”调整路径形状。设置前景色为“c79b54”，为路径添加“纯色”填充图层，效果如图 7.30 所示。

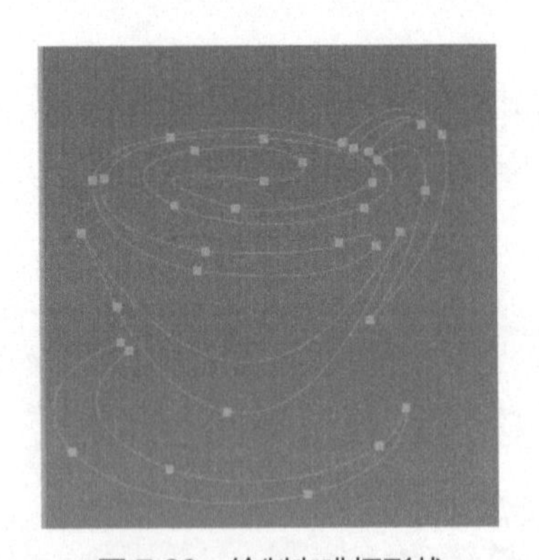

图 7.29　绘制咖啡杯形状

图 7.30　填充颜色效果

⑦ 选中绘制的“咖啡杯形状”图层，将其“不透明度”设置为“10%”。并选择“横排文字工具”在页面底端输入“中国 · 弥尚咖啡有限公司”文字，效果如图 7.31 所示，中间页面的“图层”面板如图 7.32 所示。

图 7.31 中间页面效果图

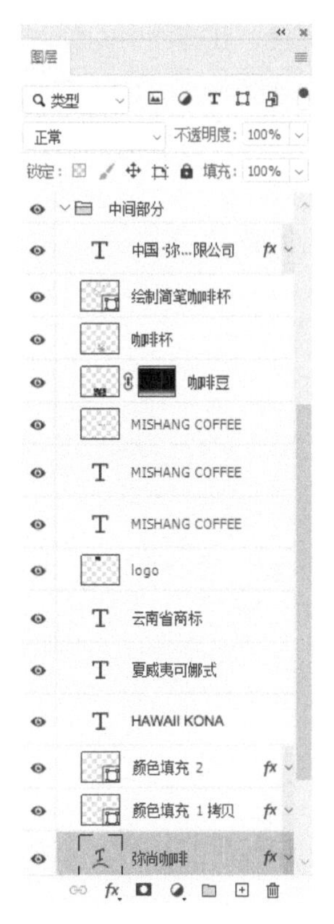

图 7.32 中间页面“图层”面板

（3）制作折页的右半部分

① 创建一个新组，将新组命名为“右半部分”，新建图层，使用“椭圆选框工具”在图层上绘制正圆选区，然后在选项栏中选择“从选区中减去”，按 Alt+Shift 组合键，继续在正圆选区内绘制正圆选区，得到图 7.33 所示的选区。设置前景色为 #f0b042，为选区填充颜色，最后取消选区，如图 7.34 所示。

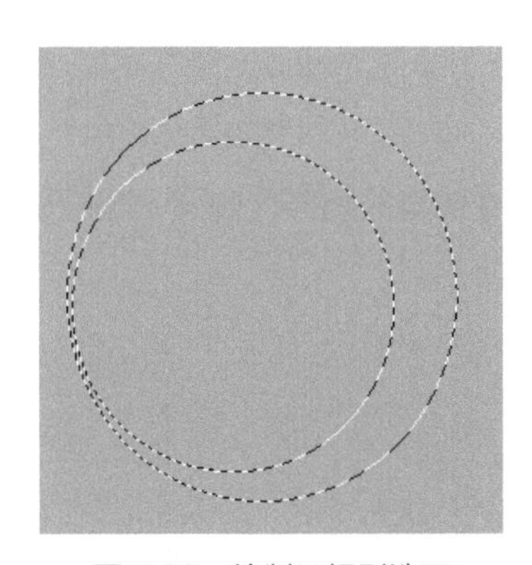

图 7.33 绘制不规则选区

图 7.34 选区填充颜色效果

② 按照上述方法，继续绘制其他图形，分别填充颜色，按 Ctrl+T 组合键将其调整至合适的大小和位置，效果如图 7.45 所示。

③ 选择“横排文字工具”，在选项栏中设置字体为“微软雅黑”，字体大小为“12 号”，

字体颜色为黑色，在画面中间输入图 7.35 所示的文字。打开图层组“中间部分”，复制 Logo 图层和商标文字图层，按 Ctrl+T 组合键将其调整至合适的位置和大小，如图 7.36 所示。

图 7.35　绘制图像整体效果

图 7.36　添加文字后效果

④ 选择“钢笔工具”，绘制下方的杯子的路径，如图 7.37 所示，然后将路径转换为选区，填充颜色“#ee9a16”，如图 7.38 所示。

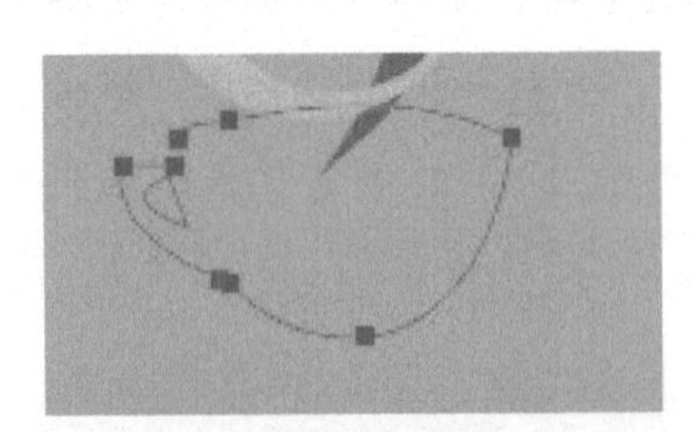

图 7.37　绘制杯子路径

图 7.38　为选区填充颜色

⑤ 继续利用“钢笔工具”和“转换点工具”绘制杯中咖啡的路径，如图 7.39 所示，然后将路径转换为选区并填充颜色“#704b16”，如图 7.40 所示。

图 7.39　绘制杯中咖啡路径

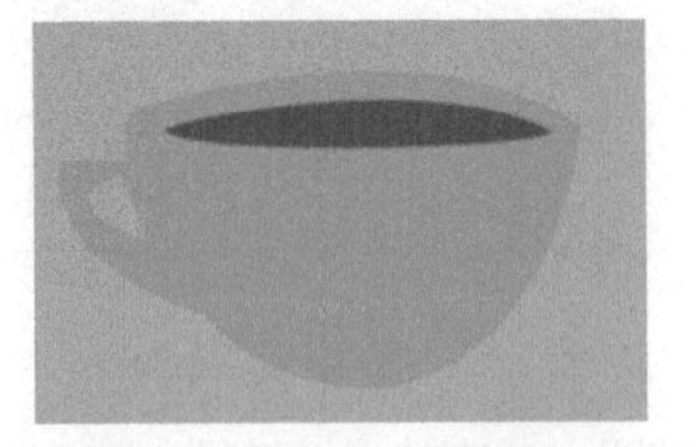

图 7.40　为杯中咖啡填充颜色

⑥ 利用“钢笔工具”和“转换点工具”绘制咖啡杯右侧色块的路径，如图 7.41 所示，然后将路径转换为选区并填充颜色“#f2b236”，具体效果如图 7.42 所示。

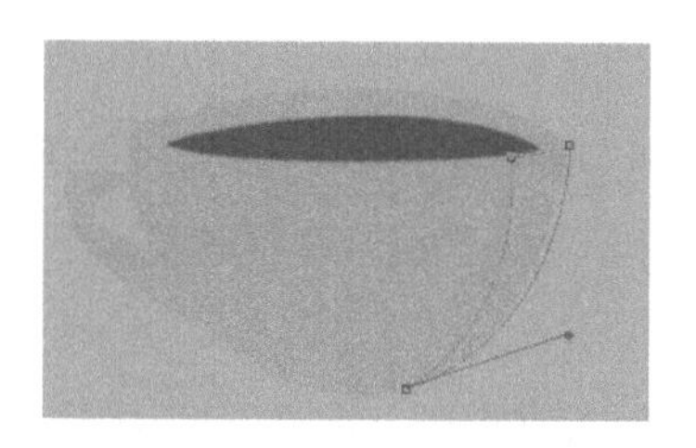

图 7.41　绘制色块路径

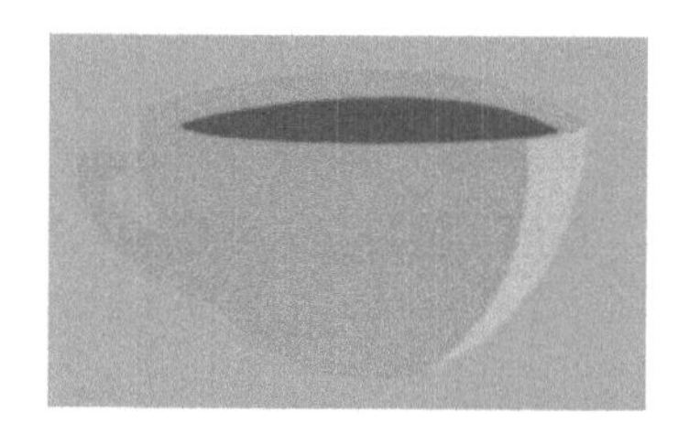

图 7.42　为右侧色块填充颜色

⑦ 利用“钢笔工具”和“椭圆选框工具”绘制咖啡杯下方的托盘，颜色为“#f7ca79”，导入素材“咖啡豆 2”，并按 Ctrl+T 组合键将其调整到合适的大小和位置，将“咖啡豆 2”的图层的混合模式设置为“正片叠底”，效果如图 7.43 所示。继续利用“钢笔工具”绘制咖啡杯中热气路径，并填充颜色“#915a17”，如图 7.44 所示。

图 7.43　绘制托盘效果

图 7.44　绘制蒸汽效果

⑧ 调整各图层的顺序和位置，完成折页的右半部分的制作，效果如图 7.45 所示，“图层”面板如图 7.46 所示。

图 7.45　右半部分图像效果

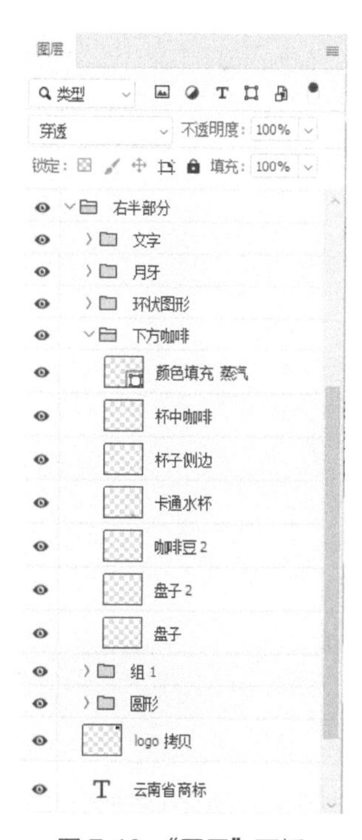

图 7.46　“图层”面板

（4）制作折页的左半部分

① 打开图层组“中间部分”，按 Ctrl+J 组合键复制“咖啡杯形状”图层，得到“咖啡杯形状拷贝”图层，将其拖入新建的“左半部分”组中，按 Ctrl+T 组合键将其调整至合适的位置和大小。

② 打开图层组“中间部分”，复制 Logo 图层和商标文字图层，按 Ctrl+T 组合键将其调整至合适的位置和大小。

③ 步骤修改为：选择“横排文字工具”，设置字体为“汉仪菱心体简”，字体颜色为“#a46a33”，字号为 36 号，输入文字内容“弥尚咖啡”。选择属性栏的“切换文字取向”，将文字改为竖排。再次输入文字“弥尚，品到的不只是咖啡”，设置字体颜色为白色，字体为“华文行楷”，字号为 18。

④ 新建图层，设置前景色为“#95562d”，导入素材“玫瑰花 .abr”，选择“画笔工具”，使用玫瑰花画笔笔刷在画面上绘制装饰图案，设置图层的“不透明度”为“70%”。折页左半部分的效果如图 7.47 所示，“图层”面板如图 7.48 所示。

⑤ 执行“视图”→“清除参考线”命令，将参考线删除，至此，弥尚咖啡三折页广告制作完成。

图 7.47　折页左半部分效果

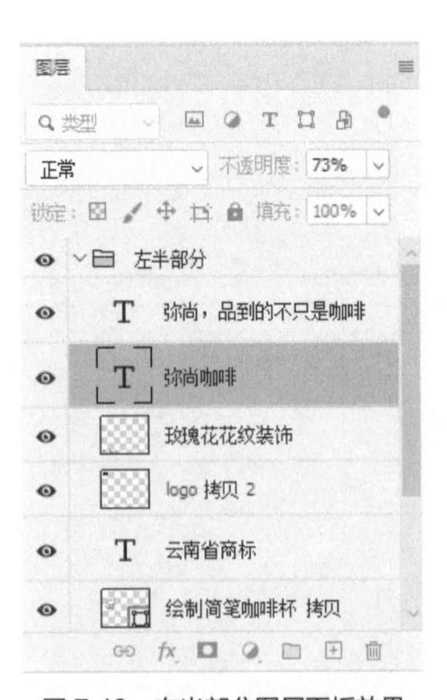

图 7.48　右半部分图层面板效果

7.3.3 公益海报设计

公益海报本身具有文化特质，它通过视觉语言阐释人与人、人与社会、人与自然的主题，展现传统美德、公共伦理及社会关怀，传播着精神文明，引导着社会舆论，影响着公众的思想意识和行为方式，能推动社会公益事业的发展。公益海报的主题内容相对固定，因此表现形式需要不断创新，要更契合现代年轻消费者的审美需求，用更新颖的形式打动他们。五四青年节公益海报效果图如图 7.49 所示。

图 7.49　五四青年节公益海报效果图

1. 设计思路

本案例是以“五四青年节”为主题设计的海报作品，通过连笔法和拉长一笔的方法设计标题文字，让字体更具创意。在整体色调上，画面以代表热血和青春的红色、代表理智的蓝色为主色，冷暖搭配，最后通过添加滤镜来增强画面效果。

2. 案例知识点

（1）使用形状工具绘制装饰效果。

（2）将文字转换为形状以调整字体形状。

（3）使用滤镜增强画面效果。

（4）通过描边制作文字的立体效果。

3. 操作步骤

（1）启动 Photoshop 软件，按 Ctrl+N 组合键，在弹出的“新建文档”对话框中，设置“宽度”为“1080 像素”，“高度”为“660 像素”，“分辨率”为“72 像素 / 英寸”。

（2）新建图层，填充浅灰色“#ececec”，执行“滤镜”→“滤镜库”命令，在弹出的对话框中选择“纹理”→“纹理化”，设置“缩放”为“61%”，“凸现”为“2”，给背景添加纹理。

（3）选择“矩形工具”，创建宽度为 1080 像素、高度为 660 像素的矩形，关闭填充，设置描边颜色为蓝色“#11446c”、粗细为 15 像素，与画布居中对齐，背景效果如图 7.50 所示。

（4）选择“横排文字工具”，输入文案“青年节”，设置字体为“方正粗谭黑简体”，颜色为蓝色。按 Ctrl+T 组合键调整文字的大小和位置；然后复制 2 个图层，调整 3 个文字图层的内容，使“青”“年”“节”3 个字分别位于独立的图层。

（5）选中 3 个文字图层，在图层上方单击鼠标右键，在弹出的快捷菜单中选择“转换为形状”命令。选中“节”字，选择“直接选择工具”，框选“节”字的下半部分，向下移动 30 像素；选中草字头中竖笔画的节点，按方向键移动调整位置，最后拉长“节”字的最后一笔，效果如图 7.51 所示。

（6）采用类似的做法，使用“直接选择工具”，选中“青”和“年”两个字的笔画的节点，拖曳调整文字的形状，效果如图 7.52 所示。

图 7.50　背景效果

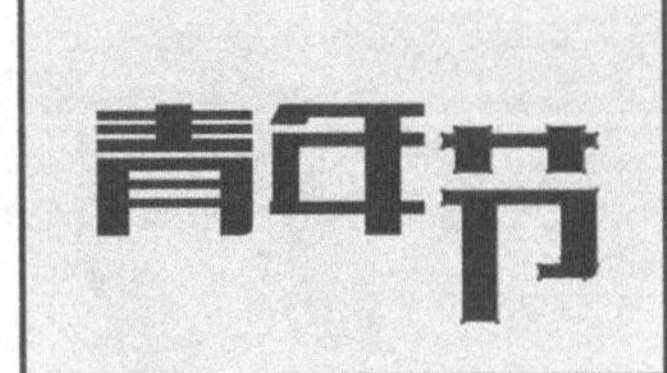

图 7.51　“节”字的效果

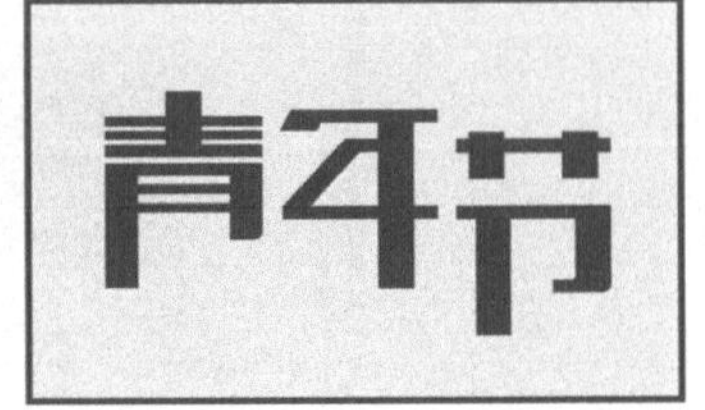

图 7.52　“青”和“年”字的效果

（7）选择“矩形工具”绘制 3 个矩形形状，分别放置在“青”字的月字部首处，调整好位置，如图 7.53 所示。选中 3 个矩形图层和“青”字所在图层，按 Ctrl+E 组合键，合并形状图层。然后选择“路径选择工具”，分别选中 3 个矩形，在选项栏中选择“减去顶层形状”，效果如图 7.54 所示。

（8）使用“矩形工具”在“青”“年”文字的笔画上创建矩形，填充红色“#ad0000”，制作数字“5”“4”的字样，如图 7.55 所示。

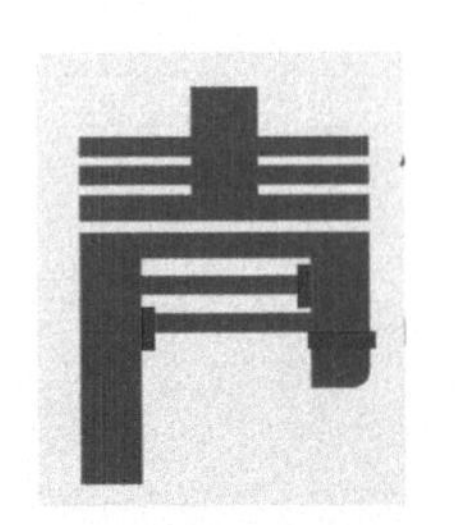

图 7.53　绘制矩形效果

图 7.54　“减去顶层形状”效果

图 7.55　制作数字“5”“4”

（9）选择“钢笔工具”，选中数字“4”中矩形的节点并向右拖曳，延长矩形，将“年”和“节”两个文字连接。用同样的方法向左延长“节”字草字头中的横笔画，如图 7.56 所示。

（10）选中“青”“年”“节”3 个文字图层及组成“5”“4”的矩形图层，按 Ctrl+G 组合键编组，选中所有文字，按 Ctrl+T 组合键，单击鼠标右键，在弹出的快捷菜单中选择“斜切”命令，调整文字的倾斜角度，如图 7.57 所示。按 Ctrl+Alt+E 组合键，盖印图层。

（11）新建空白图层，设置图层的混合模式为“正片叠底”，为盖印文字图层建立剪贴蒙版，在“青”“年”“节”3 个字上方使用“钢笔工具”绘制路径，按 Ctrl+Enter 组合键将路径转换为选区，使用柔边画笔工具在选区内涂抹，添加阴影效果，如图 7.58 所示。

图 7.56　拉长一笔法调节　　图 7.57　“斜切”效果　　图 7.58　添加阴影效果

（12）按 Ctrl+J 组合键复制盖印文字图层，添加黑色“描边”效果，设置描边“大小”为“1 像素”，图层的填充为 0%，按方向键将其向右下方移动一定距离；按 Alt 键拖曳并复制出两个描边图层，再调整其位置，最后将两个描边图层调整到文字图层的下方，即可得到文字的厚度感，效果如图 7.59 所示。

（13）选择“椭圆工具”，按住 Shift 键绘制圆形，分别填充为文字中的蓝色和红色，按 Ctrl+T 组合键将其调整至合适的大小和位置；使用“直线工具”绘制斜线，按 Alt 键拖曳复制，调整斜线的位置，丰富画面，如图 7.60 所示。

图 7.59　添加描边效果

图 7.60　添加几何图形效果

（14）输入其他正文文案内容，并使用形状工具绘制海报四周的装饰性元素，得到图 7.61 所示的效果。

（15）按 Ctrl+Shift+Alt+E 组合键盖印图层，执行“滤镜”→“滤镜库”，选择“画笔描边”→“阴影线”，设置图层的混合模式为“柔光”；再次按 Ctrl+Shift+Alt+E 组合键盖印图层，在滤镜菜单中选择“滤镜库”，在滤镜库中选择“艺术效果”中的“粗糙蜡笔”滤镜，设置相应的参数，单击“确定”按钮，设置图层的“不透明度”为“30%”。最后再按 Ctrl+Shift+Alt+E 组合键盖印一次图层，执行“滤镜”→“其他”→“高反差保留”命令，设置“半径”为“1.0 像素”，图层的混合模式为“线性光”，得到图 7.62 所示效果。

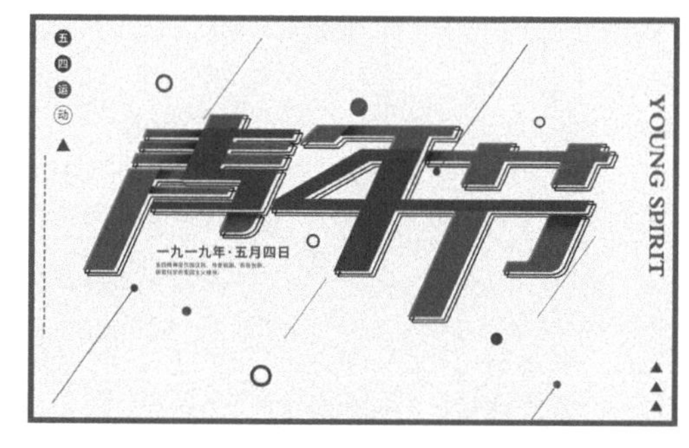

图 7.61　输入文案并添加装饰元素

图 7.62　添加滤镜效果

7.4　本章小结

本章介绍了广告设计的相关知识，包括广告设计的基础理论及典型的广告设计案例。好的广告设计作品都是在扎实的理论知识的指导下制作出来的，所以希望读者一定要深入地领会学习本章介绍的理论知识。在案例设计部分，主要包括图像合成、图形绘制及色彩调整等，没有太大的技术或操作难度，读者要多留意生活中的各种广告，以提高自己的欣赏能力和设计能力。

习题

打开素材文件，制作电商 Banner（横幅）广告，电商 Banner 广告设计要求：体现产品的健康和品质，画面主题突出，层次分明，色调统一，具有一定的空间感。参考效果图如图 7.63 所示。

图 7.63　电商 Banner 广告参考效果图

（1）设计思路

采用商品图片与文案相结合的方式来表达广告主题，图片部分主要通过将与产品相关的元素组合成实物场景来进行设计，能让消费者有代入感。整个设计注意文字的层级关系、图文的比例、空间感的营造及色调的统一。

（2）涉及知识点

- 使用“钢笔工具”绘制不规则形状。
- 搭配使用同一色调、不同色阶的颜色，营造空间感。
- 处理图像的明暗关系，打造逼真场景。
- 调整图像颜色，使画面色调保持统一。